図解　改訂第3版

もの創りのための やさしい機械工学

門田和雄［著］

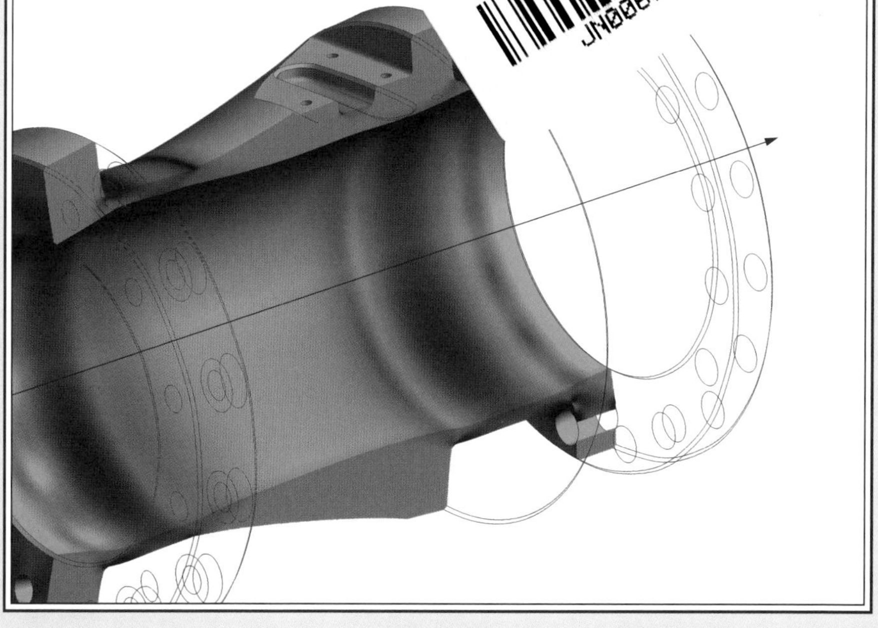

技術評論社

はじめに

初版にあたって

私たちは、さまざまなモノに囲まれて生活しています。そして、私たちは生活を豊かなものにするため、これまでにさまざまなモノをつくりだしてきました。これら一つ一つには、先人たちの知恵が詰まっています。

しかし、いつの頃からか、モノをつくるのはある一部の人間のすることとなり、多くの人間は次々にモノに囲まれ、モノを購入し、モノを消費するだけになってきました。

また、さまざまな技術が凝縮されている製品は、一人ですべてをつくることがほとんどなく、そのしくみも複雑になっています。そのため「モノづくり」への興味・関心は、多くの人から薄れることになりました。

機械工学は「モノづくり」の基礎となる学問です。機械工学を学ぶことにより、「何らかのエネルギーの供給を受けて形のある動くモノ」をつくることができるようになります。

また「身のまわりに存在するさまざまなモノが、いかにしてつくられているか」も理解することができ、世の中を見る目も変わるでしょう。そして、何よりも「多くのモノを自分自身でつくりたい！」と思うようになるはずです。

本書では、「材料」、「流体」、「熱」、「機構」、「制御」、「工作」などの視点から、機械工学の基本事項をまとめました。これらを学ぶことにより、幅広い機械工学の世界を一通り見渡せるはずです。そしてこれらを身につけることは、「エネルギー」や「環境」、「情報」など、21世紀にも考えて行かなければならない問題を解決する力にもなるでしょう。

機械工学の本には、たくさんの数式が登場します。本書では、必要な数式をできるだけわかりやすく説明することを心がけました。また、数式だけでなく、それらの意味する現象の理解を深めることができるような実験や、実習に関する説明も豊富に用意していますので、理論と実際の両面から機械工学を学んでほしいと思います。

21世紀には、モノづくりの様子も大きく変貌するはずです。これまでのように大量生産・大量消費が賞賛される時代ではありません。私たちは、必要なものを生みだすとともに、私たちの抱える問題を解決していくために、機械工学の力を発揮させていく必要があるのです。

本書でモノづくりの基礎を学んだ方々が、実際に手を動かしながら、それぞれの創造性を育んでもらえれば幸いです。

2001年2月

■ 改訂版にあたって

「やさしい機械工学」が刊行されて9年あまりが経過しました。講義のテキストとして使用していると、ここはこう説明した方がわかりやすくなるとか、もっとこういうふうにしたらいいなどといったことがでてきます。今回、あらためて全体に目を通して、不備や分かりにくい点を可能なかぎり訂正したつもりです。また、読者からのご意見を取り入れ、より内容の充実を図り、新JISを全面的に取り入れたものになっています。

2010年2月

■ 改訂第3版にあたって

本書の初版が出版されてから20年が経過しました。本書はその後、何冊もの著書を執筆させていただくことになる著者の初めての単著でもあるため、この間、多くの大学や高専の教科書に長く採用されるなど、多くの読者の皆様に読んでいただけたことは、著者としてこの上ない喜びです。

2010年に続いて、今回2度目の改訂を行いました。機械工学の基本事項はその後の技術発展によって古くなるようなことはなく、情報系をはじめとする技術発展が早い分野とうまく結びつくことで、ますますその重要性が認識されるようなところがあります。今回の改訂では、全体的に文章の再編集を行うとともに、５章に３Ｄプリンタの記述を加え、増補ページとして「機械工学と機械学習」というページを加えました。新しい時代における機械工学の学び方の参考にしていただければと思います。

2021年4月

目次

Chapter 1　材料の強さと種類　1

1-1　材料の強さ　2

1. 応力とひずみ　2
2. 材料試験　13
3. はりの曲げと断面係数　22
4. トラス　39
5. ねじりと座屈　47
6. 材料の破壊　56

1-2　機械材料　64

1. 金属の組織　64
2. 鉄鋼材料　70
3. アルミニウム材料　79
4. その他の金属材料　82
5. セラミックス材料　85
6. 複合材料　88

Chapter 2 流体力学と流体機械 93

2-1 流体力学 94

1 流体の性質 94
2 流体の静力学 106
3 流体の動力学 113
4 層流と乱流 125
5 流体の測定 127
6 流体抵抗 138

2-2 流体機械 146

1 風車 146
2 水車 152
3 ポンプ 157
4 空気圧システム 163

Chapter 3 熱力学と熱機関 171

3-1 熱力学 172

1 熱と仕事 172
2 気体の状態方程式 175

3 熱力学の第1法則……183
4 理想気体の状態変化……189
5 熱力学の第2法則……196

3-2 熱機関……202

1 ガソリン機関……202
2 蒸気原動機……215
3 ガスタービン……229

Chapter 4 機構と制御 243

4-1 機構……244

1 リンク……244
2 カム……255
3 歯車……261
4 ベルト・チェーン……273
5 その他の機械部品……277

4-2 制御……281

1 電気回路……281
2 シーケンス制御……294

Chapter 5 創造工作室 311

5-1 計測編 312

1 計測とは 312
2 長さの計測 313
3 質量、力の計測 318
4 時間、回転速度の計測 320

5-2 工具編 322

5-3 工作編 325

1 手仕上げ 325
2 旋盤 333
3 溶接 337
4 鋳造 345
5 ３Ｄプリンタ 348

付録 機械工学と機械学習 353

1 機械工学はものづくりの基盤となる学問である 353
2 機械学習の歴史 354
3 機械学習とディープラーニング 355
4 機械学習によるねじの選別 356
5 機械工学と機械学習を学んでいこう 357

Column

円の断面積の求め方……7
ロバート・フック……13
ダイヤモンドは何で削るか……19
鳥吸い込み試験……21
2次曲線の最大値の求め方……28
三角法……42
力の大きさを計算で求めよう……47
生物の形と強さ……55
粘弾性……63
金と銀……84
運動の法則……105
水中翼船……110
ポンプの応用……162
火星探査……241
機械工学で使う微分……260
機械製図について……352

実験

実験1-1：フックの法則の検証実験 11
実験1-2：引張試験 15
実験1-3：ショア硬さ試験 18
実験1-4：シャルピー衝撃試験 20
実験1-5：ばねを伸ばす 56
実験2-1：空気天秤の実験 95
実験2-2：ペットボトルから飛び出す水 101
実験2-3：缶ペコ 102
実験2-4：ラップ破裂 103
実験2-5：逆さまコップ 103
実験2-6：ホースの流速 113
実験2-7：蛇口の流れ 125
実験2-8：タービンデザイン・コンテスト 149
実験2-9：車輪を利用した風車 151
実験3-1：熱気球の製作 180
実験3-2：蒸気タービンの製作と性能試験 224
実験3-3：ペットボトルロケット 238

Chapter

1

材料の強さと種類

機械工学では、「何らかのエネルギーの供給を受けて、形のある動くモノ」のつくり方を学びます。機械設計において、まず第一に考えておかなければならないことは、外力が作用したとき、各部材に働く力やその変形を正しく理解しておくことです。どんな大きな力にも耐えることができる材料はありません。そのため使用する材料の形を工夫するなどして、その強さを有効に活用する必要があります。

また、金属材料を中心としたさまざまな材料の中から、必要な材料を選択することや新しい材料をつくり出すことなども、モノづくりにおいては重要なことがらです。

本章では、強度設計と材料設計の双方の視点から、合理的なモノづくりを考えてみたいと思います。

1-1 材料の強さ

1 応力とひずみ

機械にはさまざまな大きさの力がさまざまな方向から働き、これらは「引張」「圧縮」「せん断」「曲げ」「ねじり」など、いくつかの種類に分類することができます。

例えば、ロープに何かをつるしたり、綱引きをしたりするときには、どちらのロープにも**引張**の力が働いています。

人間が立っているときに足にかかる力や、建物の屋根が柱に与える力などは、**圧縮**の力です。

せん断の力とは、はさみで紙を切る場合のように、二つの平行な面を互いにずらすような力をいいます。

曲げの力とは、クレーンに荷物をつるす場合のように、棒状のものに力が加わるものです。

ねじりの力は、車輪や歯車など、回転運動をしている軸などに働きます。

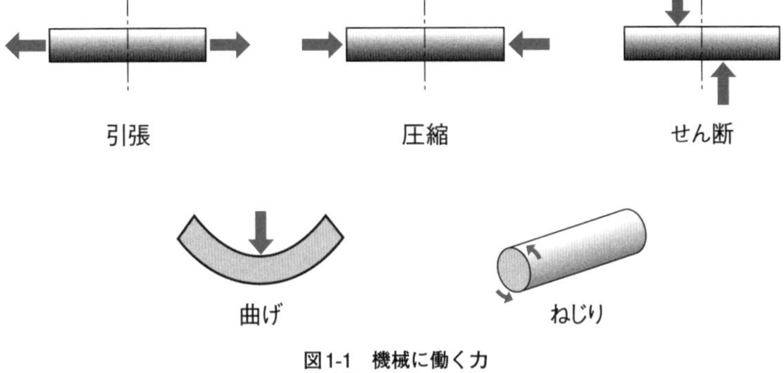

図1-1　機械に働く力

このような力の種類や大きさを考えるときに基本となるのが、**応力**と**ひずみ**です。

❶ 応力

機械のある部分に働く力の方向と大きさがわかったら、それが断面積当たり、どのくらいの大きさの力か、ということを考えてみましょう。

例えば、同じ大きさの引張強度を持つロープならば、それを束ねて断面積を大きくしたほうが、より大きな力に耐えることができます。機械の各部材も、断面積を大きくすればするほど、大きな力に耐えます。しかし、機械の設計においては、大きさや重量の制限等があるため、やみくもに断面積を大きくすることはできません。

このような力の大きさと断面積の関係を表すものを応力といいます。**応力**とは、「単位面積A [mm^2] あたりに働く力（荷重）W [N]」のことをいいます。

応力の大きさは、次式で表されます。

$$\text{応力}\,[\mathrm{MPa,\ N/mm^2}] = \frac{\text{機械に働く力}\,[\mathrm{N}]}{\text{力の働く断面積}\,[\mathrm{mm^2}]}$$

$$\text{垂直応力}\,\sigma\,[\mathrm{MPa,\ N/mm^2}] = \frac{W\,[\mathrm{N}]}{A\,[\mathrm{mm^2}]}$$

この式から、機械に働く力が同じでも、力の働く断面積が異なれば、応力は変化することがわかります。

断面に垂直方向に生ずる応力を垂直応力σ《シグマ》といい、引張応力や圧縮応力などがあります。また、断面に平行方向に生ずる応力のことを、せん断応力τ《タウ》といい、その大きさは垂直応力と同様に、次式で表されます。

$$\text{せん断応力}\,\tau\,[\mathrm{MPa,\ N/mm^2}] = \frac{W\,[\mathrm{N}]}{A\,[\mathrm{mm^2}]}$$

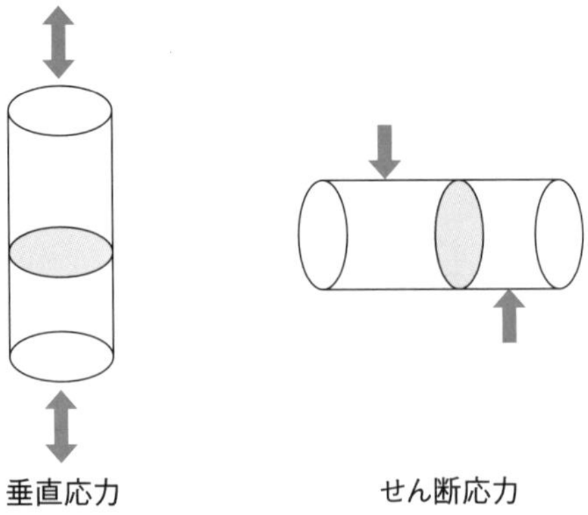

図1-2　垂直応力とせん断応力

応力の単位

応力の単位には、力［N《ニュートン》］を断面積［m^2：平方メートル］で割った、N/m^{2}が用いられます。また、応力をPa《パスカル》で表すこともあります（1 Pa ＝ 1 N/m^2）。1 Nは、質量1 kgの物体に1 m/s^{2}の加速度を与える力の大きさです。従来は、質量1 kgの重量を1 kgfまたは1 kgw（1重量キログラム）と表しましたが、現在では国際単位系のSI単位が使用され、質量1 kgの重量は9.8 Nと表します（1 kgf ＝ 9.8 N、地球上では重力加速度9.8 m/s^{2}がかかる、p105参照）。

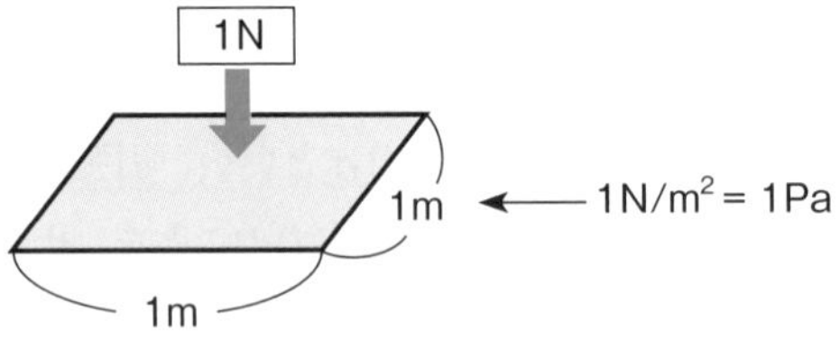

図1-3　応力の単位

一般的には、断面積にmm^2（平方ミリメートル）を使うので、Paの10^6であるMPa《メガパスカル》が多く用いられます。MPaは、N/mm^{2}と同じ意味です。

◆ **MPaからN/mm^2への換算：**

$1\ m = 10^3\ mm$より、$1\ m^2 = 10^6\ mm^2$。よって、

$$\mathbf{1\ MPa = 10^6\ Pa = 10^6\ N/m^2 = 1\ N/mm^2}$$

❷ ひずみ

ばねを引張ると伸びますが、これと同じように金属材料も引張や圧縮の力によって、伸びたり縮んだりし変形します。**ひずみ**とは、荷重を受けたときの変形量Δl《デルタエル》を元の長さlで割ったものです。つまり、元の長さに対して、伸びたり縮んだりした変形量の割合がひずみになります。ひずみは、ε《イプシロン》で表します。

ひずみεは次式で表されます。なお、ひずみεは長さを長さで割るので、単位はありません。

$$\text{ひずみ} = \frac{\text{長さの変化}}{\text{もとの長さ}}$$

ここでΔは微小を意味しており、変数ではない

$$\varepsilon = \frac{\Delta l}{l}$$

（Δ：デルタ　ε：イプシロン）

例 1-1

直径20 mm円柱に、30 kNの引張荷重を加えたときの応力を求めなさい。

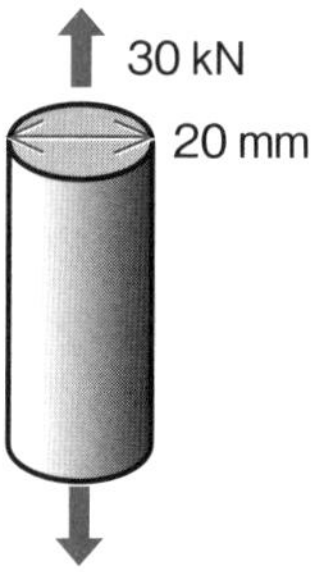

図1-4　応力を求める

解　答

応力を求める式は、

$$\sigma[\mathrm{MPa,\ N/mm^2}] = \frac{W[\mathrm{N}]}{A[\mathrm{mm^2}]}$$

ですから、まず力と断面積の値を求めます。

力 $W = 30\ \mathrm{kN} = 30 \times 10^3\ \mathrm{N}$　……(単位をニュートンNに)

円の面積 $A = \dfrac{\pi \times (\text{直径})^2}{4} = \dfrac{\pi}{4} \times 20^2 = 314[\mathrm{mm^2}]$

応力 $\sigma = \dfrac{W}{A}$ の式に値を入れて、

$$\sigma = \frac{30 \times 10^3}{314} = 95.5\ \mathrm{N/mm^2} = 95.5\ \mathrm{MPa}$$

例 1-2

長さ100 mmの棒を引張り、それが変形後に15 mm伸びたときのひずみを求めなさい。

解　答

ひずみを求める式、ひずみ $\varepsilon = \dfrac{\Delta l}{l}$ に値を入れて、ひずみ $\varepsilon = \dfrac{15}{100} = 0.15$

例 1-3

直径100 mmのピンのせん断強さ τ が80 MPaのとき、どのくらいのせん断力まで耐えることができるかを求めなさい。

解　答

円の面積 $A = \dfrac{\pi}{4} \times (\text{直径})^2 = \dfrac{\pi}{4} \times 100^2$

ピンにかかる力Wを求めるので、せん断応力を求める式$\tau = \dfrac{W}{A}$を変形し、

$W = \tau \times A$

この式に値を入れて、

$W = 80 \times \dfrac{\pi}{4} \times 100^2 = 628 \times 10^3\ \mathrm{N} = 628\ \mathrm{kN}$

Column　円の断面積の求め方

円の面積の求め方は「半径×半径×π」がよく知られていますが、機械設計では直径dを用いることが多くあります。

そのため、この半径を「$\dfrac{\text{直径}}{2}$」と表し、以下の式のようにしておくと、とても便利です。

$$\text{円の面積} = \text{半径} \times \text{半径} \times \pi = \frac{\text{直径}}{2} \times \frac{\text{直径}}{2} \times \pi = \text{直径} \times \text{直径} \times \frac{\pi}{4} = \frac{\pi d^2}{4}$$

❸ フックの法則と弾性係数

ばねにおもり（応力）をつけて引張ると伸び（ひずみ）ますが、この応力σとひずみεとの間には、一定範囲内においては比例関係が成り立つことが知られています。この応力とひずみが比例する関係のことを**フックの法則**といいます。

またこのときの比例定数を**弾性係数**といい、この弾性係数の値が大きいほど、変形しにくいことを表しています。弾性係数は、変形するときの荷重を計算するときに使います。

◆フックの法則

$$\frac{\text{応力}}{\text{ひずみ}}=\text{一定（弾性係数）}$$

縦弾性係数

垂直応力σと縦ひずみ（垂直ひずみ）εの間に成立する比例定数のことを、**縦弾性係数**Eまたは**ヤング率**といいます。金属材料の場合には、この縦弾性係数値の単位をMPa《メガパスカル》か、その10^3であるGPa《ギガパスカル》などで表します。

$$E\text{（縦弾性係数）[MPa]}=\frac{\text{応力[MPa]}}{\text{ひずみ}\,\varepsilon}$$

または、これを変形した次式が使用されます。

応力＝縦弾性係数×ひずみ

$$\sigma=E\cdot\varepsilon$$

横弾性係数

せん断力を加えたときのせん断応力τとせん断ひずみγの間に成立する比例定数（弾性係数）のことを、**横弾性係数**Gといい、以下の式で表されます。

$$G\text{（横弾性係数）[MPa]}=\frac{\text{せん断応力}\,\tau\text{[MPa]}}{\text{せん断ひずみ}\,\gamma}$$

または、

せん断応力＝横弾性係数×せん断ひずみ

$$\tau = G \cdot \gamma$$

（τ：タウ　γ：ガンマ）

応力、ひずみ、フックの法則の関係

応力σとひずみε、縦弾性係数Eの関係は次式で表すこともできます。

縦弾性係数 $E = \dfrac{\sigma}{\varepsilon}$ の式に、応力 $\sigma = \dfrac{W(\text{力})}{A(\text{面積})}$ とひずみ $\varepsilon = \dfrac{\Delta l}{l}$ の関係式を代入し、式変形をすると次式になります。

$$E = \frac{\sigma}{\varepsilon} = \frac{\dfrac{W}{A}}{\dfrac{\Delta l}{l}} = \left(\frac{W}{A}\right) \div \left(\frac{\Delta l}{l}\right) = \frac{Wl}{A\Delta l} \quad \cdots(1)$$

この式は、長さl [mm]、断面積A [mm] の金属材料に荷重W [N] を加えたときの伸びがΔlのときの縦弾性係数を表しています。

参考：金属材料の縦弾性係数Eと横弾性係数G

金属材料	縦弾性係数E	横弾性係数G
硬鋼	206 GPa	79.4 GPa
軟硬	192 GPa	79.4 GPa
黄銅	108 GPa	41.2 GPa

表1-1　金属材料の縦弾性係数Eと横弾性係数G

例 1-4

断面積200 mm^2、長さ100 mmの鋼線に40 kNの引張荷重を加えたときの伸びを求めなさい。ただし、鋼線の縦弾性係数は206 GPaとします。

解　答

式 (1) をΔlについて解き、数値を代入すれば求まります。

その際、単位をそろえることに注意します。

力Wは、40 kN = 40 × 10^3 N、Eは、206 GPa = 206 × 10^3 MPa。

$$E = \frac{Wl}{A\Delta l} \text{ より、} \Delta l = \frac{Wl}{AE} = \frac{40 \times 10^3 \times 100}{200 \times 206 \times 10^3} = 0.097[\mathrm{mm}]$$

ポアソン比

棒材に引張荷重を加えると、その方向には縦ひずみεが生じて伸びることになります。同時にこのとき、荷重と直角方向には横ひずみε_lが生じて、断面積は小さくなります。

弾性限度内で引張荷重を加えると、縦ひずみと横ひずみが比例します。この縦ひずみと横ひずみの比の絶対値を**ポアソン比**μ《ミュー》といい、次式で表されます。

$$\text{ポアソン比}\,\mu = \left|\frac{\varepsilon_l}{\varepsilon}\right|$$

ポアソン比も弾性係数と同じく、材料固有のものです。例えば、炭素鋼では0.28～0.3、アルミニウムおよび銅では0.34、天然ゴムでは0.5程度の値をとります。

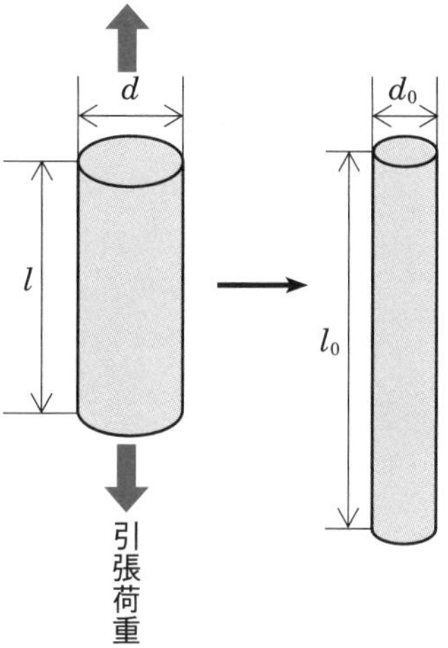

引張荷重と圧縮荷重では正負の符号が異なるため、ポアソン比は絶対値で表す。

$$\left|\frac{d_0-d}{d}\right|=\text{横ひずみ}\,\varepsilon_l$$

$$\left|\frac{l_0-l}{l}\right|=\text{縦ひずみ}\,\varepsilon$$

$$\mu=\left|\frac{\varepsilon_l}{\varepsilon}\right|$$

図1-5　ポアソン比

実験1-1
フックの法則の検証実験

ばね、おもり、ばねの固定台、定規等を用意します。ばねにおもりを加えていったときのおもりの重さとばねの伸びをグラフに表すとどのようになりますか。おもりの重さを横軸、ばねの伸びを縦軸にとってください。

図1-6　おもりの重さとばねの伸びをグラフにする

結　果

図1-7のような直線的なグラフが書けたと思います。このようにして、応力とひずみが比例するというフックの法則を検証することができました。

また、ばねの種類によって直線の傾きが変化することもわかると思います。

つまり、このグラフの傾きが大きいほど弾性係数Eが小さく、同じだけ変形するのに大きな力が必要となるのです。

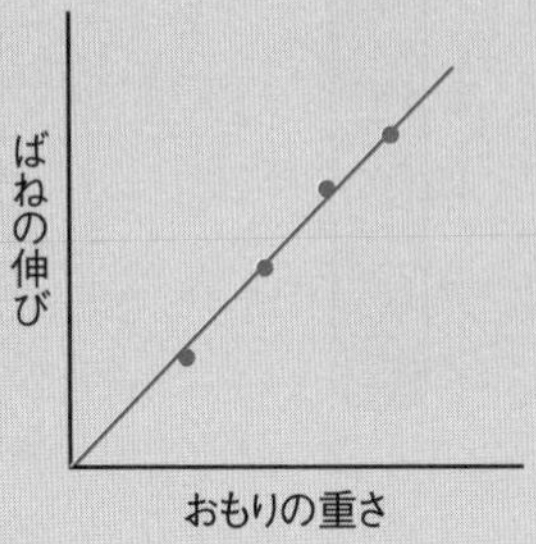

図1-7　直線的なグラフになる

弾性と塑性

実験1のように、おもりの大きさとばねの伸びが比例することなど、当たり前のことと思うかもしれません。また、おもりを取り除いてばねに力を加えるのをやめれば、ばねは元の形に戻ると思うでしょう。

それでは、金属の棒に力を加えていったときには、どうなるでしょうか。

鉄鋼材料を引張って伸びるとは考えにくいかもしれませんが、ある程度の力を加えれば、鉄鋼材料も変形を起こし、力を加えるのをやめれば元の状態（長さ）に戻ります。

このように、おもりに力を加え、その後取り除いたとき、完全に元に戻る性質のことを**弾性**といいます。

次に、鉄鋼材料にさらに大きな力を加えるとどうなるでしょうか。もう一度、ばねに戻って考えてみましょう。

ばねにあまりに大きな引張り力を加えると、力を加えるのをやめても、ばねには変形が残り、伸びてしまうでしょう。

これと同じく、鉄鋼材料でも加える力がある量より大きくなると、変形が残ることになります。このような性質のことを**塑性**といいます。

機械の構造設計において大事なことは、各部材に働く力が弾性範囲内に収まり、塑性の範囲に入らないようにすることです。

Column ロバート・フック

フックの法則を残したロバート・フックは、17世紀に活躍した英国の科学者です。フックは、ニュートンより少し先に学会に登場し、ニュートンと同じロンドン王立協会を舞台に活躍しました。

初期の王立協会では、フックの名声は、ニュートンをはるかに凌ぐものがありましたが、やがてニュートンの前でフックという名前は聞かれなくなっていきます。彼の肖像画が一枚も残されていないのは、死後にニュートンが彼を学会から消していったからだとされています。

このフックとニュートンの関係は『ロバート・フック　ニュートンに消された男』(中島秀人、朝日選書、1996、角川ソフィア文庫、2018)に詳しく述べられています。

2 材料試験

❶ 引張試験

材料の強さを調べるための代表的な試験が引張試験です。この試験は、引張試験機にJIS(日本産業規格)で決められている寸法の試験片を固定し、徐々に荷重を加えていき、そのときの応力とひずみの関係を調べようとするものです。試験結果は、縦軸に応力(荷重)をとり、横軸にひずみ(伸び)をとったグラフで表し、このグラフを**応力ーひずみ線図**といいます。

ここでは、代表的な金属材料である軟鋼の引張試験を紹介します。ゆっくりと荷重を加えていったときの応力−ひずみ線図を図1-8に示します。

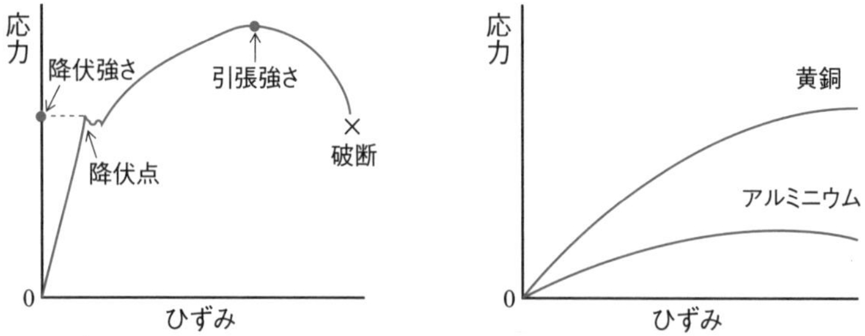

軟鋼の応力ーひずみ線図　　アルミニウムと銅の応力ーひずみ線図

図1-8　応力ーひずみ線図

図1-8（左）を見ると、いずれの線図でも初めのうちは、応力とひずみの間に比例関係が成り立っていることがわかります。この範囲内で力を加えるのをやめれば、材料は完全に元の形に戻ります。このような性質を**弾性**といいます。

しかし、加える力がある大きさを超えると、応力とひずみの間の比例関係が成立しなくなり、図のような曲線を描きます。そして、この曲線部分では力を加えるのをやめても、材料は元の形に戻ることはなく、変形が残ります。このような性質を**塑性**といいます。

また、比例関係が成立する限界の点のことを**降伏点**といい、この点における応力を**降伏強さ**といいます。降伏点では、力を加えなくても伸びが増えていることがわかります。また、降伏点を超えて応力の最大値を示す点を**引張強さ**といいます。

軟鋼以外の材料では、降伏点をはっきりと確認することが困難な場合が多く、アルミニウムや銅などでは、荷重を加え始めた初期の段階から**曲線を描く**ような**応力ーひずみ線図**を示します。

実験 1-2

引張試験

軟鋼の引張試験を実施しました。図1-9、1-10に破断前後の引張試験片を示します。

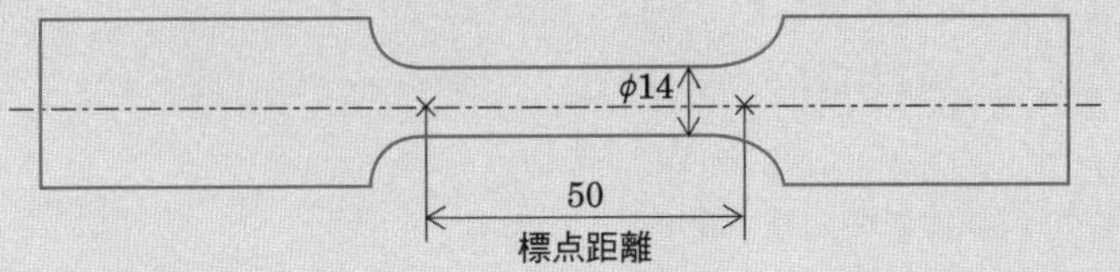

図1-9　試験前の引張試験片

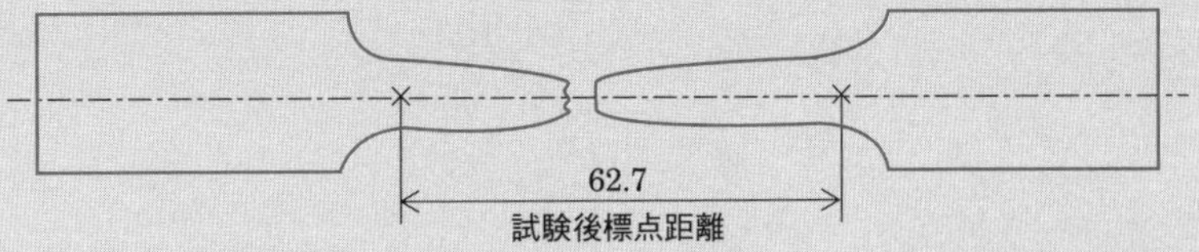

図1-10　試験後の引張試験片

引張試験における材料の降伏荷重は62.4 kN、最大荷重は108.5 kNでした。また、試験片の直径は、試験の前後で14.00 mmから10.20 mmへ変化し、50.0 mmの標点距離は、62.7 mmへと変化しました。

このときの降伏強さ、引張強さ、伸び（長さの変化の割合）、絞り（断面積の変化の割合）を求めなさい。

結　果

試験前後の試験片の断面積を求めておくと、それぞれ次のようになります。

$$試験前の断面積A_0 = \frac{\pi}{4} \times 14^2 = 154[\mathrm{mm}^2]$$

$$試験後の断面積A = \frac{\pi}{4} \times 10.20^2 = 81.7[\mathrm{mm}^2]$$

① **降伏強さ（降伏点における応力）**

降伏荷重は、62.4 kN = 62400 N

$$応力は、\sigma = \frac{荷重}{断面積} = \frac{W}{A_0} = \frac{62400}{154} = 405[\mathrm{MPa}]$$

② **引張強さ（降伏点をこえた応力の最大値）**

最大荷重は108.5 kN = 108500 N

$$\sigma_{\mathrm{max}} = \frac{最大引張荷重[\mathrm{N}]}{試験前の断面積[\mathrm{mm^2}]} = \frac{W_{\mathrm{max}}}{A_0} = \frac{108500}{154} = 704[\mathrm{MPa}]$$

③ **伸び（長さの変化の割合）**

$$伸び\,\sigma = \frac{試験後評点距離 - 評点距離}{評点距離} \times 100$$

$$= \frac{L - L_0}{L_0} \times 100 = \frac{62.7 - 50.0}{50.0} \times 100$$

$$= 25.4[\%]$$

④ **絞り（断面積の変化の割合）**

$$絞り\,\phi = \frac{試験前断面積 - 最小破断断面積}{試験前断面積} \times 100$$

$$= \frac{A_0 - A}{A_0} \times 100 = \frac{154 - 81.7}{154} \times 100$$

$$= 46.9[\%]$$

伸びや絞りは、その材料の加工しやすさの目安になります。

❷ 硬さ試験

私たちは普段、「硬い」とか「軟らかい」という言葉で材料の性質を区別していますが、その境目はどこにあるのでしょうか。

豆腐を、硬いか軟らかいかと問われたら、ほとんどの人が軟らかいと答えるでしょう。それでは、鉄は硬いか軟らかいかと問われたら、どうでしょうか。多くの人が硬いと答えるでしょう。しかし、2種類の鉄を渡されて、どちらが硬いかと問われたら、どう答えればよいでしょうか。

硬さには、応力やひずみのように、物理学における一定の理論体系の下で次元が確定し、定められた単位で表せる**物理量**としての定義はありません。

硬さは、複数の物理的性質に関する量で、測定方法によって定義される工業的に有用な量である**工業量**で表されます。

硬さ試験機は、大きく分けて二つに分類されます。一つは、ある高さから鋼球などを落下させて、その跳ね上がる高さをもって、硬さとするものです。

もう一つは、鋼球やダイヤモンドの圧子を押し当てて、そのときのくぼみの大小をもって、硬さとするものです。

ここでは、代表的な4種類の硬さ試験について紹介します。

ショア硬さ試験

おもりを一定の高さから落とし、その反発する高さで硬さを調べます。この試験機は、取り扱いが簡単で、傷をつけないため、試験片だけでなく、製品検査にも多く用いられています。結果の数値にはHSの記号を付けます。

跳ね上がりが高いものほど硬いことになり、中硬度の鋼材では25～30 HS、高硬度の鋼材では40～65 HSの値をとります。

実験1-3

ショア硬さ試験

試料を測定台（当たり面）にのせ、試料押さえハンドルを押さえながら、作動ハンドルを回します。このとき計測筒の中にあるおもりが落下して試料表面に当たり、跳ね上がった高さがダイヤルゲージに表示されます。

同じ試料でも、おもりの当たる場所により値が異なることがあるので、数カ所で測定を行います。

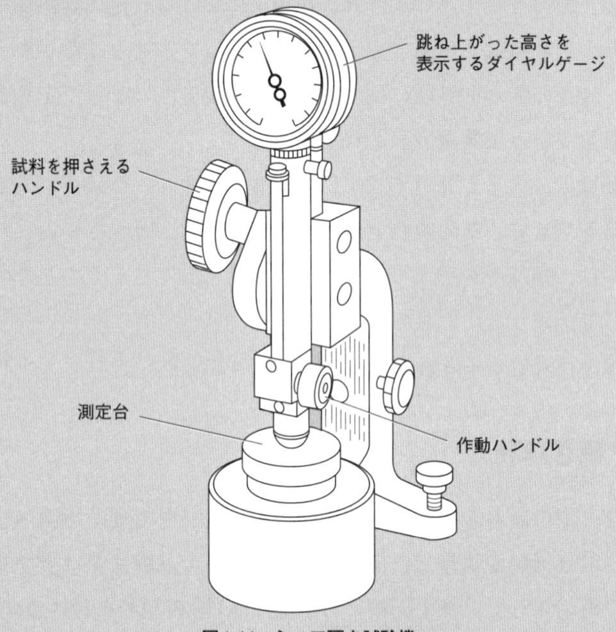

図1-11　ショア硬さ試験機

結果

ダイヤルゲージの目盛りを読み、その数字にHSを付けて、20 HSや40 HSのように表示します。

ビッカース硬さ試験

ダイヤモンドの四角錐を圧子としてくぼみを与え、くぼみの対角線の長さで硬さを調べます。結果の数値にはHVの記号を付けます。

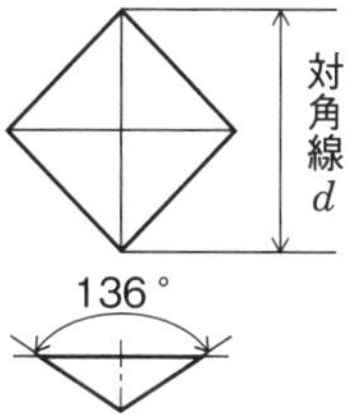

図1-12　ビッカース硬さ試験

ブリネル硬さ試験

鋼球圧子でくぼみを与え、くぼみの大きさで硬さを調べます。結果の数値にはHBの記号を付けます。

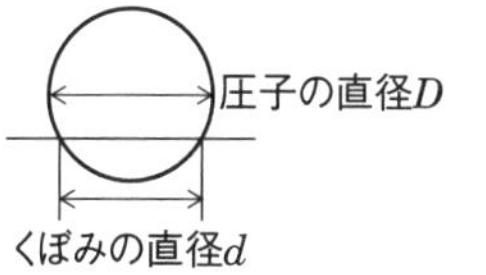

図1-13　ブリネル硬さ試験

ロックウェル硬さ試験

鋼球圧子やダイヤモンド圧子で二段階のくぼみを与え、くぼみの深さの差で硬さを調べます。結果の数値には、HRの記号を付けます。

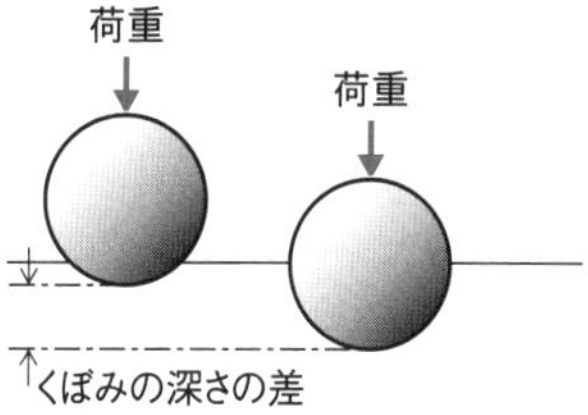

図1-14　ロックウェル硬さ試験

Column　ダイヤモンドは何で削るか

世の中で一番硬いものは、ダイヤモンドであるといわれています。そのため、硬さ試験の圧力や切削工具などには、ダイヤモンドが多く使用されています。それでは、そのダイヤモンドはどのように加工されているのでしょうか。

正解は、「ダイヤモンドはダイヤモンドで削る」です。つまり、削る、削られるという関係は、相対的なものであり、削る方のモノがまったく変形しないということはありません。そのため、どんな刃物にも寿命があるのです。

③ 衝撃試験

引張試験はゆっくりと荷重を加える**静荷重**の試験でした。これに対して、短時間に荷重が加わる場合もあります。これを**動荷重**といい、短い時間に衝撃が加わる**衝撃荷重**と周期的に荷重が加わる**繰返し荷重**などがあります。

衝撃に対する材料の抵抗は、**靭性**《じんせい》と呼ばれます。靭性は、材料の粘り強さを数値で表しています。

ここでは、**シャルピー衝撃試験**を取り上げます。

実験1-4

シャルピー衝撃試験

この試験は、図1-15のように、切欠きの入ったシャルピー衝撃試験片をつくり、その背面に、ある高さから振り下ろしたハンマで打撃を与え、その衝撃力を求めるものです。靭性の大きい材料と小さい材料では、ハンマの上がり方にどのような違いが見られるでしょうか。

ハンマの持ち上げ角と振り下ろした後の振り上がり角を測定することにより、シャルピー衝撃値を求めることになります。つまり、持ち上げと振り上がりの位置エネルギーの差を、破壊に要したエネルギーと考えるのです。

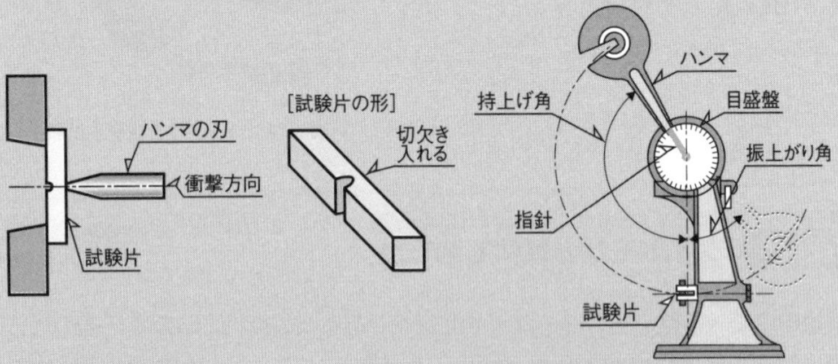

図1-15　シャルピー衝撃試験

結　果

　靭性の大きい材料の場合には、折れるまでに大きなエネルギーが必要となるため、ハンマはそれほど上がりません（＝試験片は多くの衝撃を吸収した）。

　逆に、靭性の小さい材料の場合には、試験片はすぐに折れてしまい、ハンマは元の高さに近い高さまで上がります（＝試験片はあまり衝撃を吸収しなかった）。

　材料試験には、これ以外にも圧縮試験、曲げ試験、硬さ試験、疲労試験などがあります。

　機械は必ず何かの材料でつくられるため、私たちはさまざまな材料試験によって、その機械的性質を正しく理解し、最適な材料を最適な場所に用いる必要があります。一見、地味な仕事に見えますが、材料試験は機械設計の土台となる大切なものです。

Column　鳥吸い込み試験

　ジェットエンジンのファンブレードに異物が吸い込まれると、FRP製のブレードがその衝撃によって壊れてしまいます。

　海の近くの空港では、特に飛んでいる鳥がここに飛び込んでくる事故が発生しています。そのため、空港の周囲には、その鳥の侵入を防ぐためのフェンスを置いたり、鳥を打ち落とすための猟師が目を光らせています。

　また、エンジン開発の側では、実際に鳥を放り込んで、FRPの破壊を調べるという残酷な鳥吸い込み試験も行われています。回転している物体に異物がぶつかるときの衝撃という複雑な現象は、現在でも実物試験に頼るところが大きいのです。

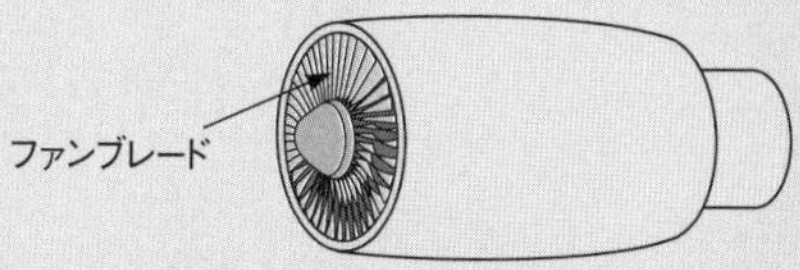

図1-16　ジェットエンジン

3 はりの曲げと断面係数

❶ はりに働く力

(1) はりのつりあい

はりに外部から**荷重**が加わると、それを支えている支点には荷重とは逆向きの**反力**が働きます。そして、荷重と反力がつり合いの状態にある場合には、次の条件が成り立ちます。

(1) 荷重と反力の合力の和は0であること
(2) どの断面においても、力のモーメントの和は0であること

ここで、モーメントとは、物体の回転に対する力の働きのことです。モーメントの符号は、反時計回りが正（プラス）、時計回りが負（マイナス）と決められています。

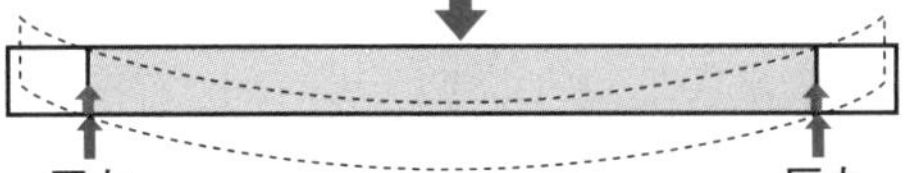

図1-17　支点に反力が生ずる

(2) はりのせん断力

はりに働く荷重や反力によって、はりには**せん断力**が生じます。せん断力の正負の符号は、次のように決められています。

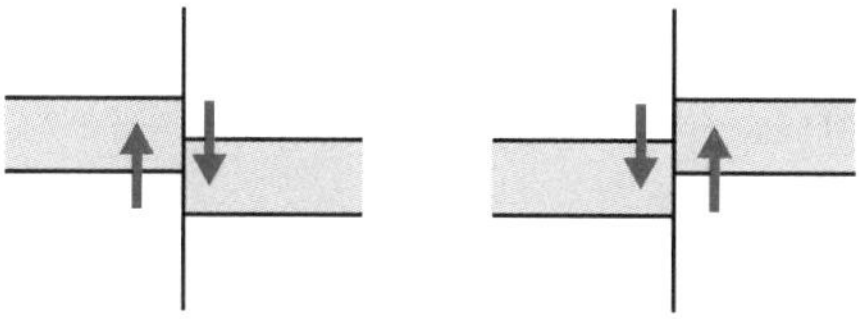

図1-18　正のせん断力と負のせん断力

(3) 曲げモーメント

はりに働く荷重によって、はりには**曲げモーメント**が作用します。曲げモーメントの正負の符号は、次のように決められています。

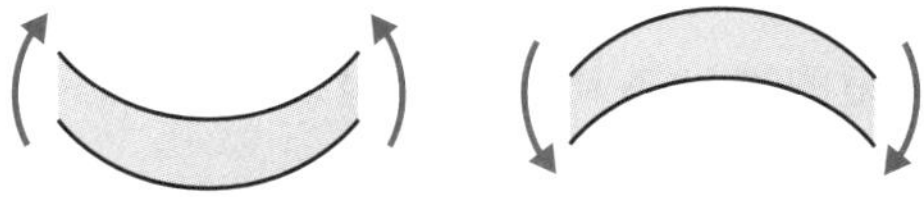

図1-19　正の曲げモーメントと負の曲げモーメント

❷ 片持ちはり

一端が壁に固定されているはりを、**片持ちはり**といいます。壁に固定され動かない端を固定端、固定されていない反対側の端を自由端といいます。

はりに働くせん断力Fや曲げモーメントMは、せん断力図や、曲げモーメント図にして表すことができます。

(1) 集中荷重を受ける片持ちはり

長さlの片持ちはりの自由端に集中荷重W（一点に集中してかかる荷重）が働いているとき、はりに働くせん断力Fはどこでも同じ大きさであり、$F = W$で一様に分布しています。

また、曲げモーメントMは荷重からの距離に比例します。自由端で0、固定端で最大$M_{max} = -Wl$になります。

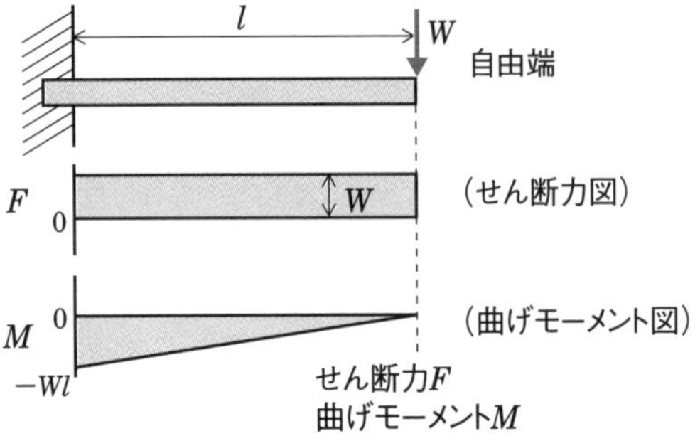

図1-20　集中荷重を受ける片持ちはり

(2) 等分布荷重を受ける片持ちはり

長さlの片持ちはりに等分布荷重wが働いているとき、はりに働くせん断力Fは荷重からの距離に比例し、自由端で0、固定端で最大$F = wl$となります。

また、曲げモーメントMは、wlの荷重が中央の$\frac{l}{2}$に加わったとすると、自由端で0、固定端で最大$M_{max} = -\frac{wl^2}{2}$の放物線になります。

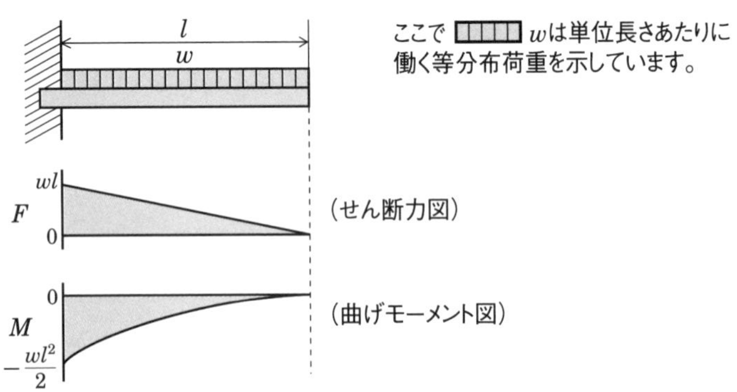

図1-21　等分布荷重を受ける片持ちはり

❸ 支持はり

(1) 集中荷重を受ける支持はり

長さlの両端支持はりに、支点Aからa [mm] の距離に集中荷重Wが働いているとき、両端の支点A、Bにおける反力R_A、R_Bは、集中荷重とつり合っていますから、「つり合いの状態にある条件：(1) 荷重と反力の合力の和は0」より、

$$\boldsymbol{W = R_A + R_B} \quad \cdots\cdots\cdots\cdots①$$

(一つの荷重を二点で支えると考えます)

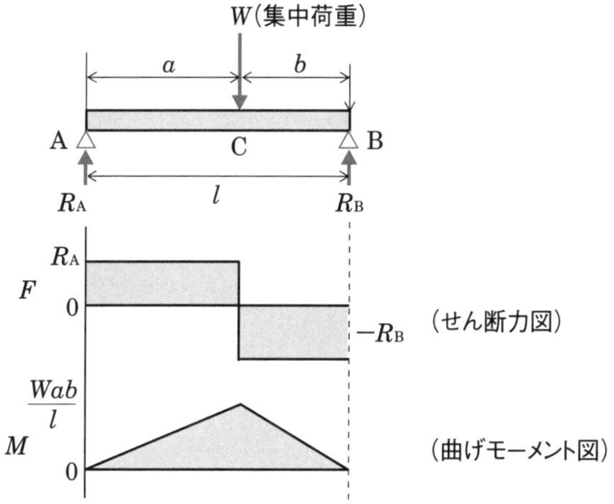

図1-22　集中荷重を受ける支持はり

また、「(2) つり合いの状態にある力のモーメントの和は、どの断面でも0である」から、支点Aの周りのモーメントを考えると、

反時計回りのモーメント：$\boldsymbol{M_1 = R_B \times l}$

時計回りのモーメント：$\boldsymbol{M_2 = W \times a}$

モーメント：$\boldsymbol{M_A = R_B \times l - W \times a = 0}$ ……②

①式と、②式より、

$$R_A = \frac{W \times b}{l} \qquad R_B = \frac{W \times a}{l}$$

となります。

よって、はりに働くせん断力は荷重Wの両側で、

$$F_{AC} = R_A \qquad F_{CB} = -R_B$$

となります。符号は定義に従います。

また、はりに働く曲げモーメントMは荷重点Cで、

$$\text{最大値} M_{max} = \frac{Wab}{l}$$

となり、曲げモーメント図のように両端に向かって直線的に0に近づきます。

(2) 等分布荷重を受ける支持はり

長さlの両端支持はりに等分布荷重wが働いているとき、両端の支点の反力R_A、R_Bは全荷重wlの半分ずつが両端に働くと考えられるため、

$$R_A = R_B = \frac{wl}{2}$$

となります。

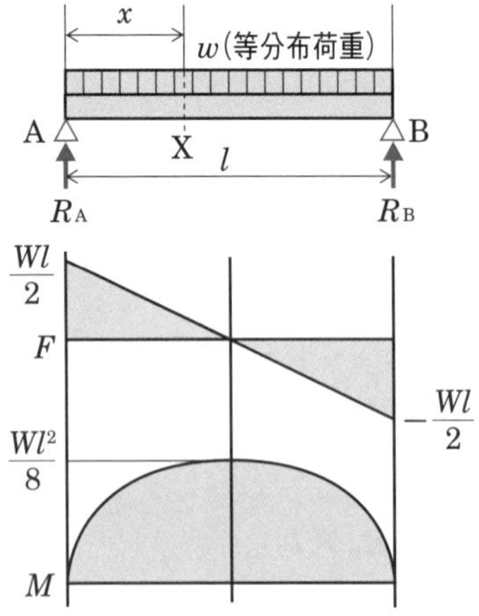

ここで　wは単位長さあたりに働く等分布荷重を示しています。

図1-23　等分布荷重を受ける支持はり

はりに働くせん断力を、支点Aから距離xにある点Xに注目して、求めてみましょう。図1-23のはりはつり合いの状態になるため、点Xの左右では同じ大きさの力が働いています。そのため、どちらか片側だけを考えればよく、ここでは点Xの左側について考えてみましょう。

点Xの左側に働く力は反力R_Aと長さx分だけの等分布荷重（wx）です。ここでせん断力の正負の定義（図1-18）より、R_Aは正、wxは負になります。よって、はりに働くせん断力F_xは、

$$F_x = R_A - wx = \frac{wl}{2} - wx$$
$$= \frac{w}{2}(l - 2x)$$

となります。この式に各点の値を代入すれば、せん断力の値が求まります。

点Aで、$F_A = \frac{wl}{2}$ $(x = 0)$、

点Bで、$F_B = -\frac{wl}{2}$ $(x = l)$をとります。

次にはりに働く曲げモーメントを求めてみましょう。せん断力の求め方と同様に、図のはりは、つり合い状態にあるため、点Xの左側について考えることにします。

点Xの左側に働く曲げモーメントは、$R_A \times x$と$wx \times \frac{x}{2}$です。ここで$wx \times \frac{x}{2}$は、等分布荷重を、xの中央部に働く集中荷重として表したものです。そして、曲げモーメントの正負の定義より、$R_A \times x$は正、$wx \times \frac{x}{2}$は負になります。よって、はりに働く曲げモーメントMxは、

$$M_x = R_A x - wx\frac{x}{2} = \frac{wl}{2} \times x - wx\frac{x}{2} = -\frac{w}{2}(x^2 - lx) = \frac{wx}{2}(l - x)$$

となります。

この式は、xについての2次関数を表しているため、放物線を描くことがわかります。また、2次曲線の最大値は、M_xの式をxで微分したときの式を0とすれば求まるため、

$$M' = -wx + \frac{wl}{2} = 0$$ より、

$x = \dfrac{l}{2}$のときに最大値をとり、そのときの曲げモーメントM_xは、

$$M_{\max} = -\frac{w}{2}\left(\frac{l^2}{4} - l\frac{l}{2}\right) = \frac{wl^2}{8}$$

の値をとります。

Column　2次曲線の最大値の求め方

$y = ax^2 + b$のグラフは、図のような上に凸の曲線になります。そして、その最大値は、接線の傾きが0になる点、つまり微分して0になるxを求めたときのyの値になります。（ただし、$a<0$、$b<0$）

$y = ax^2 + b$を微分して接線の傾きを求めます。

$y' = 2ax$（接線の傾き）

最大値は、傾きが0になる点ですから、

$y' = 2ax = 0$

$\therefore x = 0$

よって、$x = 0$のとき、$y = b$が最大値です。

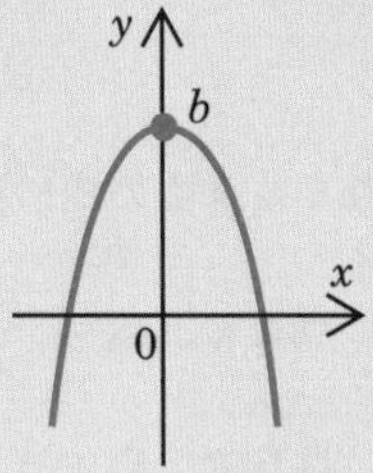

図1-24　2次曲線と最大値

❹ 断面係数

これまで、はりを棒状のものとしてとらえ、特に断面の形や大きさは考えていませんでした。しかし、実際に存在しているモノには、必ず形があります。そして、同じ長さのはりを使用するときでも、その断面が、円形や四角形、パイプなのかによって、その強度が大きく異なる場合があります。

つまり、はりの断面形状を適切に設計することにより、より強度の大きい材料の使い方ができることになります。

断面の形状と大きさによって決まる曲げの力に対する強さのことを、**断面係数**といいます。

代表的な断面形状A～Fにおける断面係数は、図1-25の公式に値を代入して求めることができます。なお、断面係数の単位には長さの3乗であるmm^3が用いられますが、これは体積を意味しているわけではありません。

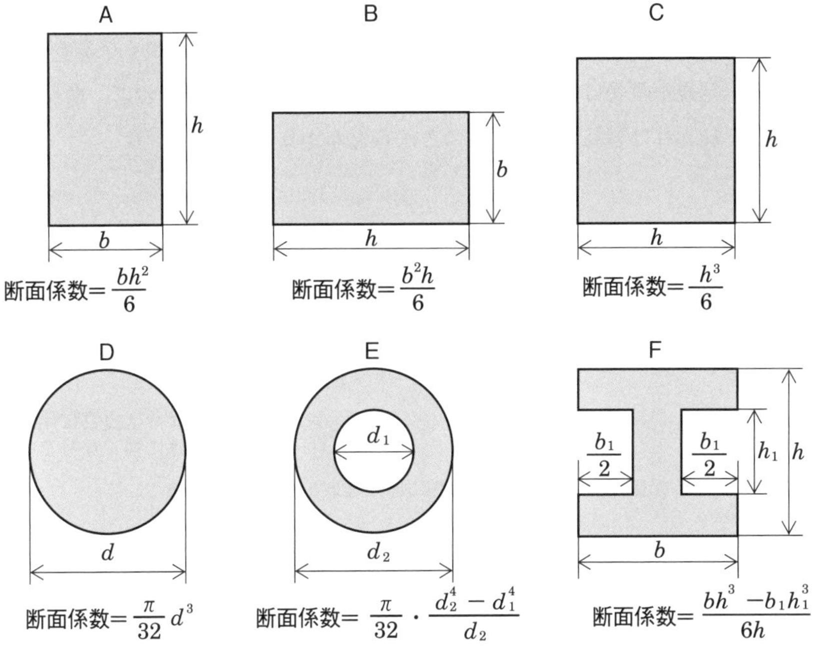

図1-25　断面形状と断面係数

縦長と横長

例 1-5

同じ長方形断面20 mm × 30 mmの材料を縦長にして用いるとき（図1-25のA）と、横長に用いるとき（図1-25のB）の断面係数はそれぞれいくらになりますか。

解　答

図1-25のAとBより、

$$(\mathrm{A})\,Z_{\mathrm{A}} = \frac{bh^2}{6} = \frac{20 \times 30^2}{6} = 3000\,[\mathrm{mm}^3]$$

$$(\mathrm{B})\,Z_{\mathrm{B}} = \frac{b^2h}{6} = \frac{20^2 \times 30}{6} = 2000\,[\mathrm{mm}^3]$$

長方形の断面係数は「材料の幅×高さの2乗÷6」で求まります。そのため、同じ断面ならば材料を縦長にして使用したほうが、より曲げに強くなるのです。これは、定規を縦長にして荷重を加えてもほとんど変形しないのに、横長にして荷重を加えれば容易に変形することからもわかります。

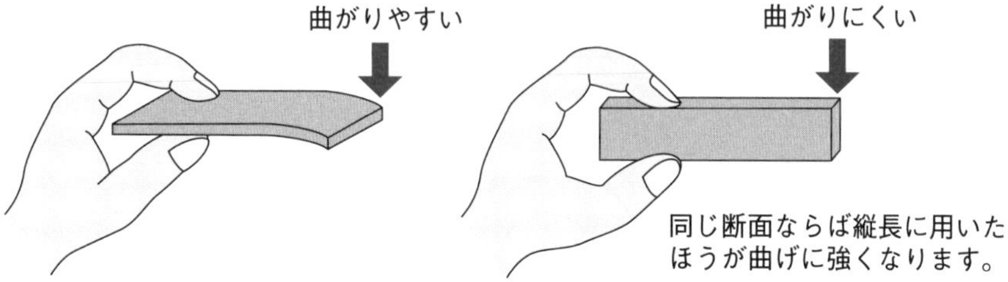

図1-26　同じ断面なら縦長に使用したほうが曲げに強くなる

また、正方形断面では幅と高さが等しくなるため、一辺の長さをh [mm] とすれば、図1-25のCのように断面係数は、$\dfrac{h^3}{6}$ になります。

丸棒とパイプ

例 1-6

直径6 mmの丸棒（図1-25のD）と、外形が10 mmで内径が8 mmのパイプ（図1-25のE）の断面係数はそれぞれいくらになりますか。

解　答

図1-25のDとEより、

$$(\mathrm{D})\,Z_D = \frac{\pi d^3}{32} = \frac{\pi \times 6^3}{32} = 21.2\,[\mathrm{mm}^3]$$

$$(\mathrm{E})\,Z_E = \frac{\pi}{32}\left(\frac{d_2^4 - d_1^4}{d_2}\right) = \frac{\pi}{32}\left(\frac{10^4 - 8^4}{10}\right) = 57.9\,[\mathrm{mm}^3]$$

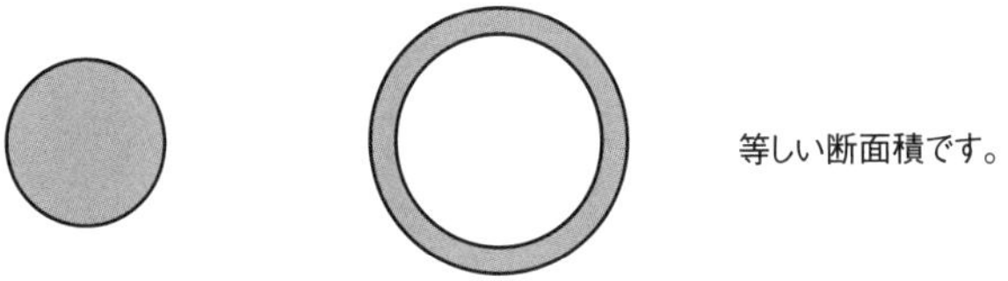

図1-27　断面積の等しい丸棒とパイプを比べると、強度はパイプが上回る

この例1-6の問題で用いられている丸棒とパイプの断面積は、等しくなっています。しかし、断面係数はパイプのほうが2倍以上大きな値です。このことから、使用する材料の量が同じならば、丸棒よりもパイプにしたほうが、曲げに対して強いということがわかります。

H形と長方形

例 1-7

H形断面（図1-25のF）の各部の寸法が次の値のとき、その断面係数はいくらになりますか。

$h = 200$ [mm]、$h_1 = 120$ [mm]、$b = 150$ [mm]、$b_1 = 100$ [mm]

解　答

図1-25のFより、

$$Z = \frac{bh^3 - b_1h_1^3}{6h} = \frac{150 \times 200^3 - 100 \times 120^3}{6 \times 200}$$

$$= 856 \times 10^3 [\mathrm{mm}^3]$$

例1-7で求めた断面係数を幅150 mm、高さ200 mmの長方形の断面係数と比較してみましょう。

$$Z = \frac{bh^2}{6} = \frac{150 \times 200^2}{6} = 1000 \times 10^3 [\mathrm{mm}^3]$$

H形の断面積は、長方形の断面積の60 %しかありません。しかし、断面係数は85.6 %を保っており、それほど大きく変化していません。実際に鋼材として用いられているH形鋼は上の形状よりもさらに細くつくられており、また、断面積を大きくするために、I形断面やT形断面の材料も多く用いられています。

平等強さのはり

断面係数が一様に等しいはりでは、最大曲げモーメントの生じる危険断面（理論上もっとも大きな力が加わり危険であるとされる断面）以外では、ある程度、安全であるといえます。

逆にいえば、危険断面以外では材料を無駄に使用しているともいえます。ここを少し工夫して、曲げモーメントの大きさに応じて、断面係数を変化させるようにすれば、どの断面にも等しい曲げ応力が生じることになります。このように合理的に設計されたはりを**平等強さのはり**といいます。

図1-28のような片持ちはりに集中荷重Wが働いているとき、

曲げモーメントMは、$M = Wx$

断面係数Zは、$Z = \frac{bh^2}{6}$

であるから、はりに生ずる曲げ応力σ_{max}＝一定　とするためには、

$$\frac{M}{Z} = 一定$$

とすればよいから、

$$\frac{M}{Z} = Wx \div \left(\frac{bh^2}{6}\right) = \frac{6Wx}{bh^2} = 一定 \quad \cdots\cdots ③$$

にすればよいことになります。

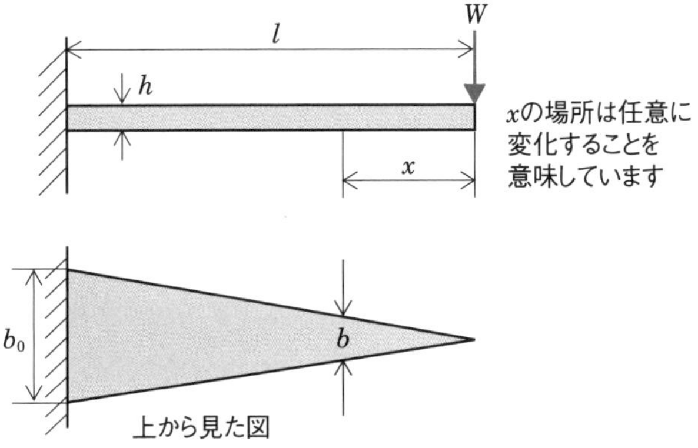

図1-28　平等強さのはり

◆はりの高さを一定

　はりの高さhを一定にするときには、③式において$\dfrac{x}{b}$＝一定であればいいので、

$$\sigma = \frac{M}{Z} = \frac{6Wl}{b_0h^2}$$

$$\therefore b_0 = \frac{6Wl}{h^2\sigma}$$

$\dfrac{x}{b} = \dfrac{l}{b_0}$より、

$$b = \frac{b_0x}{l}$$

のようにして直線的に変化させればよいことになります。

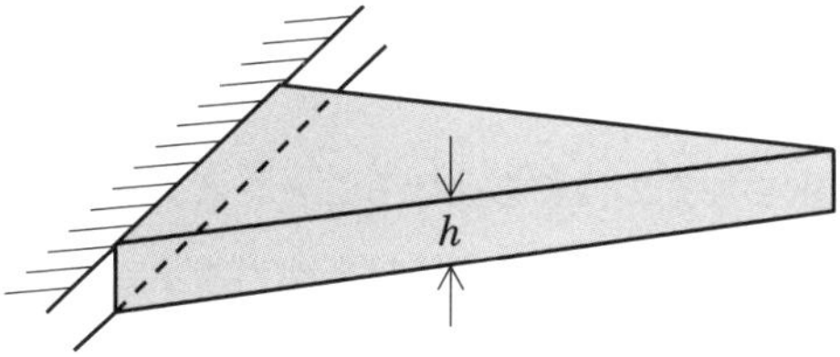

図1-29　はりの高さを一定にする場合

◆はりの幅を一定

また、はりの幅bを一定にするときには、③式において、$\dfrac{x}{h^2}$ =一定になるため、

$$\sigma = \frac{M}{Z} = \frac{6Wl}{bh_0^2}$$

$$\therefore h_0 = \sqrt{\frac{6Wl}{b\sigma}}$$

$\dfrac{x}{h^2} = \dfrac{l}{{h_0}^2}$ より、

$$h = h_0\sqrt{\frac{x}{l}}$$

のように放物線状に変化させればよい。

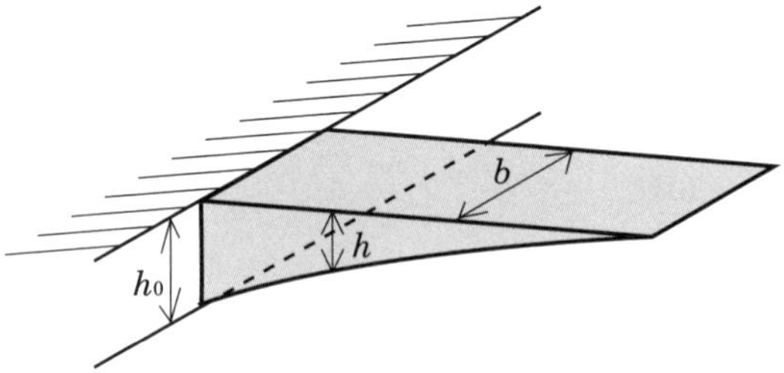

図1-30　はりの幅を一定にする場合

以上のように、断面の形状を工夫することによって、少ない材料で強度を出すことができます。これから設計しようとする材料に働く力の大きさと方向を正しく理解した上で、合理的な設計を行うことを心がけましょう。

❺ 曲げ応力

はりの中央に荷重を加えてはりを曲げることを考えます。

このとき、はりは曲げモーメントを受けて変形することになります。

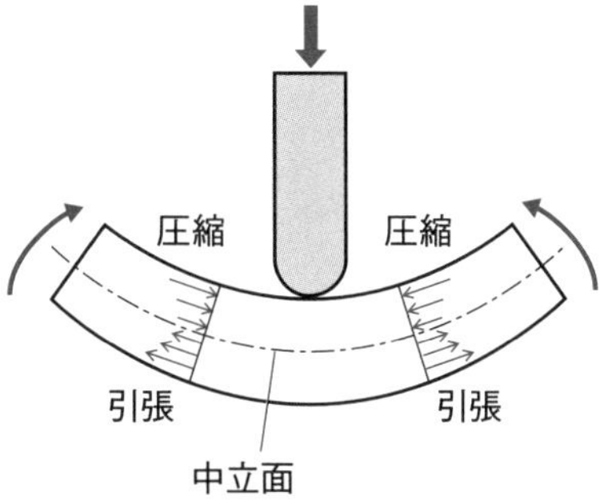

図1-31　曲げ応力

そして、はりの中心を通る線より、上側では**圧縮応力**、下側では**引張応力**を受けることになります。このように、はりの内部に生じる圧縮応力と引張応力のことを**曲げ応力**といいます。

また、はりの中心を通る線がつくる面を**中立面**といい、この面は伸び縮みをしません。

曲げ応力σと曲げモーメントM、断面係数Zの間には、次式が成り立ちます。

$$\sigma = \frac{M}{Z}$$

設計を行うときには、それぞれの材料が持つ許容曲げ応力σに達しないようにする必要があります。

例 1-8

図1-32のような長さ1.0 mの片持ちはりに集中荷重600 Nが働いたとします。このとき働く曲げ応力ははりの断面が幅40 mm、高さ80 mmの長方形のときいくらになりますか。

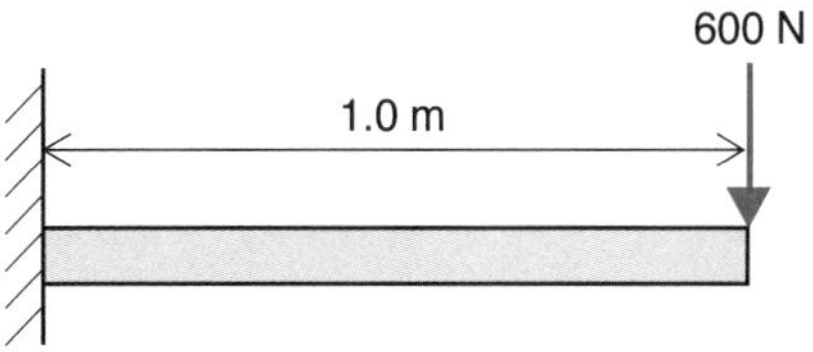

図1-32　曲げ応力を求める

解　答

まず断面係数Zを求めます。

$$Z = \frac{bh^2}{6} = 40 \times \frac{80^2}{6} = 42.7 \times 10^3\ [\mathrm{mm}^3]$$

曲げモーメントMは、

$$M = Wl = 600 \times 1000 = 600 \times 10^3\ [\mathrm{N \cdot mm}]$$

曲げ応力σは、

$$\sigma = \frac{M}{Z} = \frac{600}{42.7}$$

$$= 14.1\ \mathrm{N/mm^2} = 14.1\ \mathrm{MPa}$$

例 1-9

例1-8と同じ1.0 mの長さの丸棒のはりが600 Nの荷重を受けています。はりの許容応力を30 MPaにしたとき、丸棒の直径は何 mmになりますか。

解　答

曲げ応力の式、$\sigma = \frac{M}{Z}$ より、$Z = \frac{M}{\sigma}$

丸棒の断面係数Zを求める式と$M = Wl$から、

$$Z = \frac{\pi d^3}{32} = \frac{M}{\sigma} = \frac{Wl}{\sigma}$$

d =の形に変形して、

$$d = \sqrt[3]{\frac{32 \times Wl}{\pi\sigma}} = \sqrt[3]{\frac{32 \times 600 \times 10^3}{\pi\sigma}} = 58.9[\mathrm{mm}]$$

3乗根$\sqrt[3]{}$は関数電卓などで求めます。

例 1-10

図1-33のように、高さと幅の比が3：2の片持ちばりが集中荷重を受けています。このときのせん断力図と曲げモーメント図を求め、それぞれを図示しなさい。

また、はりの許容曲げ応力が50 MPaのとき、その断面の高さと幅を求めなさい。

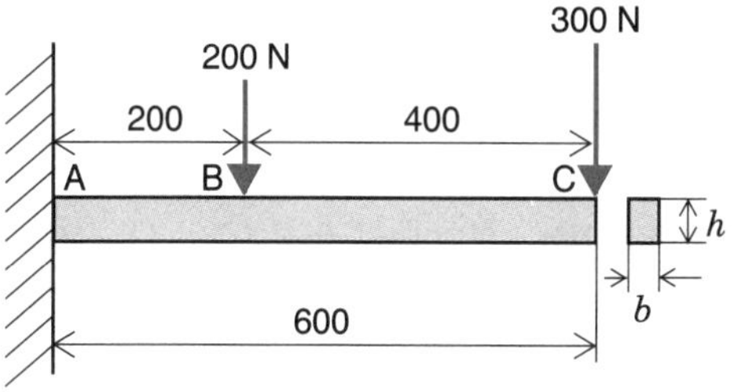

図1-33　せん断力と曲げモーメントを求めて図示

解　答

① まず、F_{BC}とF_{AB}のせん断力を求めます。

$F_{BC} = 300$ [N]

$F_{AB} = 300 + 200 = 500$ [N]

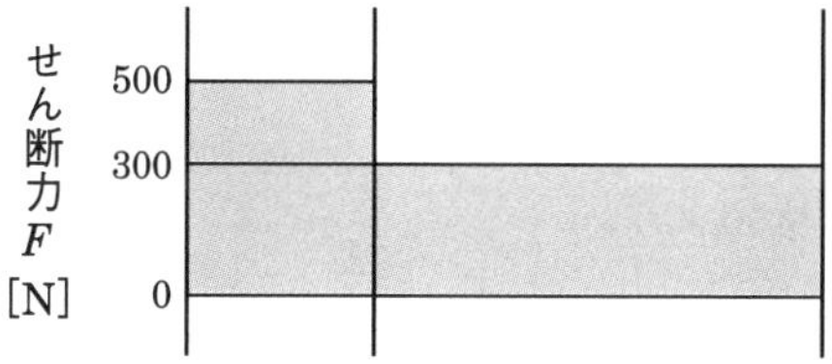

図1-34　せん断力図

② 次に曲げモーメントを求めます。

F_{BC}によるものは、$-300 \times 600 = -180000 = -180$ [kN·mm]

F_{AB}によるものは、$-200 \times 200 = -40000 = -40$ [kN·mm]

これらを重ね合わせると次の図で示されます。

よって、最大曲げモーメントは固定端Aに生じ、$M_{max} = -220$ [kN·mm] になります。

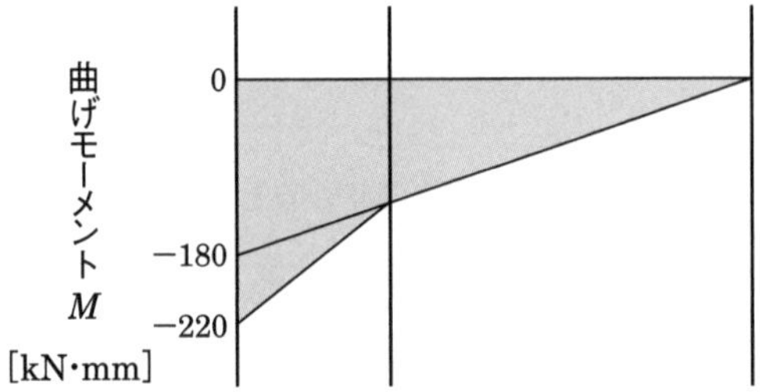

図1-35　曲げモーメント図

③ 許容曲げ応力が50 MPa、最大曲げモーメントは−220 kN·mmであるから、曲げ応力の式に代入します。

$\sigma = \dfrac{M}{Z}$ より、

$$Z = \frac{M_{max}}{\sigma} = \frac{220 \times 10^3}{50} = 4400 [\mathrm{mm}^3]$$

$h : b = 3 : 2$ より、

$$b = \frac{2}{3} h$$

断面係数の式に代入します。

$$Z = \frac{bh^2}{6} = \frac{\frac{2}{3} h \times h^2}{6} = \frac{h^3}{9}$$

ここで、$Z = 4400$ より、

$$\frac{h^3}{9} = 4400$$

$$h^3 = 9 \times 4400$$

$$\therefore h = 34.1 [\mathrm{mm}]$$

$b = \dfrac{2}{3} h$ に求めた h を代入して、$b = 22.7$ [mm] となります。

4 トラス

機械の運動部分を安定して支えるためには、構造物としての働きが求められます。構造物は棒や板の結合によってつくられており、代表的なものが骨組構造です。

東京タワーは1955年（昭和33年）に完成した高さ333 mの骨組構造物です。下部にある4本のアーチ型の塔脚の上に,滑車にワイヤーをつけた装置で鉄骨を移動させて組み立てました。使われた鋼材はあわせて約4000トンです。

図1-36　東京タワー

(1) トラスとは

直線状の部材でつくられている構造物を骨組構造物といいます。この骨組構造物において、すべての節点が自由に回転をする**滑節**《かっせつ》で構成されているものを**トラス**といいます。つまり、部材を三角形に組んだものを構成単位とし、部材の接合点がピン結合で回転できる構造物のことです。接合点は具体的には、ボルトやリベットなどで結合されることになります。滑節では回転はしますが、モーメントは伝達されません。

そのため、各部材にはせん断力や曲げモーメントが発生することはなく、圧縮応力や引張応力などの内力が働きます。

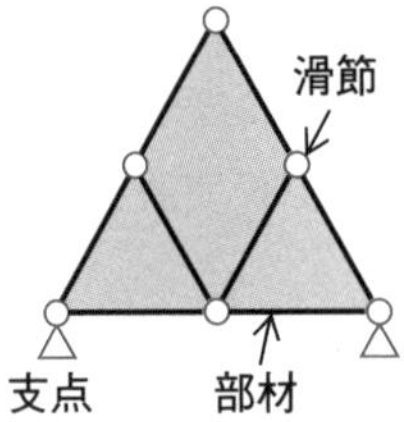

図1-37　トラス

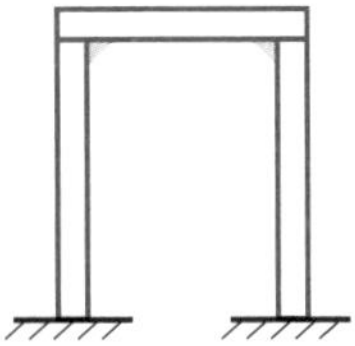

図1-38　ラーメン

これに対して、節点（トラスの結合点）が、溶接継手などで回転できないように固定された**剛節《ごうせつ》**で構成されている骨組構造を**ラーメン**といいます。トラス構造が、各部材の伸び縮みに抵抗する作用により、外力に対して抵抗しますが、ラーメン構造ははりと柱の曲げ変形に抵抗する作用により、外力に抵抗します。ラーメンに働く力の計算は、主に建築学の構造計算で行われています。

ここではトラスに働く力の計算を取り扱います。

(2) トラスの計算

トラスでは各節点に作用する外力と内力はつり合っています。そのため、節点に働く力の多角形は、必ず閉じることになります。

複数の力がつり合うとき、一つの力のベクトルの先に他のベクトルの元がくるように描いていくと、閉じた多角形を描くことができます。

つまり、各節点に働く力の水平成分と垂直成分の合力は、それぞれ0になるのです。

節点には曲げモーメントが働かないため、部材には、引張応力と圧縮応力が働きます。

次に、例題を見ながら考えていきます。

例 1-11

図1-39において、部材①②は、それぞれ固定壁で接合されています。

節点Oにおいて、下向きに荷重P =1000［N］が作用したときに、両方の部材に生ずる応力を求めなさい。ただし、部材の断面積はともに200 mm^{2}とします。

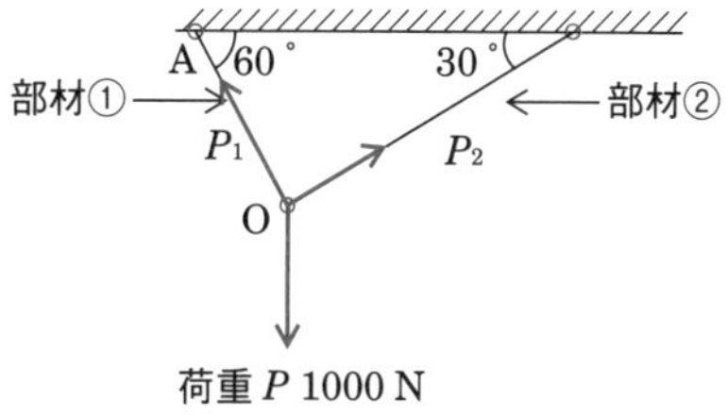

図1-39　応力を求める

解　答

まず、各部材に働く力を求めます。部材①に働く力をP_1、部材②に働く力をP_2とします。節点Oでつり合っているため、節点Oに働く「力の三角形」は閉じています。

この三角形の比は1：2：$\sqrt{3}$より、三角比から、働く力を求めます。

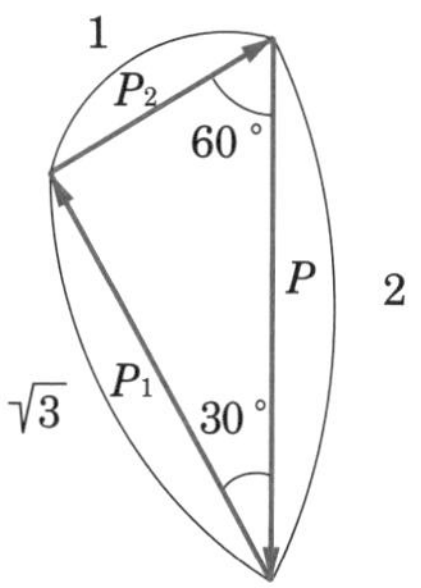

図1-40　力の三角形

まず、PとP_1の比を求めると、

$$P : P_1 = 2 : \sqrt{3} \quad \text{より、}$$

$$\therefore P_1 = \frac{\sqrt{3}}{2}P = \frac{\sqrt{3}}{2} \times 1000 = 866[\mathrm{N}]$$

次にPとP_2の比を求めると、

$$P : P_2 = 2 : 1 \quad \text{より、}$$

$$\therefore P_2 = \frac{1}{2}P = \frac{1}{2} \times 1000 = 500[\mathrm{N}]$$

部材の断面積は200 mm^{2}より、P_1とP_2の応力はそれぞれ、

$$\text{応力}\,\sigma = \frac{\text{荷重}}{\text{断面積}} \quad \text{より、}$$

$$\sigma_1 = \frac{P_1}{A} = \frac{866}{200} = 4.3[\mathrm{MPa}]$$

$$\sigma_2 = \frac{P_2}{A} = \frac{500}{200} = 2.5[\mathrm{MPa}]$$

部材の数が多くなっても、この［例1-11］の方法を繰り返し適用することによって、各部材に働く力を求めることができます。

Column 三角法

三角法は、機械工学でもとてもよく使います。忘れている人はここで復習しておきましょう。

直角三角形ABCにおいて、角BACをθとすると、辺ABを斜辺、辺ACをθの隣辺、辺BCをθの対辺といいます。このとき、以下の式が成り立ちます。

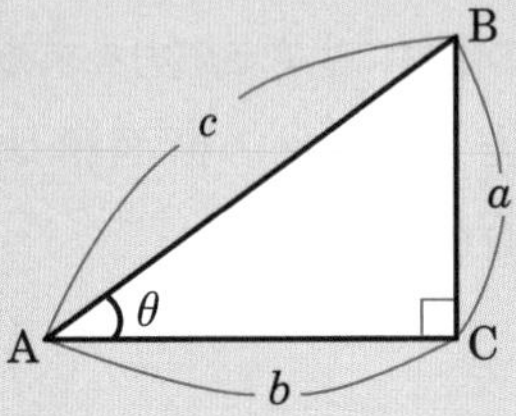

図1-41　直角三角形ABCの図

$\frac{\text{対辺}}{\text{斜辺}}=\frac{BC}{AB}$ を $\sin\theta$ と表します。　$\therefore \sin\theta=\frac{a}{c}$　　$a=c\sin\theta$

$\frac{\text{隣辺}}{\text{斜辺}}=\frac{AC}{AB}$ を $\cos\theta$ と表します。　$\therefore \cos\theta=\frac{b}{c}$　　$b=c\cos\theta$

$\frac{\text{対辺}}{\text{隣辺}}=\frac{BC}{AC}$ を $\tan\theta$ と表します。　$\therefore \tan\theta=\frac{a}{b}$　　$\tan\theta=\frac{\sin\theta}{\cos\theta}$

$a^2+b^2=c^2$より、

$$(c\sin\theta)^2+(c\cos\theta)^2=c^2$$

$$c^2(\sin^2\theta+\cos^2\theta)=c^2$$

$$\therefore \sin^2\theta+\cos^2\theta=1$$

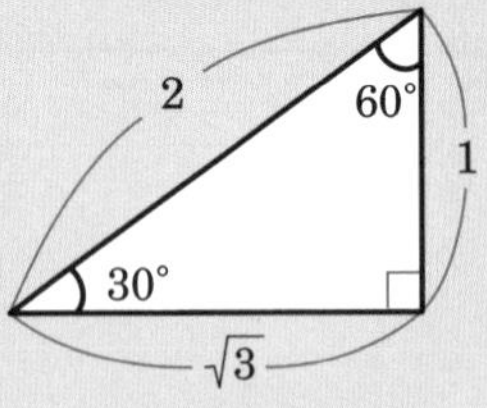

$\sin 30^\circ=\frac{1}{2}$　　$\sin 60^\circ=\frac{\sqrt{3}}{2}$

$\cos 30^\circ=\frac{\sqrt{3}}{2}$　　$\cos 60^\circ=\frac{1}{2}$

$\tan 30^\circ=\frac{1}{\sqrt{3}}$　　$\tan 60^\circ=\sqrt{3}$

図1-42　具体的な数値の例

例 1-12

図1-43のような左右対称のトラスに荷重を加えるとき、トラスの反力と各部材に作用する力を求めなさい。

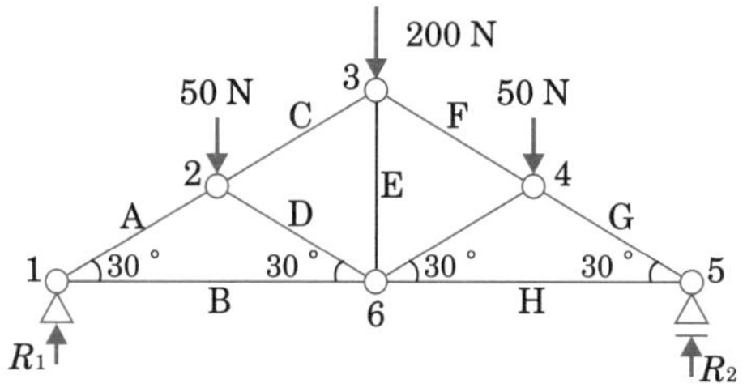

図1-43　トラスの反力と各部 に作用する力を求める

解　答

図のトラスは節点1と節点5で支えられています。節点1と節点5における反力をR_1とR_2とすると、両者は左右対称であるため、それぞれ等しい荷重が加わり、

$$R_1 = R_2 = \frac{200 + 50 + 50}{2} = 150[\mathrm{N}]$$

になります。

各部材に働く力を求める方法には何通りかの方法がありますが、ここでは力の多角形による図式解法を用いることにします。

力のつり合いとは

その前に力のつり合いについて考えてみます。[例1-11] のように、力がつり合っているということはその部分に働く力の鉛直方向成分と水平成分との和がそれぞれ等しいということです。

ここで力は大きさと方向を持つ**ベクトル**です。

ベクトルは方向がそろっていないと、単純な10 + 10という足し算もできません。

鉛直方向と水平方向の成分が等しいという意味は、次のようなことです。

図1-44の図aにおいて、3つの力がつり合って動かないとき、A点に働く力は3本の矢印で表すことができます。これを図bのようにして、閉じた三角形として表すこともできます。ここで、図aと図bの矢印の大きさと方向が等しいことに注目してください。

この関係は、力がつり合っていれば、四角形や五角形などの多角形にも適用できます。

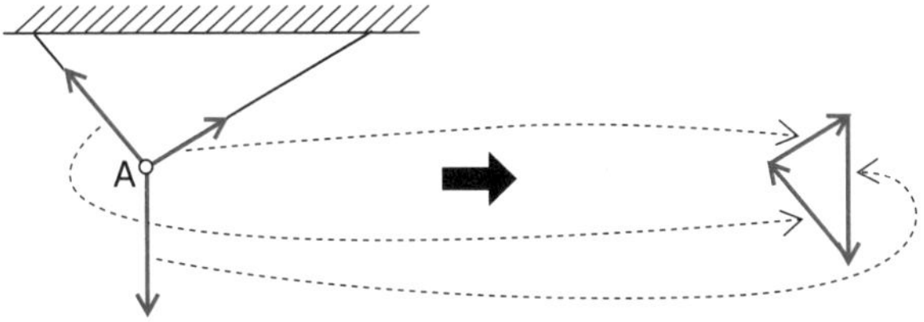

図a A点に働く3つの力はつり合っている

図b 矢印の大きさと向きは図aと同じです

図1-44 閉じた三角形としても表すことができる

節点1におけるつり合い

まず、図1-43の節点1における力のつり合いを考えてみると、図1-45の図aのようになります。これを閉じた三角形に書き直したものが図bです。

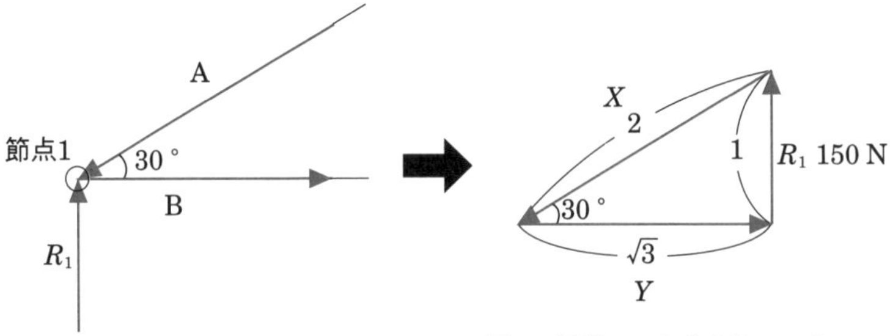

図a 節点1に働く力

図b 部材A、Bの向きは、3つの矢印が閉じるように決めます。

図1-45 節点1でのつり合い

ここで、節点1に向かっている矢印は圧縮応力を表し、節点1から出ている矢印は引張応力を示していることになります。この圧縮と引張の大きさを求めるには、先ほどの計算で求めた反力R_1の値（150 N）と、三角形の角度もわかっているため、三角比を利用して計算します。

図から、節点1における三角形は鋭角が30°の直角三角形であるから、その三辺の比が、1：2：$\sqrt{3}$であることを利用します。

部材Aと部材Bに働く力をそれぞれX、Yとすると、次式が成り立ちます。

$$1 : 2 : \sqrt{3} = 150[\mathrm{N}] : X : Y$$

この式から、$X = 2 \times 150 = 300$ [N]、$Y = \sqrt{3} \times 150 = 260$ [N] と求まります。

よって、部材Aに働く力の大きさと方向は、300 Nの圧縮、部材Bに働く力の大きさと方向は260 Nの引張であることがわかります。

節点2におけるつり合い

次に、節点2における力のつり合いに注目します。ここでは、部材C、部材Dに働く力の大きさと方向を求めてみましょう。

節点2には50 Nの下向き荷重と節点1で求めた部材Aによる300 Nの圧縮力の他に、未知の力CとDの合計4つの力が働いています。

ここで力の四角形をつくると、図1-46のように閉じた四角形になります。ここでは、部材Aによる圧縮力（節点2に向かっている）と部材Cによる力が平行なので、閉じた四角形にするために部材Cによる力も圧縮力（節点2に向かっている）であるとしました。4つの矢印をすべてつなげて閉じた四角形をつくるのは少し難しくなりますが、ここでは部材Aと部材Cが平行であることと、矢印のつくる角度がわかっていることが大きなヒントになります。一つの節点に5つ以上の力が働く場合には、力の多角形を作成することはとても難しく、他の求め方の方がよいでしょう。

また、部材Dに働く力は作成した閉じた四角形から50 Nの圧縮力、部材Cに働く力の大きさも図から250 Nの圧縮力であることがわかります。

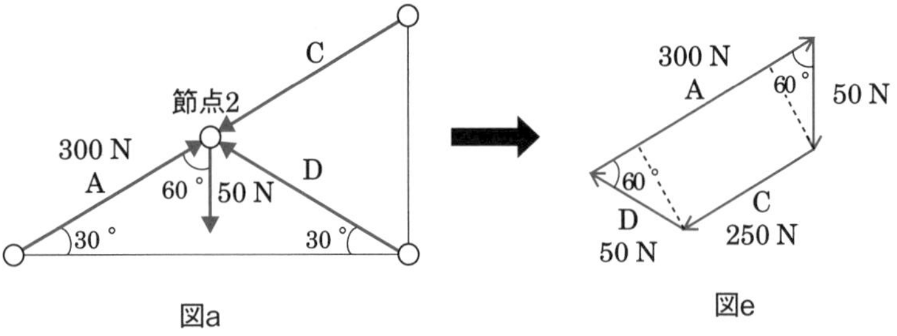

図1-46　節点2でのつり合い

節点3におけるつり合い

次に部材Eに働く力を求めてみましょう。ここでは節点3に注目します。ここに働く力でわかっているのは、200 Nの下向き荷重と、節点2で求めた部材Cと部材F（Cと対称）による250 Nの圧縮力です。

ここで力の三角形をつくると、図1-47のようになり、下向きに50 Nの力を加えると、閉じた正三角形ができることがわかります。したがって、部材Eに働く力の大きさは50 Nであることがわかります。

このような図式解法は、力の多角形をうまく作成することができれば求まります。また、力の大きさを水平方向と垂直方向に分けて、方程式を立てて求めることもできます。

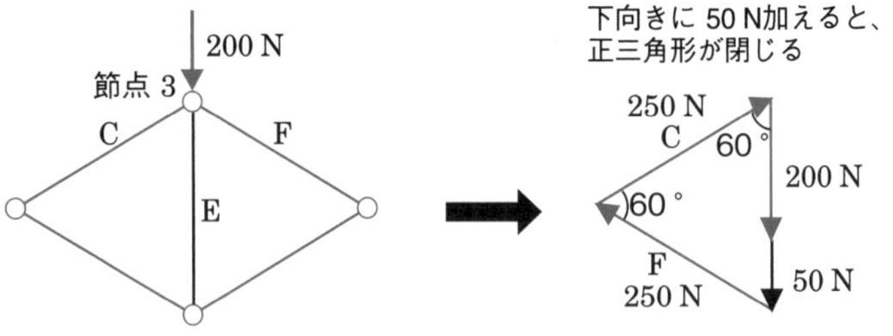

図1-47　節点3でのつり合い

Column　力の大きさを計算で求めよう

力の大きさを水平方向と垂直方向にわけて、方程式を立てて求める方法を紹介しましょう。節点1における力のつり合いで考えてみます。

図1-45で、部材Aに働く力をX、部材Bに働く力をYとします。

節点1に働く水平方向の力は、部材Bに働く力の大きさY＋部材Aに働く力の水平成分（$X \times \cos 30°$）であるから、

$$水平方向の力 F_x = Y + X \times \cos 30° = 0 \quad \cdots\cdots(1)$$

垂直方向の力は、反力R_1＋部材Aに働く力の垂直成分（$X \times \sin 30°$）ですから、

$$垂直方向の力 F_y = R_1 + X \times \sin 30° = 0 \quad \cdots\cdots(2)$$

$R_1 = 150$ [N] ですから、式（2）より、

$$150 + X \times \sin 30° = 0$$

$$X = -300 \quad （マイナスは圧縮応力）$$

求めたXを式（1）に代入し、

$$Y + (-300) \times \cos 30° = 0$$

$$Y = \sqrt{3} \times 150 = 260 \quad （プラスは引張応力）$$

よって、部材Aに働く力の大きさと方向は300 Nの圧縮、部材Bに働く力の大きさと方向は260 Nの引張であることがわかります。

5　ねじりと座屈

❶ ねじり

機械の運動の基本は回転運動です。そのため、ドリルやハンドル、歯車の軸などには常に回転運動を伝達するためのねじりの力が働いています。ねじりによる力はトルク（またはねじりモーメント）ともいい、回転動力を考えるとき

には重要なものです。

図1-48のように長さl、半径rの棒の一端を固定し、偶力Tを与えてねじることを考えます。偶力とは、ものを回転させる作用があり、大きさが等しく、お互いに向きが逆で、平行に働く一対の力のことです。このときねじられる角ϕを、ねじれ角（ねじり角）といいます。

いま、図のように、ねじられた後も棒の断面は円形のままで、直線ABが直線ACになったとします。

このとき、ねじった角度をϕ《ファイ》とすると、せん断ひずみγ《ガンマ》は、次のようにして求めることができます。

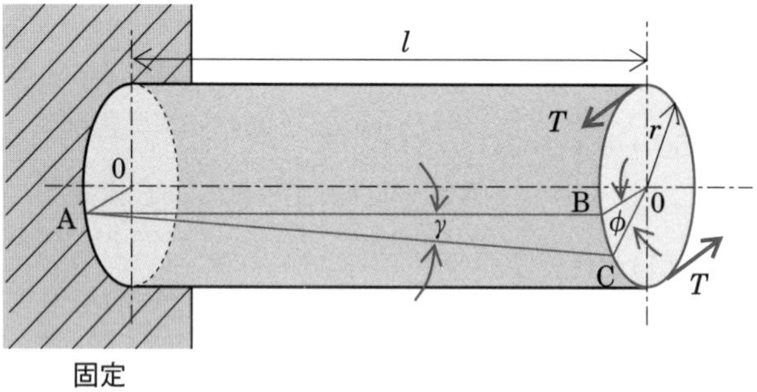

図1-48　ねじり

BCの距離を求めると、

円弧$\overset{\frown}{BC}$ $= r\phi$（棒の断面図より）

$= l\tan\gamma$（棒の軸方向の図より）

$\fallingdotseq l\gamma$

より、せん断ひずみγは、次式で表されます。

$$\boldsymbol{\gamma = \frac{r\phi}{l}} \quad \cdots\cdots①$$

長さlの棒の一端がϕだけねじられたとすると、単位長さ当たりのねじり角（比ねじれ角、比ねじり角）θ は次式で導かれます。

$$\theta=\frac{\phi}{l} \quad \cdots\cdots ②$$

ここで①、②より、

$$\gamma=r\theta \quad \cdots\cdots ③$$

が求まります。

③式より、丸棒をねじったときのせん断ひずみ γ は、単位長さ当たりのねじり角 θ と中心からの距離 r に比例することがわかります。

また、せん断弾性係数を G で表すと、中心からの距離 r におけるせん断応力 τ《タウ》は次式で表されます。またこのせん断応力のことを**ねじり応力**ともいいます。

せん断応力（ねじり応力）$\tau=G\gamma=Gr\theta$

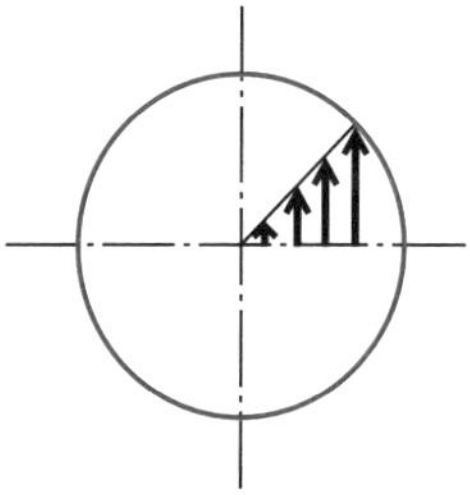

図1-49　中心からの距離rにおけるせん断応力

以上のことから、各断面はせん断応力を円の接線方向に受けており、ねじりの現象は、せん断変形と同様にして考えることができます。

例 1-13

軟鋼棒に、ねじり荷重を加えたとき1.0×10^{-3}のせん断ひずみが生じた。せん断弾性係数を$G = 79$［GPa］として、このときのねじり応力を求めなさい。

解　答

せん断ひずみγが1.0×10^{-3}であるから、

ねじり応力$\tau = G\gamma = 79 \times 10^3 \times 1.0 \times 10^{-3} = 79$［MPa］

（接頭語：1 G《ギガ》 = 10^9、1 M《メガ》 = 10^6）

極断面係数

ねじりを受けるときの断面係数を**極断面係数**Z_p［mm^3］といい、円形と中空円形では、次式で表されます。ここで、円形の直径d［mm］、中空円形の外径d_2［mm］、内径d_1［mm］とします。

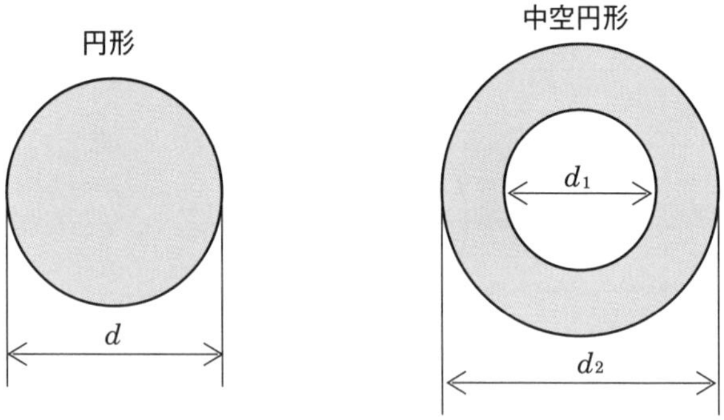

$$Z_p = \frac{\pi d^3}{16}$$

$$Z_p = \frac{\pi(d_2^4 - d_1^4)}{16 d_2}$$

図1-50　極断面係数

ねじりモーメント（トルク）

極断面係数Z_pにねじり応力τをかけたものを**ねじりモーメント**T（トルク）といい、次式で表されます。

ねじりモーメント$T = \tau Z_p$[N·m]

例 1-14

直径4 cm、許容せん断応力30 MPaの軟鋼丸棒が伝達できるねじりモーメント（トルク）を求めなさい。

解答

円形の極断面係数Z_pは$\dfrac{\pi d^3}{16}$、せん断応力τは30 MPaであるから、ねじりモーメント$T = \tau Z_p$より、

$$T = \tau \times \frac{\pi d^3}{16} = 30 \times \frac{\pi \times 40^3}{16}$$

$$= 377 \times 10^3 [\mathrm{N \cdot mm}]$$

例 1-15

外径60 mm、内径50 mmの中空軸に1100 kN·mmのトルクが働いています。このとき、軸に働いているせん断応力を求めなさい。

解答

中空円形の極断面係数は、$Z_p = \dfrac{\pi(d_2^4 - d_1^4)}{16 d_2}$より、

$$Z_p = \frac{\pi(60^4 - 50^4)}{16 \times 60} = 21.9 \times 10^3 [\mathrm{mm^3}]$$

ねじりモーメント$T = \tau Z_p$より、

$$せん断力（ねじり応力）\tau = \frac{T}{Z_p} = \frac{1100 \times 10^3}{21.9 \times 10^3} = 50.2 [\mathrm{MPa}]$$

その他のねじり

飛行機の翼には曲げに加えて大きなねじり応力が働き、このねじりに対して適切な対策を行わなければ、翼はもぎ取られてしまいます。人力飛行機の競技会である鳥人間コンテスト大会で飛行に失敗する機体では、この部分の設計不足が見受けられます。

また、スキーにおける骨折の最大の原因は、ねじりによるものであり、このことから足をひねったときに自動的に外れるセイフティビンディングが発明されました。

❷ 座屈

棒や柱に圧縮荷重が加わるとき、それらは直線的に縮むのではなく、材料の不均一や荷重のかたよりなどのために、わん曲します。このような現象のことを**座屈**といい、本来の圧縮強さ以下の小さな荷重でも破損することがあります。座屈が起こる最小の圧縮荷重を座屈荷重といいます。

座屈は同じ棒や柱でも、両端の支持のしかたで変わります。そのため、座屈を考えるときには、まず棒や柱の両端が固定しているのか、自由であるのかを見ておく必要があります。

棒や柱の端部には、自由に移動できる**自由端**、回転ができる**回転端**、移動も回転もできない**固定端**のいずれかがあります。そして、これらの端末条件から、図1-51の端末係数を適用します。端末係数は端末の固定条件を示す係数であり、この数値が大きいほど曲がりにくくなります。

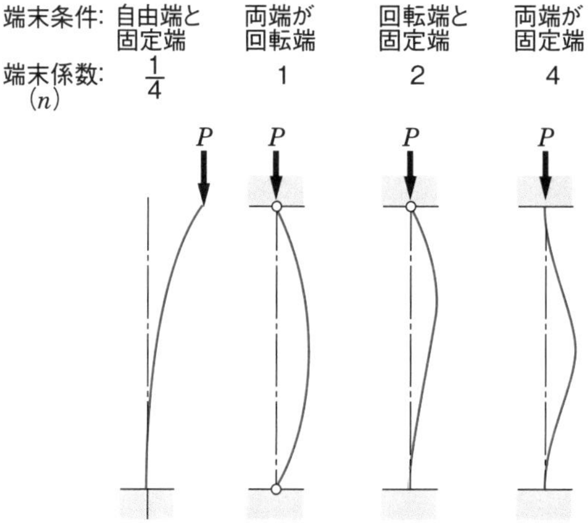

図1-51　端末条件と端末係数

柱の強さを求めるためには、いくつかの基本式があります。柱の強さは座屈する最小の荷重（座屈荷重）を柱の断面積で割った座屈強さの値で表します。ここでは、その中でも代表的な**オイラーの式**を適用して座屈荷重を計算し、座屈強さσを求めてみましょう。

◆オイラーの式

座屈荷重 $$W = n\pi^2 \frac{EI_{min}}{l^2} \ [\mathrm{N}]$$

E：縦弾性係数　l：柱の長さ

I_{min}：最小断面二次モーメント　n：端末係数

座屈強さ $$\sigma = \frac{W}{A}$$

A：柱の断面積

ここで、Eは材料の縦弾性係数［MPa］、I_{min}は断面の形状と大きさによって決まる柱の最小断面二次モーメント［mm^4］、lは柱の長さ［mm］、nは端末係数を表しています。

Iの断面二次モーメント［mm^4］には図1-52の式を用います。

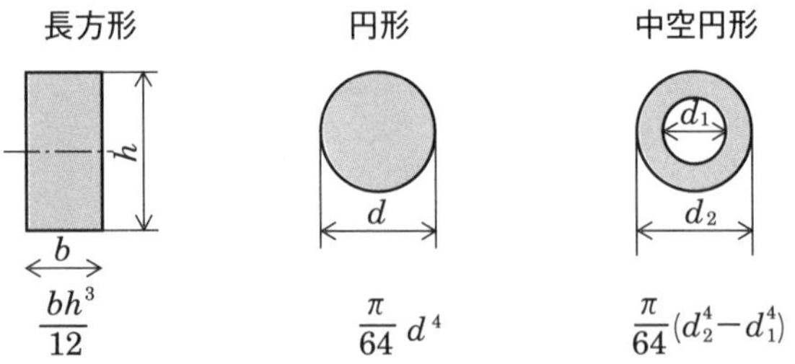

図1-52　断面形による断面二次モーメント

また、オイラーの式を適用できるのは長柱の軟鋼の場合、

$$\frac{l}{k_{\text{min}}} > 90\sqrt{n}$$

である必要があります。ここで、$\frac{l}{k_{\text{min}}}$ を細長比といい、柱の断面に対する長さの度合いを表します。k_{min} は最小断面二次半径 $\sqrt{\frac{I_{\text{min}}}{A}}$ を表しています。A は断面積 [mm²] です。

例 1-16

長さ l = 4.0 [m]、直径 40 mm の円形断面の軟鋼製長柱がある。両端回転端における柱の強さを求めなさい。ただし軟鋼の縦弾性係数を 206 GPa とします。

解　答

長柱の断面積 $A = \frac{\pi d^2}{4} = \frac{\pi \times 40^2}{4} = 1256[\text{mm}^2]$

最小断面二次モーメント $I_{\text{min}} = \frac{\pi d^4}{64} = \frac{\pi \times 40^4}{64} = 126 \times 10^3[\text{mm}^4]$

最小断面二次半径 $k_{\text{min}} = \sqrt{\frac{I_{\text{min}}}{A}} = \sqrt{\frac{126 \times 10^3}{1256}} = 10.0[\text{mm}]$

細長比 $\frac{l}{k_{\text{min}}} = \frac{4.0 \times 10^3}{10.0} = 400$

両端回転端の端末係数nは1より、$90\sqrt{n} = 90$が細長比400よりも小さくなるので、オイラーの式を適用できます。

よって、座屈荷重$W = n\pi^2 \dfrac{EI_{min}}{l^2}$から、座屈強さ$\sigma$は、

$$\sigma = \frac{W}{A} = n\pi^2 E\frac{I_{min}}{l^2 A} = n\pi^2 E\frac{1}{l^2} \times \frac{I_{min}}{A} = n\pi^2 E\left(\frac{k_{min}}{l}\right)^2$$

$$= \frac{n\pi^2 E}{\left(\dfrac{l}{k_{min}}\right)^2} = \frac{1 \times 3.14^2 \times 206 \times 10^3}{400^2} = 12.7[\mathrm{MPa}]$$

オイラーの式は柱を非常に細長いものとして考え、曲げの作用だけを考えて得たものです。それほど細長くない柱（短柱）の場合には、圧縮と曲げが同時に働くとして、実験的に求められたランキンの式が広く用いられます。

座屈は長柱や薄板を多く用いる構造の航空機や船体、橋などの建造にあたって十分に考えておく必要があります。自然界において、芝生などの植物が多少踏まれても元の状態に戻ることなども、座屈現象をうまく利用している例です。

Column　生物の形と強さ

自然界の生物には不思議な形をしたものや奇妙な形をしたものが数多く存在しています。しかし、なぜそのような形をしているのかを調べてみると、力学的な合理性を持っていることが多くあります。

●ひなは、なぜ卵の殻を割れるのか？

卵の殻に求められている強度は、その表裏で異なります。すなわち、外敵から身を守るために外力からは丈夫であることが必要です。これに対して、ひながかえるときには、内側から容易に割れるほうが好ましいことになります。

それでは、その構造はどのようになっているのでしょうか。

卵の殻は炭酸カルシウムが中心の成分で、脆性的な性質を持ちます。また、殻の内側には薄い膜があり、延性的な性質があります。そして、この殻と膜との間には小さな多くの突起物があります。

そのため、殻の内側から力が働いたときには、この突起物が殻をつつき、割れやすくしているのです。

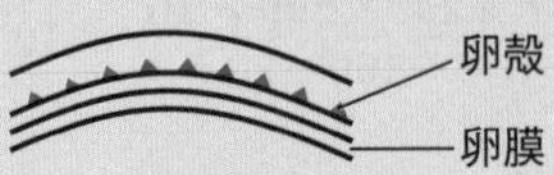

図1-53　卵の殻

6 材料の破壊

1 材料の理想強度

これまでは材料をある大きさのあるかたまりとして考えてきました。ここではもう少しミクロに金属の組織を見ながら、材料の破壊について考えてみます。

金属は多くの原子の結合によって形づくられています。材料が壊れるということは、この原子と原子の結合がはずれることに他なりません。それでは、原子間にはどのような大きさの力が働いているのでしょうか。

実験1-5
ばねを伸ばす

ばねの一端を固定して他端を引張ったとき、ばねはどのように伸びるでしょうか。

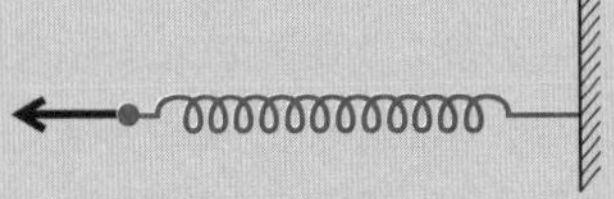

図1-54　ばねを伸ばす

1. 引っぱり出した根元から伸びる
2. 全体が均一に伸びる。
3. 固定端から伸びる。

結 果

＜答＞：2

つまり、一つ一つの原子間には、等しい力が働いているため、ばねは一様に伸びるのです。

せん断応力（すべり）

それでは、ここで原子が完全に規則正しく配列しているとして、ある結晶面（すべり面）を境に上半分の原子群を同時に滑らせるために必要な、せん断応力τを求めてみます。

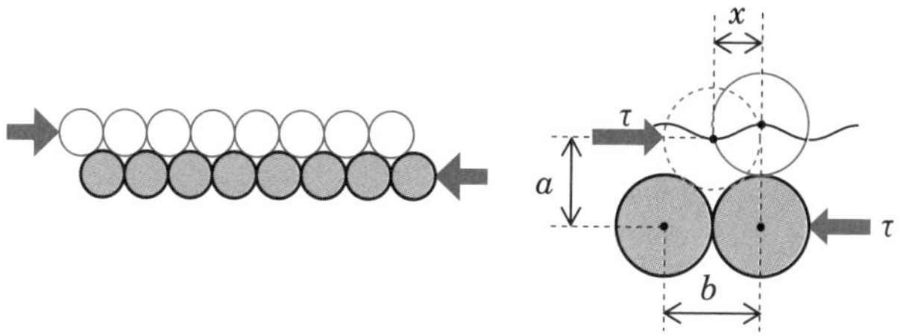

図1-55　原子のすべり

上下、左右の原子間距離をそれぞれa、bで表し、上の原子がsin曲線を描きながら下の原子の上を動くものとします。

また、下の原子の上を上の原子が移動するとき、上の原子の中心はsin曲線に沿って最下点と最高点の間を動きますが、この中心が最下点と最高点の間を動くときにずれる横方向の距離をxとします。したがってxはそのときに応じて値が変わる変数です。このとき、せん断応力は次の式で表されます。

せん断応力 $\tau = k\sin\left(\dfrac{2\pi x}{b}\right) \fallingdotseq k \times \dfrac{2\pi x}{b}$ ……①

ここで k はせん断力を受けた原子が動く波形の振幅を表し、$\dfrac{2\pi x}{b}$ は、x の点におけるせん断応力 τ の位置を示しています。

もし、一つの原子が x だけ移動（変位）したとすると、せん断ひずみは、

$$\gamma = \frac{x}{a} \quad \left(= \frac{変化した長さ}{もとの長さ} \right)$$

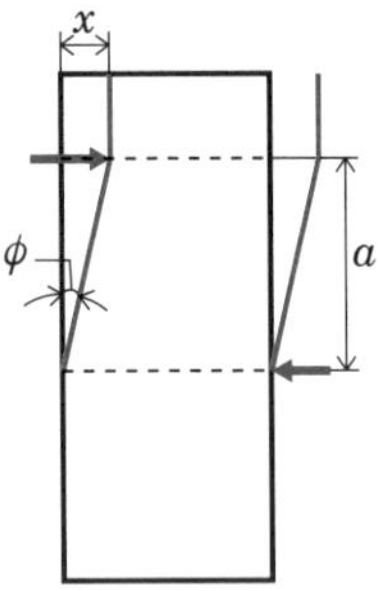

$$\gamma = \frac{x}{a} = \tan\phi$$

図1-56　せん断ひずみ

で表されます。また、変位が小さいときにはフックの法則が成立すると考えられるため、せん断弾性係数を G（横弾性係数）とすれば、せん断応力 τ は次式で表されます。

$G = \dfrac{\tau}{\gamma}$ より、$\tau = G\gamma$ ですから、①式より、

$$\tau = G\frac{x}{a} = k \times \frac{2\pi x}{b}$$

上式から、

$$k = G\frac{b}{2\pi a}$$

が導かれ、これを①式に代入すると、

$$\tau = G\frac{b}{2\pi a} \times \sin\left(\frac{2\pi x}{b}\right)$$

となります。

最大どれだけのせん断応力かは、$\sin\left(\frac{2\pi x}{b}\right)=1$（sinの最大値は1）とすれば求まります。

$$\tau_{\max}=\frac{G}{2\pi}=\frac{G}{6.28}$$

すなわち、理論的にはせん断弾性係数Gの約$\frac{1}{6}$で、結晶の上半分が一度に滑ることになります。しかし、実際の材料はこの$\frac{1}{1000}\sim\frac{1}{10000}$の応力で滑っていることもわかっています。

それでは、現実の材料は、なぜそれほど弱いのでしょうか。

徐々にすべりが起こる

材料に力が加わり、弾性変形をさらに進めて、塑性変形を起こす場合のことを考えてみましょう。塑性変形が起きるとは原子間にすべりが起きることです。そして、そのすべりは原子の数が最も多く配列している面において、その面上で最も原子が並んでいる直線の方向に起きることがわかっています。

しかし、このすべりが一度に起きるわけではないのです。

例えば、大きなじゅうたんを少し動かすときのことを考えてみてください。一度にすべてを動かそうとするよりも、一部を少しずつずらしていくほうが小さな力で動かすことができるでしょう。また、ミミズやヘビなどの動きをよく観察すると、同じように少しずつの動きが集まって全体が動きだすことがわかります。

図1-57　じゅうたんを引く動きとみみずの動き

実際の金属材料には**欠陥**とよばれる原子間のすき間が多数存在しています。これらが何かの拍子で偶然に集まると、そこがすべりを引き起こすきっかけとなるわけです。このような原子の移動のことを**転位**といいます。針金を繰り返し曲げたときには発熱しながら破断します。これは、短時間に転位が増大している結果なのです。

転位には、結晶中にナイフを入れたような状態で入っている**刃状転位**と、らせん階段を下るように食い違いが起きている**らせん転位**があります。

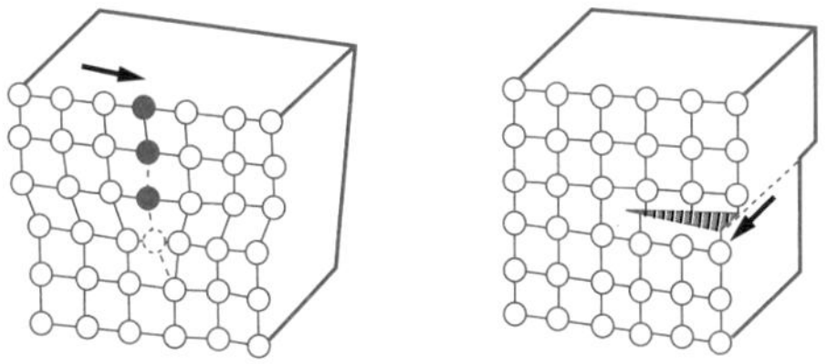

刃状転位　　　　らせん転位

図1-58　原子の移動

❷ 延性と脆性

これまで見てきたように、金属材料にはある引張荷重を加えるとのびる**延性**という性質があります。そして、大きな塑性変形の後に材料が破壊することを**延性破壊**といいます。一般に金属材料は延性に富んでいますが、中には鋳鉄のような脆《もろ》い材料もあります。

ガラスやセラミックスなどの材料に引張荷重を加えると、ほとんど延性的な挙動を示すことなく突然破断します。このような性質を**脆性**《ぜいせい》といい、これによる破壊のことを**脆性破壊**といいます。

例えばチョークを引張って破壊させたとき、チョークがのびてから破断することはないでしょう。これはチョークが脆性的な材料であるためです。

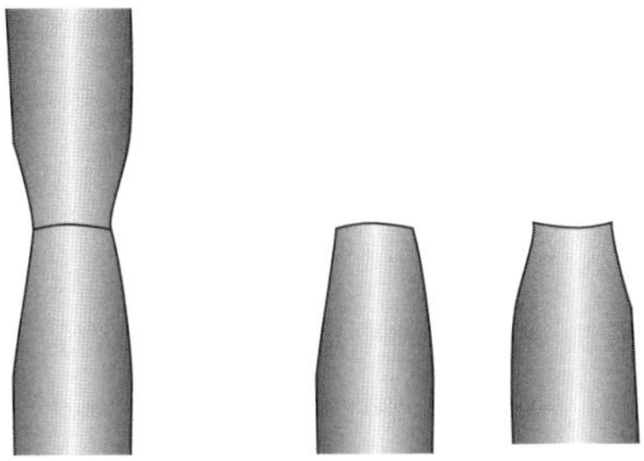

図1-59　延性破壊

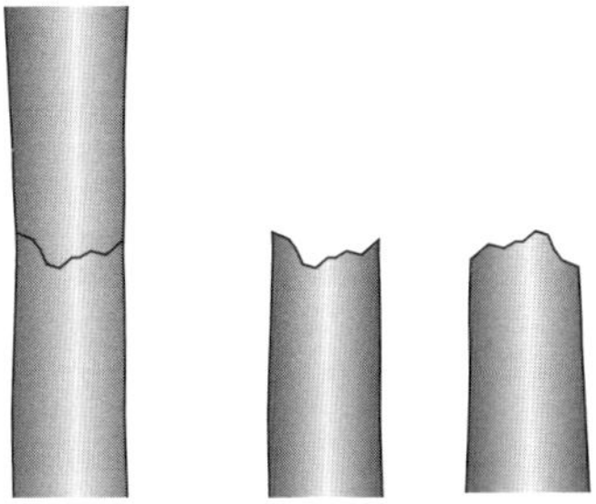

図1-60　脆性破壊

許容応力と安全率

機械や構造物の設計を行うときには、まず各部分に生じる応力を求めます。そして、その応力を受けても変形やひずみを起こさない材料を使用するのです。このとき基準となる応力を**許容応力**といいます。実際には許容応力ぎりぎりの値を用いて設計を行うのではなく、何かの間違いで大きな力が発生することなどを考慮した上で、少し余裕を持たせた値をとって設計を行うのです。この余裕の持たせ方の大きさを**安全率**といい、経験的に定められています。

延性的な材料においては、このような設計の仕方である程度対応できますが、脆性的な材料においてはこの仕方では必ずしもうまくはいきません。

脆性破壊は延性破壊のようにある程度変形しているから危ないということを感じる間もなく、突然、前触れもなく起こるのです。そして、これらの破壊は、材料内のき裂や不純物の存在により、大きな影響を受けることもわかってきました。

脆性破壊は大型タンカーの折損事故やつり橋の崩落事故、球形タンクの破壊事故など、時に致命的な損傷をもたらすことにつながるため、新しい設計手法が求められるようになりました。

そこで生まれたのが材料内の欠陥をき裂（クラック）としてモデル化して扱う**破壊力学**です。この学問はまた、最近、金属に代わって用いられることも多いセラミックス材料や複合材料を適切に用いるためにも適用されています。

ここでは破壊力学について詳しくは述べませんが、形状によって加わる応力が不均一になるという**応力集中**について考えてみましょう。

❸ 応力集中と破壊

材料に切り欠きや穴などがあると、応力は一様に分布せず、それらの周辺で最大応力を生じます。これが**応力集中**であり、破壊もこの周辺で起こりやすくなります。

断面に働く平均応力σと最大応力$\sigma_{\max}$の比を**応力集中係数**α（または形状係数）といい、次式で表します。

$$\textbf{応力集中係数}\ \alpha = \frac{\sigma_{\max}}{\sigma}$$

例 1-17

幅100 mm、板厚10 mmの材料に直径15 mmの穴があいています。これに、20 kNの引張荷重を加えたとき、穴の周辺に生じる最大応力を求めなさい。ただし、応力集中係数$\alpha = 3.0$とします。

ここで、穴のあいている断面積で荷重を割った応力を$\sigma_n = \dfrac{W}{(b-d)\ t}$とします。

Wは引張荷重、bは材料の幅、dは穴の直径、tは材料の厚さを示します。

解 答

応力集中係数$\alpha = \dfrac{\sigma_{\max}}{\sigma}$より、

$$\text{最大応力}\ \sigma_{\max} = \alpha\sigma_n = \alpha \times \frac{W}{(b-d)t} = \frac{3.0 \times 20 \times 10^3}{(100-15) \times 10} = 70.6\,[\mathrm{MPa}]$$

これは、穴のない同じ断面積に働く応力

$$\sigma_0 = \frac{P}{A} = \frac{20 \times 10^3}{10^3} = 20.0\,[\mathrm{MPa}]$$

の3.5倍もの大きさになるのです。

一般に応力集中係数は、鋭く尖った切り欠きのほうが大きな値になります。そのため、機械設計を行う際には、断面に急激な変化がないような部材をつくるほうが良いといえます。

切り欠きをとがったき裂（先端の曲率半径が0）とした場合には、部材の相似法則が成り立たなくなり、さらに小さな応力で破壊が起こることになります。

また、応力集中係数は形状のみで決まるもので材料にはよらない性質でしたが、実際には高強度材料の方がき裂に敏感であることもあります。例えば、しっかりと設計をした上で高強度材料を使用したにもかかわらず、材料にき裂が存在していたため、低強度材料よりも破壊しやすくなったことなどです。

そのため、材料の性質を踏まえた上での正しい計算が求められています。

Column 粘弾性

材料の性質を表す言葉に「粘弾性」があります。これは、「粘さ」と「弾む」という性質をセットにしているため、少しわかりにくい性質です。

チューインガムを例にして考えてみましょう。常温やそれ以下の温度では、板状のものを曲げると二つに折れ曲がるでしょう。しかし、口の中に入れて温度を高くすると、すぐにやわらかくなって粘り気を持つようになります。

このように同じ材料でも、それが使用される温度によって性質が変化することがあるのです。特にプラスチック系の材料では、使用する温度範囲における「粘弾性」をよく考えておかないと強度不足に陥る危険があるため、注意が必要となります。

1-2 機械材料

1 金属の組織

❶ 金属材料の性質

人類は、石器や土器、木材などさまざまな材料を使用してきましたが、金属材料を利用することにより、その生活をより快適なものにしてきました。そして、金属材料はますますその種類と使用範囲を広げています。

金属材料には次のような性質があります。

(1) 薄く細く延ばしたり、溶かして接合することができるため、さまざまな加工を行うことができる。

(2) 自由電子を有する金属結合をしているため、熱や電気の良導体である。

(3) 常温では、結晶構造を持つ固体である(水銀を除く)。

(4) 不透明であり、特有の金属光沢を持つ。

❷ 金属の結晶構造

金属の結晶を形づくっている規則正しい配列を結晶格子といいます。結晶格子には、次の3種類があります。

体心立方格子

立方体の各頂点とその中心に原子が配列している結晶格子です。この格子をつくる元素には鉄やクロム、タングステンなどがあり、これらは、比較的融点が高く、展延性(薄く延び拡がること)が劣るという性質があります。

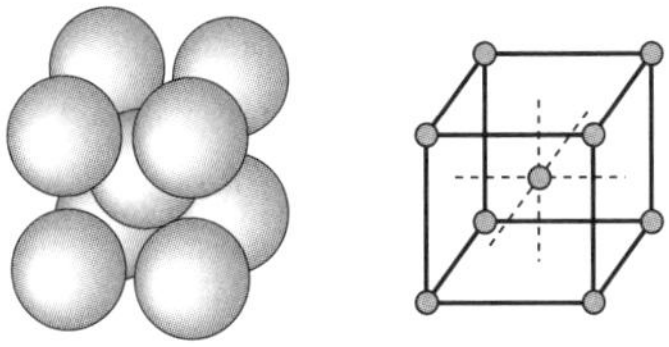

図1-61　体心立方格子

面心立方格子

立方体の各頂点と各面の中心に原子が配列している結晶格子です。この格子をつくる元素には、金、銀、銅、アルミニウムなどがあり、これらは、展延性に優れますが、強さが不十分な性質があります。

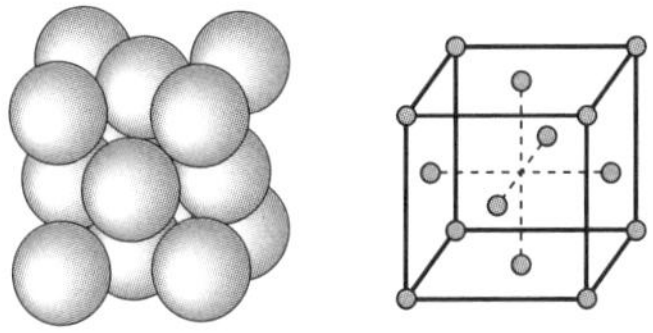

図1-62　面心立方格子

ちゅう密六方格子

3個の原子の上に1個の原子を積み重ねた構造をしている結晶格子です。この格子をつくる元素には、亜鉛、コバルトなどがあり、これらは展延性が劣り、粘り強さも不十分な性質があります。

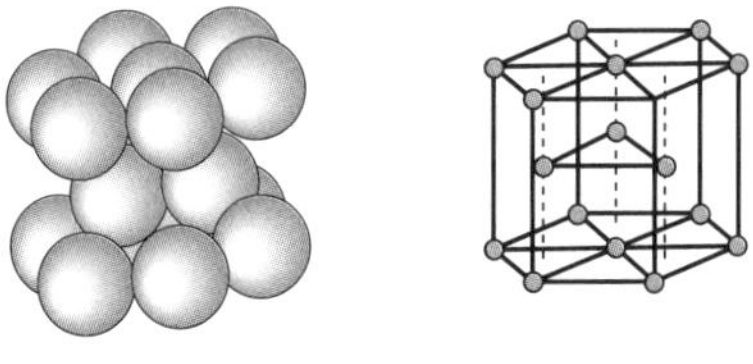

図1-63　ちゅう密六方格子

◆充填率

各単位格子内にどれだけの割合で原子が含まれているのかを示した度合いを充填率といいます。体心立方格子、面心立方格子、ちゅう密六方格子の充填率は、それぞれ約68 %、約74 %、約74 %です。

例 1-18

面心立方格子の充填率を導きなさい。ただし、格子一辺の長さをa、原子の半径をrとします。

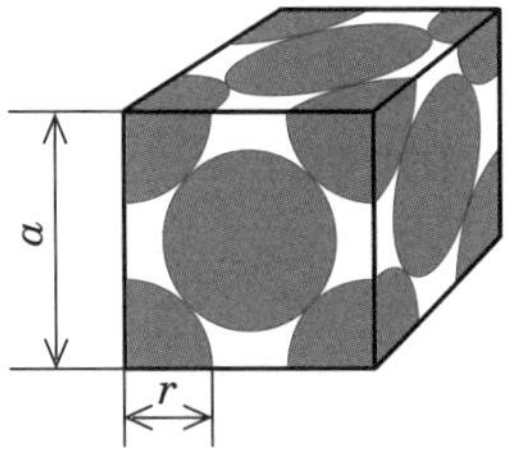

図1-64　面心立方格子

解　答

格子一辺の長さがaであるため、格子の体積はa^3で表されます。

格子内に、$\frac{1}{2}$個の原子が6個と$\frac{1}{8}$個の原子が8個あるため、合計4個の原子が格子内を満たしていることがわかります。一つの球の体積は$\frac{4}{3}\pi r^3$ですから、原子が満たしている体積は$4 \times \frac{4}{3}\pi r^3$となります。

よって、充填率は、

原子が満たしている体積÷格子の体積$= 4 \times \frac{4}{3}\pi r^3 \div a^3 \times 100$　……①

で求まります。

ここで、図より、$4r = \sqrt{2} \times a$であるため、$\frac{r}{a} = \frac{\sqrt{2}}{4}$になります。

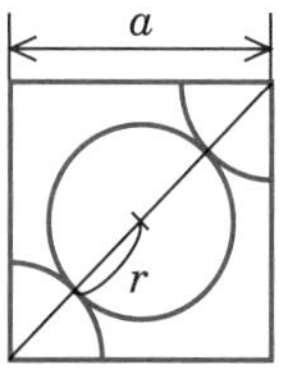

図1-65　格子一辺の長さと原子の半径の関係

この関係を上の①式に代入すると、

$$4 \times \frac{4}{3}\pi r^3 \div a^3 \times 100 = \frac{16\pi r^3}{3} \times \frac{1}{a^3} \times 100 = \frac{16\pi}{3} \times \left(\frac{r}{a}\right)^3 \times 100$$

この式に $\frac{r}{a} = \frac{\sqrt{2}}{4}$ を代入して、

$$\left(\frac{16\pi}{3}\right) \times \left(\frac{r}{a}\right)^3 \times 100 = \frac{16\pi}{3} \times \left(\frac{\sqrt{2}}{4}\right)^3 \times 100 = \frac{\sqrt{2\pi}}{6} \times 100 = 74[\%]$$

❸ 金属の状態図

金属は1種類で使用することは少なく、2種類以上の元素を混ぜ合わせた**合金**の形で使用します。金属の組み合わせにはさまざまなものがあり、組成と温度が決まると、一定の組織を持ち、その諸性質が求まります。

この関係を図示したものが**状態図**です。これは金属の性質を知るための地図のような働きをします。

金属が固体から液体に変わることを**融解**といい、その時の温度を**融点**といいます。一方、金属が液体から固体に変わることを**凝固**といい、このときの温度を**凝固点**といいます。

合金の凝固過程は、合金成分の種類やその割合である組成によって大きく変化します。

2成分の状態図

ここでは、金属Aと金属B、2成分の合金の状態図を考えます。

図1-66の縦軸は温度［℃］を示し、横軸は、A金属とB金属のそれぞれの組成を表しています。横軸の左端は、A金属が100 %でB金属が0 %の組成（つまりA金属のこと）を表し、右端は、B金属が100 %でA金属が0 %の組成（つまりB金属のこと）を表します。

また、A金属の凝固点は1000 ℃（①）、B金属の凝固点は600 ℃（②）を示しています。

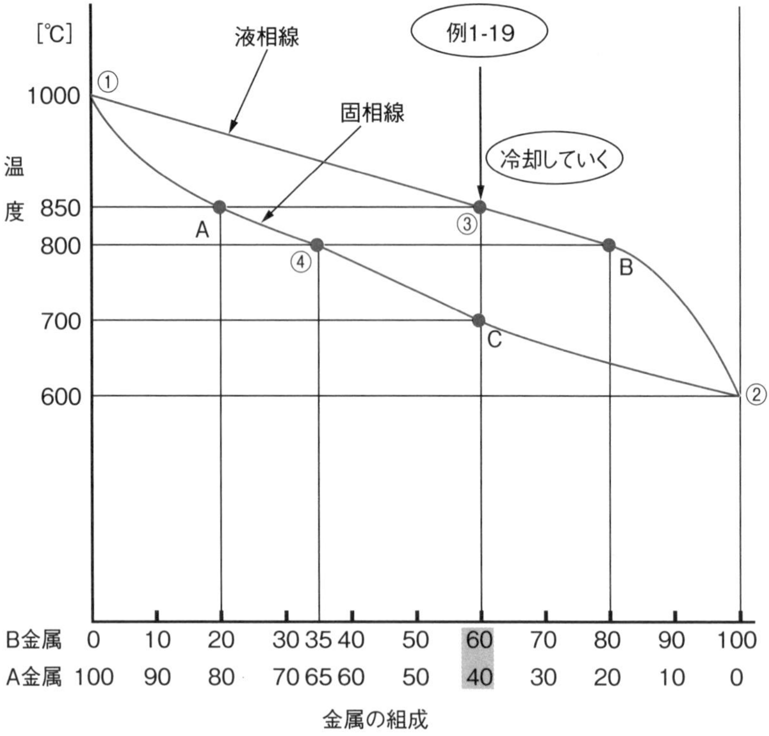

図1-66　2成分の合金の状態図

次に、各部分での金属の状態を読み取りたいと思います。

点①③②で結ばれる曲線を**液相線**といい、これより上は液体です。

点①④②で結ばれる曲線を**固相線**といい、これより下では固体です。

重要なのは、液相線と固相線で囲まれた部分の状態です。この部分では、液体と固体の状態が混じっていますが、その組成を図から読み取ることができます。

では、次の例で実際に読み取ってみましょう。

例 1-19

図1-66で、A金属40 %、B金属60 %の合金を、すべてが液体の状態から冷却していくと、850 ℃で固体がはじめて現れます（点③）。これを**晶出**といい、この温度のときの固体の組成を読むには、850 ℃の線と固相線との交点で求まり、A金属80 %、B金属20 %です（点A）。

同様に800 ℃のときの固体の組成は、同じく固相線との交差を読み、A金属65 %、B金属35 %です（点④）。また、この温度のときの液体の組成を読むときは、液相線との交点で求まり（点B）、A金属20 %、B金属80 %です。

さらに冷却していくと700 ℃で凝固が完了し、A金属40 %、B金属60 %が溶け合って均一な組織になります（点C）。このような状態の固体を**固溶体**といいます。

固溶体は、一般に元の金属より、引張強さや硬さなどが大きくなります。

共晶点

状態図には図1-67のような形になるものもあります。これは中心部に2本の液相線と固相線とが交わる**共晶点**に特徴があります。すなわち、共晶点を示す組成の金属を液体の状態から冷却していくと、A金属とB金属とが同時に共晶点で晶出します。

これは、両金属が液体では完全に溶け合いますが、固体では固溶体をつくらないことを示しています。

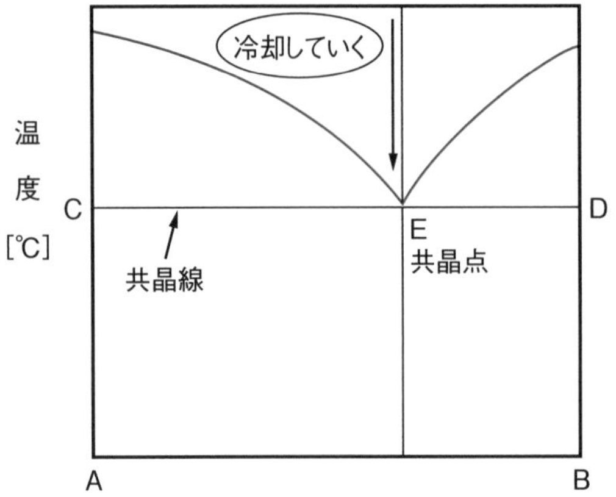

図1-67　共晶型合金

この他にも状態図にはいくつかの種類があり、私たちが合金の性質を理解するための地図のような役目を果たしています。

2 鉄鋼材料

❶ 製鉄

人類は、昔から鉄を利用してきました。そして、鉄は人類の歴史とともに進歩して用いられてきた材料です。冶金《やきん》学という学問もあるように、各国が工業国として成立するためにも、製鉄の研究は不可欠なことでした。

鉄鋼をつくるために必要な原料は**鉄鉱石**と**コークス**と**石灰石**です。鉄鉱石は、現在ほとんどをオーストラリア、ブラジルなどからの輸入に頼っています。

コークスは還元剤としての働きをします。つまり、鉄鉱石はそのままでは酸化鉄として存在しているため、コークスを使って炭素と酸素を結びつけることで、鉄鉱石（酸化鉄）の酸素を取り去るのです。また、石灰石は鉄鉱石に含まれている不純物と結びついて、スラグをつくります。

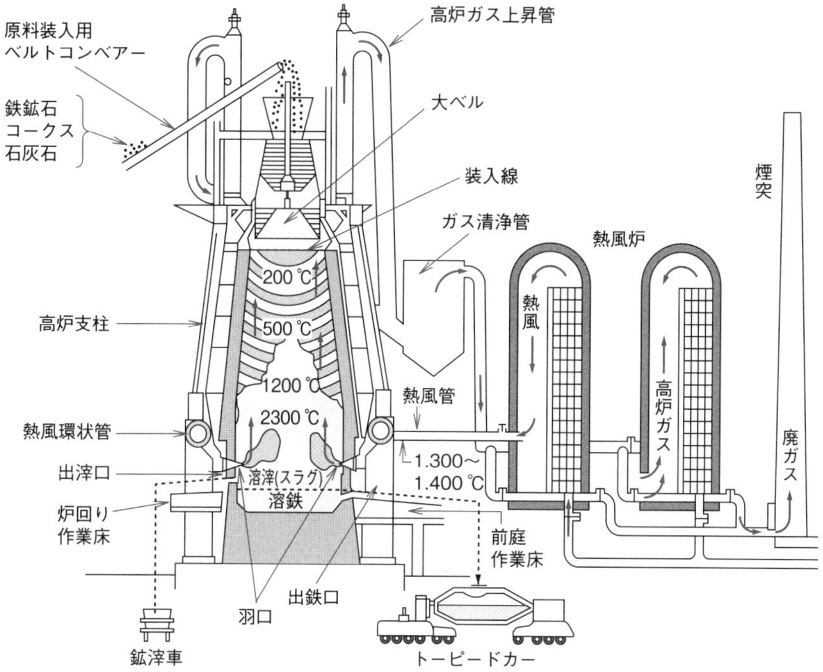

図1-68　高炉

(1) 製鉄工程

鉄鉱石とコークスと石灰石の3つの原料を高炉に入れ、加熱することにより、銑鉄が取り出されます。このとき、高炉内の炉壁や還元ガスの温度分布や圧力、熱風の湿分などがセンサーにより測定されます。これらの情報はコンピュータにより集中管理されています。高炉が今どんな状態にあり、それに応じてどのような操業をすべきかという情報がフィードバックされるのです。

製鉄工程により取り出された銑鉄は、炭素を3.0～4.5 %含んでおり、硬くてもろいため、鍛造や圧延加工ができません。

(2) 製鋼工程

高炉でつくられた銑鉄は次に転炉へ送られます。転炉では、高圧の酸素ガスを吹き付けることにより炭素量を減らし、ケイ素や硫黄などの不純物を取り除きます。また、転炉ではなく、電気炉に送られることもあります。

ここでつくられた溶鋼は粘り強くなり、その後、連続鋳造設備に送られ、スラブ、ブルーム、ビレットなどの鋼片という半製品に固められます。

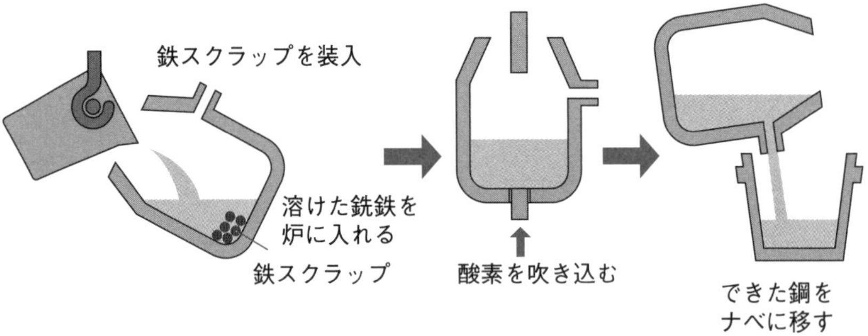

図1-69 (a)　転炉

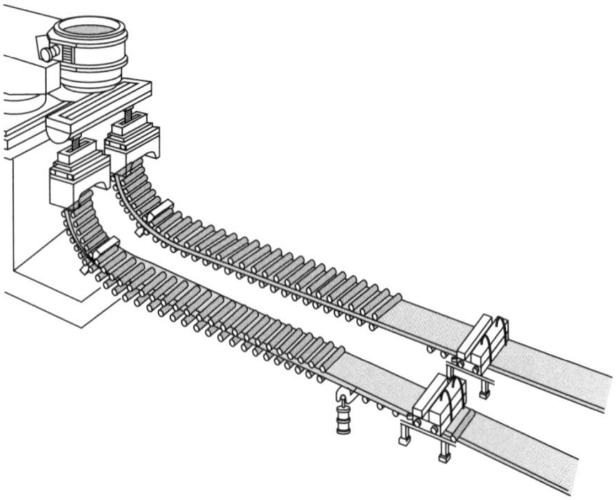

図1-69 (b)　鋼の連続鋳造

(3) 圧延工程

製鋼工程によりつくられた鋼片は、熱間圧延、冷間圧延、表面処理等の圧延工程を経てから最終製品となります。使用目的に応じて、H形鋼、棒材、線材、厚板、薄板などの形の鋼材に加工されます。

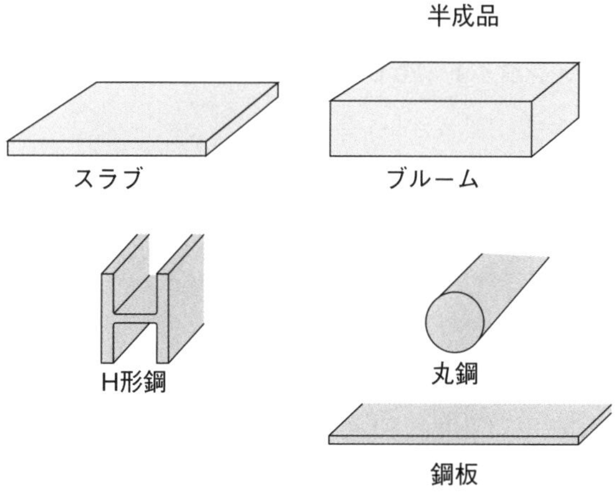

図1-70　半成品と圧延鋼材のいろいろ

❷ 炭素鋼の状態図

鉄は、炭素を含む鋼や鋳鉄《ちゅうてつ》として用いられることが多く、その性質は炭素の含有量の違いによって、大きく変化します。

炭素の含有量が0.02～2.11 %の鋼を**炭素鋼**といいます。炭素鋼の種類は、炭素が少なくて軟らかい**軟鋼**から、炭素が多くて硬い**硬鋼**や**工具鋼**などさまざまなものがあります。機械材料としてもっとも多く使用されています。

炭素を2.11 %以上含むものを**鋳鉄**といいます。鋳鉄は炭素鋼に比べて硬くて脆いという性質があります。

純鉄には、912 ℃と1394 ℃で結晶構造が変化する変態点があります。そして、912℃以下の体心立方格子の結晶をα **鉄**、912 ℃から1394 ℃までの面心立方格子の結晶を**γ鉄**、1394℃以上の体心立方格子の結晶を**δ鉄**といいます。

α鉄、γ鉄、δ鉄に炭素が固溶した固溶体のことをそれぞれ**α固溶体**、**γ固溶体**、**δ固溶体**といいます。

α固溶体は**フェライト**ともよばれ、固溶した炭素量が0.02％以下の純鉄で、やわらかく延性に優れています。

γ固溶体は**オーステナイト**ともよばれ、炭素量を0.02～2.11％含んでおり、軟らかく靭性に優れています。2.11％以上の炭素を加えて、固溶できない炭素と鉄がつくる化合物を**セメンタイト**（Fe_3C）といい、硬くて脆い性質があります。

δ固溶体は、1394℃以上の高温においてのみ存在するため、実用上はそれほど問題になりません。

それでは、炭素鋼の状態図を読んでみましょう。

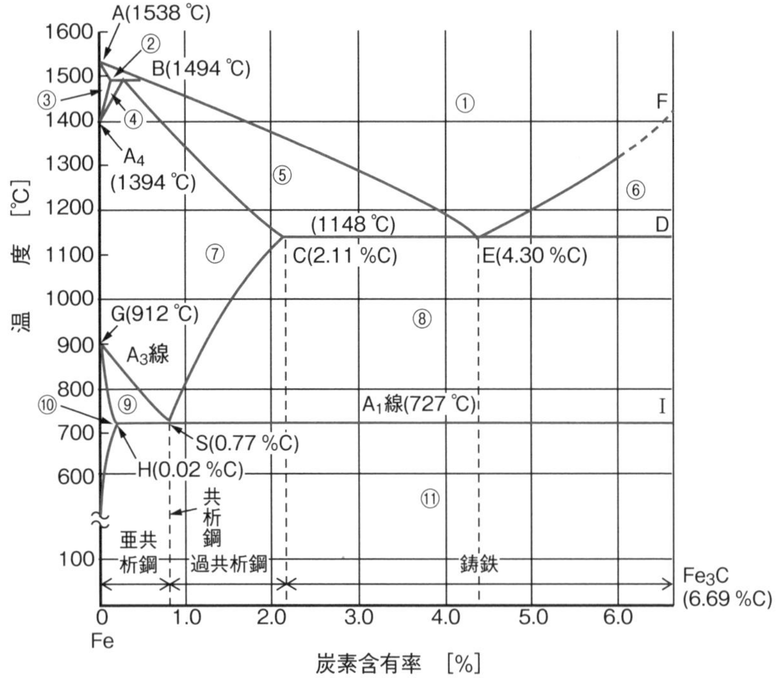

図1-71　炭素鋼の状態図

・高温の融液状態から冷やしたときの炭素鋼の状態

① 融液　② 融液＋δ固溶体　③ δ固溶体
④ δ固溶体＋γ固溶体　⑤ 融液＋γ固溶体　⑥ 融液＋Fe_3C
⑦ γ固溶体　⑧ γ固溶体＋Fe_3C　⑨ γ固溶体＋α固溶体
⑩ α固溶体　⑪ α固溶体＋Fe_3C

γ：オーステナイト　α：フェライト

図1-71で、線GSはオーステナイトからフェライトへの変態（**A_3変態**）を表している**A_3線**といいます。線SCはオーステナイトからセメンタイトが析出する変態を表しています。また、線HSで生じる変態を**A_1変態**、線HSIを**A_1線**といいます。

オーステナイトがA_1線まで下がると、フェライトとセメンタイトとの**共析**がおき、この変態によって生じた組織のことを**パーライト**といいます。パーライトは、フェライトとセメンタイトが交互に並んだ層状組織であり、粘り強い性質があります。

炭素を0.77 %含んだ炭素鋼は常温でパーライトだけの組織となります。また、炭素を0.77 %以下含んだものは常温でフェライトとパーライトの混合した組織になり、炭素を0.77 %以上含んだものは常温でセメンタイトとパーライトの混合した組織になります。

炭素鋼は炭素量が大きくなると引張強さや硬さが増し、展延性が小さくなります。

❸ 鋼の熱処理

金属の性質の改善を目的として金属を加熱したり冷却したりすることを**熱処理**といい、焼入れ、焼き戻し、焼きならし、焼きなましなどの種類があります。

焼入れは、鋼をオーステナイトになるまで加熱した後に急激な冷却を行うことです。この反応では、原子の配列を変える時間不足のために、オーステナイトはフェライトやセメンタイトにならずに、強くて硬いマルテンサイトになります。マルテンサイトはもろいので、焼き戻しを行います。

焼き戻しは、焼入れ後のマルテンサイトを再加熱した後に冷却を行うことです。これにより安定した細かい組織にして、硬さを下げずに靭性や耐摩耗性などを向上させることができます。

焼きならしは、鋼を加熱してオーステナイトにした後に炉中で時間をかけて徐冷することによって、硬くて粘り強い安定な組織にすることです。

焼きなましは、鋼を適度な温度に加熱し炉中で徐冷することにより、転位や欠陥などをなくし、軟らかく加工しやすい安定した組織にすることです。

それぞれの熱処理には、適切な加熱温度と加熱時間があるため、それを守りながら必要な熱処理を行います。

❹ 鉄鋼材料の種類

鉄鋼材料は、炭素含有率によりその性質が異なるため、軟鋼と硬鋼とに区別されています。

一般構造用圧延鋼材（軟鋼、SS材）

軟鋼はJIS鋼材の中で最も多く生産され、車両・船舶・建築物・橋など、一般的な構造物に幅広く用いられている材料です。

JIS記号ではSS400のように表されて、最初のSは鋼（Steel）の略、次のSは構造（Structure）の略、続く数字は引張強度の下限値を示します。このようにJIS記号は3つの部分で構成されます。最初の部分は材質を、中の部分は規格、形状、用途、最後の部分は最低引張強さや種類を表します。

例えば、SS400は、400 N/mm^{2}以上の引張強さを保証するという意味を表します。

機械構造用炭素鋼（硬鋼、S－C材）

硬鋼は軟鋼より信頼性が高く、歯車・軸などの機械部品や構造用として、切削などの加工と熱処理を施して使用されている材料です。

JIS記号では、S45Cのように表されて、Sは鋼（Steel）の略、Cは炭素（Carbon）の略、数字は炭素の含有量（[%]）の100倍の数値を示します。

例えば、S45Cは、0.45 %の炭素が含まれるという意味です。炭素量が決まれば、引張強さや硬さ、伸びなども決まります。

鋼には炭素以外にも、さまざまな元素を含んだ合金が数多くあります。

機械構造用合金鋼

歯車や軸などの機械部品には、引張強さや靭性のある材料が使用されています。これらの**強靭鋼**は焼入れによって引張強さや硬さを増した後に、焼戻しを行うことにより靭性を増し粘り強くします。

代表的な鋼種にはCr鋼（SCr）やCr-Mo鋼（SCM）などがあります。橋や建物などの構造物は、強くて溶接のしやすさなどが求められます。代表的な**高張力鋼**にはMn鋼（SMn）やMn-Cr鋼（SMnC）などがあります。

ステンレス鋼

耐食性に優れたステンレスにするには、金属の表面に強固な酸化膜を作成します。そのためにはCr（クロム）を12 %以上含む必要があります。

また、炭素Cが多いと鋼が錆びやすくなるため、ステンレスの炭素量は0.1 %C以下と規定されています。

JISではSUSという記号が用いられており、主成分によって、以下のように分けられます。

● 13Cr

マルテンサイト系：錆びないことよりも硬さが求められるときに使用します。

使用例：事務用品、装飾品やポンプ部品など

● 18Cr

フェライト系：硬さよりも錆びないことが求められるときに使用します。

使用例：刃物や食器、台所用品など

● 18Cr-8Ni

オーステナイト系：最も錆びに強いステンレスです。SUS304など。

使用例：刃物や食器、ステンレスカーや注射器

数値はそれぞれの元素の割合を示しており、18Crは、Crが18 %含まれているという意味を示します。

耐熱鋼

熱に強いということは、高温においても引張り強度などの機械的性質が低下せず、また金属表面に荒れができないということです。

常温での性質がそのまま高温でも当てはまるというものではなく、常温で強さがあっても、高温ではそうでないことがあります。特にエンジン関連の部品には耐熱性が求められます。JISでは、SUHという記号が用いられます。

工具鋼

ドリルやバイト、やすり、金型などに用いられる鋼は、硬くて粘り強く、耐摩耗性や耐熱性に強いことなど、さまざまな性質が求められます。

炭素工具鋼（SK）、合金工具鋼（SKS）、高速度工具鋼（SKH）などの種類があります。

鋳鉄

約2.0～6.7％の炭素（C）を含んだものを鋳鉄といいます。鋼よりも融点が低く、鋳造性がよいため、複雑な形のものの鋳造用として使用されています。鋳鉄の引張強さや靭性（粘り強さ）は、鋼よりも劣ります。

JIS記号では、FC200と表され、FCは、灰色をしたねずみ鋳鉄を、200は、SS材と同じく引張強さの最低保証値を示しています。

3 アルミニウム材料

❶ アルミニウムの性質

アルミニウムは金属としては地球上に最も多く存在する元素です。しかし、その原料であるボーキサイトからアルミニウムを取り出す技術が難しかったため、長い間知られずにいました。

工業的に生産されるようになったのは、1850年代に入ってからのことです。純アルミニウムは比重が2.7であり、実用金属の中ではMg（比重；1.74）、Be（比重；1.85）についで軽い金属です。

アルミニウム材料の特徴としては、軽く機械的特性が良いこと、耐食性が良いこと、熱や電気の良導体であること、加工性・接合性・成形性が良いこと、光や熱の反射率が高いことなどがあげられます。

❷ アルミニウムの製造法

アルミニウムの原料はボーキサイト（$Al_2O_3 \cdot H_2O$）という鉱物です。ここから純粋なアルミナ（Al_2O_3）を取り出し、これを電気分解することによりアルミニウムが精製されます。

アルミニウムの精製には大量の電力を必要とするため、リサイクルによって、少ない電力でアルミニウムを再生する試みが、アルミ缶をはじめとして積極的に進められています。

❸ 展伸用アルミニウム材料

板・条・管・線などに用いられる展伸用アルミニウム材料は、JISではAの記号の後に1000番台～7000番台までの4桁の数字が付けられて分類されています。

ここで展伸用とは、幅の広い工具で材料を一方向から圧縮し、他の二方向に著しい変形を与える鍛造法によりつくられることを意味しています。

(1) 1000番台　純アルミ

純度が99.00％以上のものをいい、電気や熱の伝導性に優れており、電線、照明反射鏡、各種アンテナなどに用いられています。

(2) 2000番台　Al-Cu系

Cuを主要元素とするもので、鋼に匹敵する強度がありますが、耐食性が劣るのが欠点です。ジュラルミンや超ジュラルミンなどともよばれ、航空機部品、機械部品、光学部品、磁気ヘッド、リベットなどに用いられています。

(3) 3000番台　Al-Mn系

Mnを主要元素とするもので、深絞りなどの成形加工に優れているため、飲料缶、建築用材、車両用材などに用いられています。

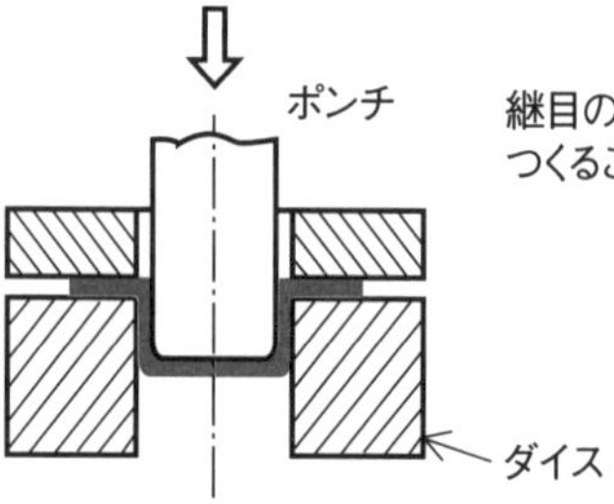

図1-72　深絞り

(4) 4000番台　Al-Si系

Siを主要元素とするもので、熱膨張率が小さく、耐熱性・耐摩耗性に優れているため、エンジンのピストンやVTR用ヘッドなどに用いられています。

(5) 5000番台　Al-Mg系

Mgを主要元素とするもので、引張強さや耐食性、加工性・溶接性に優れているため、構造用材料として建築用材、車両用材、船舶、圧力容器などに用いられています。

(6) 6000番台Al-Mg-Si系

Mg-Siを主要元素とするもので、強度と耐食性を兼ね合わせた材料です。建築用サッシや家具、自転車部品などに用いられています。溶接性がよくないので、組み立てには主としてボルトやリベットを使用します。

(7) 7000番台Al-Zn-Mg系

アルミニウム合金中で最大の強度があり、超々ジュラルミンともよばれています。かつては零戦にも使用された日本で開発された材料であり、現在は航空機関係、大型構造物、橋梁、ゴルフシャフト、スキーストックなどに用いられています。

アルミニウム材料にはこれ以外にも、JIS記号ではACの後に1桁の数字を付けて分類される融けたアルミニウムを鋳型に流し込んで成形する鋳造用アルミニウムと、ADCの後に数字を付けて分類されている高圧力で鋳型に流し込むダイカスト用アルミニウムがあります。

4 その他の金属材料

❶ 銅とその合金

銅系材料は、人類の歴史上、最も古くから利用されてきた金属であり、紀元前5000年頃のエジプトですでに用いられていたようです。銅は、強さや硬さの面では鉄鋼材料に劣りますが、熱や電気の良導体であることや展延性に富むこと、耐食性に優れていること、加工性がよいこと、また金以外で唯一金色の光沢を持つなどの特徴があるため、幅広く使用されています。

純銅の比重は8.96であり、Feよりも少し大きく、融点は1083℃です。

代表的な銅の合金は**黄銅**（**真鍮**《しんちゅう》）です。これは銅に亜鉛を30～40％加えたものであり、自動車用ラジエータや電球の口金などの電気部品、ボルト・ナットなどの機械部品、5円硬貨などに使用されています。

青銅はブロンズともいい、銅に10％以下の錫を加えたものです。青銅は、黄銅と比較して展延性は劣るため、工業用に使用されることはあまりありません。しかし、鋳造性が優れているため、鋳物用として工芸品や装飾品に多く使用されています。

銅にニッケルを加えると赤色から白色に変化をします。その代表は**白銅**であり、圧延や深絞りなどの塑性加工性に優れています。銅とニッケルに亜鉛を加えたものが**洋白**であり、展延性や耐食性に優れるため、食器や装飾品・楽器などに使用されています。

考古学的には日本は錫が採れなかったために青銅器時代はなく、石器時代から直接鉄器時代に入ったといわれます。しかし、銅は採れたため、奈良や鎌倉の大仏に代表されるように、各地でさまざまな仏像はつくられました。

参考：日本の硬貨の材質

私たちが普段使っている日本の硬貨は以下のような材質でつくられています。ここで、75 %Cuとは、75 %の銅を含むという意味です。

	材　料	重さ
5円	黄銅　60 %Cu - 40 %Zn	3.75 g
10円	青銅　95 %Cu - 4 %Zn - 1 %Sn	4.50 g
50円	白銅　75 %Cu - 25 %Ni	4.00 g
100円	白銅　75 %Cu - 25 %Ni	4.80 g
500円	白銅　72 %Cu - 20 %Zn - 8 %Ni	7.00 g

表1-2　日本の硬貨の材質

❷ マグネシウムとその合金

純マグネシウムは原子番号12、密度1.74、融点649 ℃の銀白色の金属です。アルミニウムより軽く、実用金属の中で最大の比強度（引張強さを比重で割ったもの）を示すことや、機械切削性がよいこと、振動吸収性に優れていることなどの特徴を持ちます。

そのため、マグネシウムは主にアルミニウム合金への添加材として航空機や船舶、自動車など、軽量化が求められる機体やエンジンなどに使用されています。また、ノート型パソコンや携帯電話、スポーツ用品など、近年その使用範囲を広げている材料です。

❸ チタンとその合金

純チタンは原子番号22、比重4.54、融点1725 ℃の銀灰色金属です。アルミニウムより密度は大きいのですが、強度や硬さ、耐熱性、耐食性などの点で優れている材料です。地球上には豊富に存在しているにもかかわらず、工業用に生産できるようになったのは1948年と歴史は浅いのですが、近年ますますその使用範囲を広げています。

特に注目されているのは、軽くて強度と耐熱性等が要求される過酷な使用条件が求められるチタン合金であり、航空宇宙や船舶海洋、医療分野で使用されています。

❹ ニッケルとその合金

純ニッケルは原子番号28、比重8.9、融点1450 ℃、銀白色の金属です。ニッケル合金は、強磁性で電気抵抗が大きく、耐食性や耐熱性もあります。

代表的な合金はニッケルにクロムを添加したNi-Crであり、電熱線（ニクロム線）として家電製品などに、また、耐熱合金として、ジェットエンジンなどの部品に使用されています。

Column 金と銀

貨幣としても広く使用されている金の比重は19.3、銀の比重は10.5です。両者とも鉄鋼材料に比べて高価であるにもかかわらず、強度が劣るため、構造材として利用されることはありません。工業的には、導電性が高く、腐食しにくいという特徴を生かして、エレクトロニクスの分野で使用されています。

また、両者とも展性、延性に優れており、金は1 gで約3000 m、銀は1 gで約1800 mの長さに伸ばすことができます。この特徴を生かして箔やメッキとしても幅広く使用されています。

金の純度を示すのに、カラット（K）という単位が用いられることがありますが、これは合金の重量を24としたときそこに含まれる金の重量の割合を示しています。すなわち、24 Kを純金としているのです（18 K=18/24=0.75）。

5 セラミックス材料

❶ セラミックスの性質

人類は古くから、**硬い・燃えない・さびない**といった、金属材料には見られない特性を持ったセラミックスを使用してきました。

セラミックスとは、粘土やけい砂を高温で焼成してつくった陶磁器、ガラス、セメント、耐火物などの焼き物のことです。しかし、茶碗や皿を落とすと割れやすいように、セラミックスには**脆《もろ》い**という大きな弱点があります。そのため、工業材料としてのセラミックスの用途は、送電線の絶縁体としての碍子《がいし》や火花の絶縁体としての自動車用点火プラグなど、限られていました。

近年の科学技術の発展により、脆いという弱点も少しずつ克服され、セラミックスは機械材料、電子材料、生体材料として、その用途をますます広げています。このようなセラミックスを**ファインセラミックス**と呼ぶこともあります。

❷ セラミックスの製造法

セラミックスをつくるには、まず原料の純度を高め、できるだけ球形で粒径の小さな原料を用意します。セラミックスの強さや高度な機能は、この化学組成によって決まるのです。

セラミックスの成形法には、原料を液体状にしたものを石膏などの吸水性を持つ型に流し込んで、壁の内側に適度な厚さの製品をつくる**泥しょう鋳込み法**や、粉体の原料を金型の中に強い力で押し込んで製品をつくる**射出成形法**などがあります。

成形後は窯の中で焼き固めますが、セラミックスは焼結後の加工が難しいため、ここまでで、できるだけ完成品に近い形にしておきます。

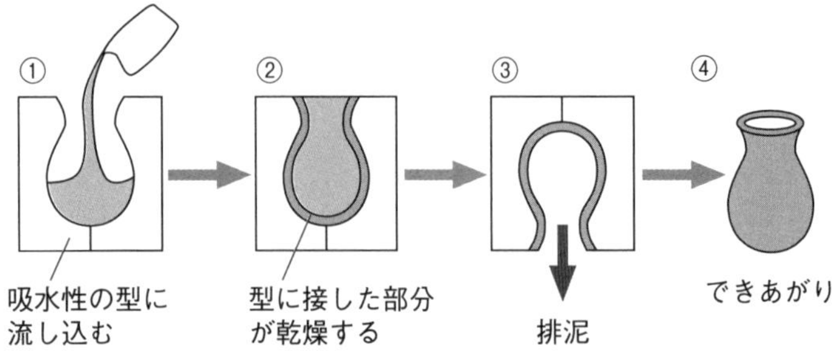

図1-73　泥しょう鋳込み法

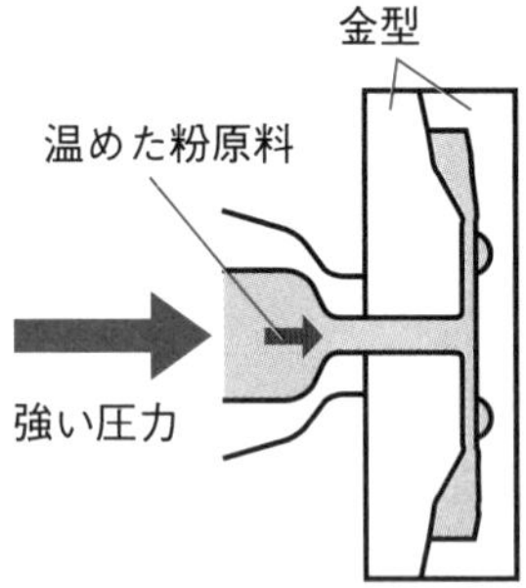

図1-74　射出成形法

❸ セラミックスの種類と応用

機械分野への応用が進められているのが、耐熱強度材料としてのセラミックスです。ガソリンエンジンやガスタービンなどの熱機関は、作動温度が高いほど熱効率が高くなります。しかし、それを構成している材料の高温における強度が不足していると、その熱機関は成り立ちません。現在、耐熱合金として用いられているニッケル、コバルト、ニオブなどの使用限界温度は約1000℃です。また、これらの金属は資源的に見ても希少な金属なのです。

これに対して、耐熱強度材料として期待されているセラミックスが窒化ケイ素（Si_3N_4）です。これは1300℃で用いることができ、熱膨張率も比較的小さく、耐熱衝撃性にも優れるという特徴を持ちます。

現在のところ、エンジンに圧縮空気を供給するためのターボチャージャー(過給器)やタービンブレードなどの部品で一部実用化されており、オールセラミックス製の熱機関をめざした研究も進行中です。ターボチャージャーは、エンジンからの排気ガスによってタービンホイールが回転し、空気圧縮機(コンプレッサ)を駆動します。

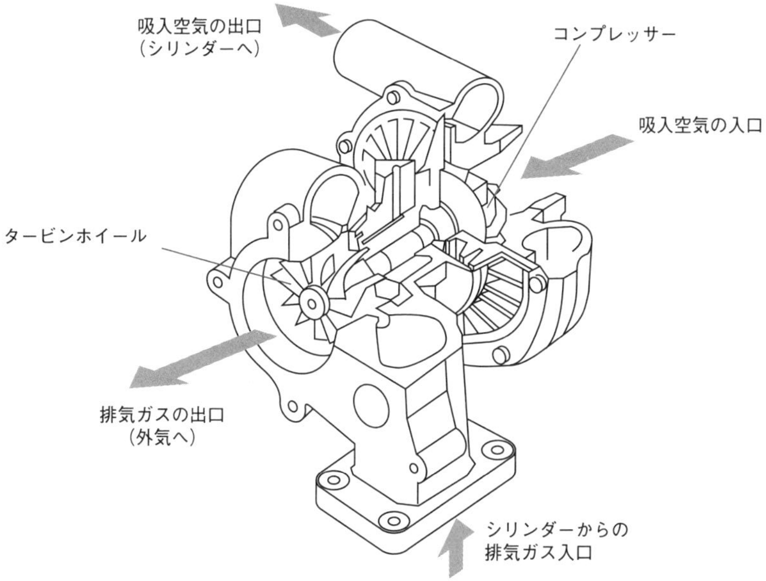

図1-75　ターボチャージャー

生体材料として最近注目されているのが医療用途に使用されるバイオセラミックスです。

生体と材料の相互作用がほとんどない生体不活性セラミックスには、アルミナ(Al_3O_3)やジルコニア(ZrO_2)等があります。化学的に安定しており、耐摩耗性に優れるため、人工股関節等に使用されています。

体内で骨と長時間にわたって接触する人工骨には、骨と結合する性質を持つハイドロキシアパタイト(HAp)などの生体活性セラミックスがあります。

6 複合材料

❶ 複合材料の性質

複合材料は、2種類以上の素材を複合して一体化することにより、単一の材料にはない優れた特性を持たせた材料のことです。鉄筋コンクリートは、圧縮に強いコンクリートと引張に強い鋼製の棒を複合して、両者の特性を生かした複合材料です。

機械材料として注目されているのは、プラスチック樹脂をガラス繊維やカーボン繊維で強化した繊維強化プラスチックスです。これは、FRP (Fiber Reinforced Plastics) とも呼ばれます。FRPは、重量あたりの強度である比強度が大きいため、軽くて丈夫である、腐食に強い、電気絶縁性があるなどの特徴があります。

ガラス繊維で強化したFRPをGFRP (Glass Fiber Reinforced Plastics) といい、ヘルメットやバスタブ、テニスラケット、小型ボートをはじめ、自動車や鉄道車両の部品等に幅広く使用されています。

カーボン繊維で強化したFRPをCFRP (Carbon Fiber Reinforced Plastics) といい、一般に黒色であり、GFRPより比強度に優れるため、スポーツ・レジャー製品から航空・宇宙分野の部品まで幅広く使用されています。

❷ 複合材料の製造法

ハンドレイアップ法

FRPのつくり方として最も簡単な方法は、繊維のシートに接着剤としての働きをする樹脂をハケで塗っていく**ハンドレイアップ法**です。この方法では、必要に応じて繊維と樹脂を層状に積み重ねてゆきます。このとき層の間に空気などを入れたまま固めてしまうと、そこから破壊が進行してしまうため、しっかりと押し固める必要があります。

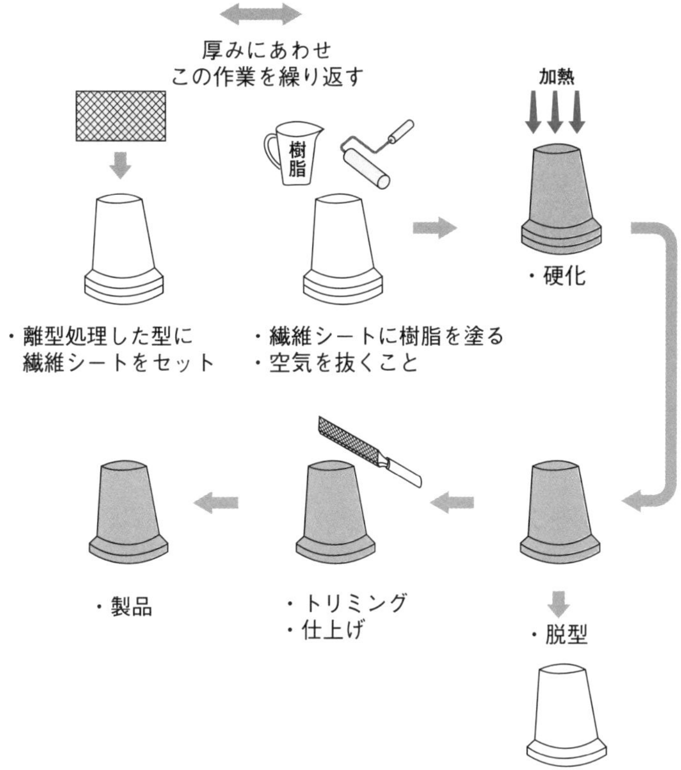

図1-76　ハンドレイアップ法

フィラメントワインディング法

FRPでパイプ状のものをつくる方法には、糸巻きに糸を巻きつけるように繊維を巻きつけていくフィラメントワインディング法（FW法；Filament Winding法）があります。この加工法では、直径数cmのものから数mのものまでのパイプや容器の大量生産が可能です。

成形できる形状に制約があるものの、張力を加えながら成形するため、繊維強化材の強さを有効に利用した加工法であるといえます。

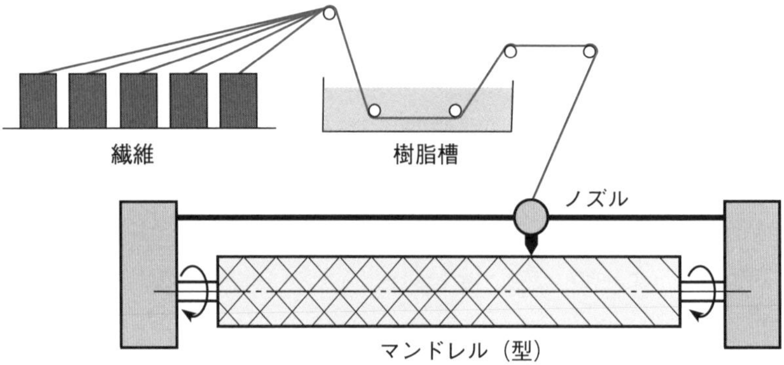

図1-77　フィラメントワインディング法

オートクレーブ成形

主としてカーボン繊維のFRPであるCFRPの製造に用いられる方法が、**オートクレーブ成形**です。この方法はあらかじめカーボン繊維に樹脂をしみ込ませた**プリプレグ**というシートを必要な枚数重ねてから、**オートクレーブ**と呼ばれる大型加熱加圧炉の中で温度と圧力を加えて焼き固めます。

メリットとして、複雑な形状のものを一体成形できるということがあり、航空機部品の製造などに利用されています。

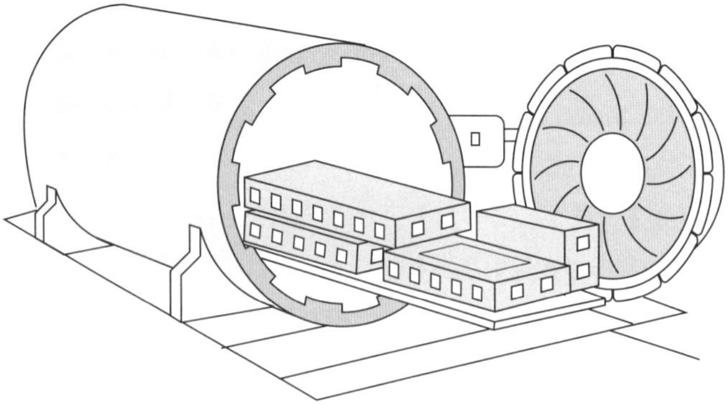

図1-78　オートクレーブ

FRPは繊維の方向によって、強度などの性質が異なる**異方性**という性質を持っています。そのため、FRPを用いる場合には、どの方向にどの程度の繊維を配置するかをよく考えておく必要があります。

また、FRPを何枚か重ねて作成した積層板は、衝撃により内部に損傷が発生するという異物衝突損傷（FOD）が問題視され、衝撃損傷の評価や衝撃時の応力解析などが行われています。

アメリカ・ボーイング社の中型ジェット旅客機であるB787型機にはCFRP材による主翼構造が採用されました。この製造を担当したのは日本の三菱重工業であり、その成形には同社のオートクレーブが使用されました。

③ 複合材料の応用

CFRPは、金属材料よりも軽くて強度があり、2000℃の高温状態においても強度が低下しないという特徴があるため、航空宇宙分野での活躍が大いに期待されてます。

スペースシャトルのノーズ部分に使用されているのは、カーボン繊維を炭素で固めた炭素繊維強化炭素複合材（C/Cコンポジット）です。この部分は強い風圧と高温にさらされるため、軽量かつ2000℃以上の高温でも強度が低下しないこの材料が用いられています。

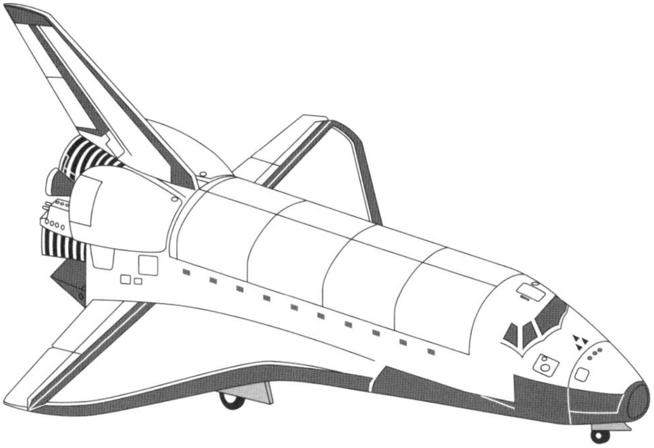

図1-79　スペースシャトルC/C

Chapter

2

流体力学と流体機械

私たちが水や空気などの流体に囲まれて生活しているように、私たちが創り出す機械も流体に囲まれて動いています。そのため、それらの性質を正しく理解して、機械設計に役立たせる必要があります。船が水の上に浮くことも、飛行機が空を飛ぶことも流体力学により説明することができるのです。

また私たちは、水力や風力などの自然の力に逆らうのではなく、自然の力を理解し、そのエネルギーを有効に活用してきました。水車や風車などの応用技術は、流体機械として広く私たちの生活の中で活躍しています。

本章では、流体の挙動を力学的に扱う流体力学の基礎を学ぶとともに、代表的な流体機械について考え、それらの理解を深めたいと思います。

2-1 流体力学

1 流体の性質

❶ 密度

密度は単位体積当たりの質量のことです。そのため、密度の単位は、1 m^3あたりの質量［kg］ということでkg/m^3が用いられます。また流体の密度は温度や圧力によって変化します。質量m、体積Vのとき、密度ρは次式で表されます。

密度　$\rho=\dfrac{m}{V}$　［kg/m^3］

水の密度

水の最大密度は標準状態では4 ℃で最大1000 kg/m^3です。とても大きな感じがするかもしれませんが、ペットボトルの1.5 Lの容器に入った飲み物が約1.5 kgであるということからも、ある程度、実感できるのではないでしょうか。

なぜ4 ℃なのか、という疑問が出るかもしれませんが、これは自然の摂理で決まっているとしかいいようがありません。しかし、このことはとても重要なことなのです。

冬に湖の水が凍っていくことを考えてみましょう。気温が下がり、湖の表面が冷えてくると、冷たい水は重くなるため湖の底に沈んでいきます。すると、今度は下の少し温かい水が表面に上がってきます。

これがしばらく続いて表面が0℃になると、湖は凍り出しますが、このときまだ凍っていない下面の水の温度はどのようになっているのでしょうか。

ここで、水の密度は4℃で最大になることを思い出してください。つまり、4℃の水が一番重くなるわけですから、湖の底へ沈みます。したがって、湖の温度は湖底から表面に向かって4℃、3℃、2℃、1℃となるのです。

もしも水の最大密度が0℃付近であったら、湖は、湖底から凍って行くことになり、湖にいる魚などの生物は存在できなくなることでしょう。湖に穴をあけて釣りができるのも、水の最大密度が4℃のおかげなのです。

空気の密度

次に空気の密度を考えます。

空気は窒素と酸素の化合物であることは知っていると思います。つまり、空気はそれらの分子によってできており、一定体積に、その分子の質量分だけの密度が存在しているのです。

それでは、空気に質量があるということを簡単に説明するためには、どのような方法が考えられるでしょうか。皆さんが小学生に空気にも質量があるということを説明しなさいといわれたら、どのような方法で説明してあげることができますか。

実験2-1

空気天秤の実験

空気を入れて膨らませた風船と、粘土をつり合わせたてんびんがあります（図2-1）。風船を割ると、てんびんはどちらに傾くでしょうか。

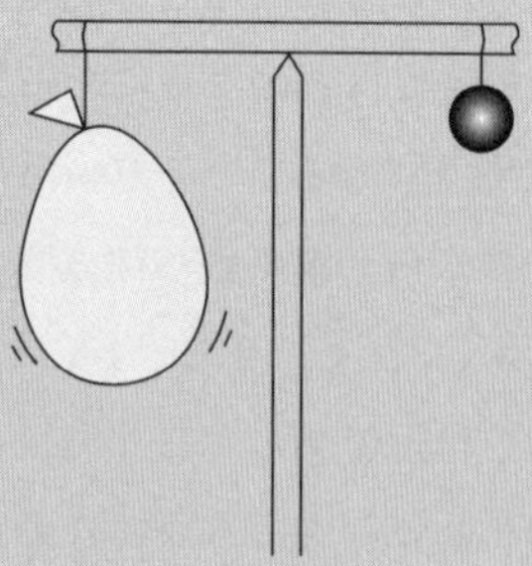

図2-1　風船を割ると、どちらに傾くでしょう

結　果

＜答＞：粘土の方に傾く。

この実験によって、空気にも質量があることが一目瞭然でわかりました。それでは、その質量の大きさは、どのくらいなのでしょうか。

これは温度や体積によって変化しますが、標準状態（20 ℃）の空気の密度は、1.205 kg/m^3 です。

比重

比重は4 ℃の水の密度に対するある物質の密度の比と定義されています。4 ℃の水は、密度の所でも述べたように、水の中でも最大密度を示します。比重はこの最大密度の水を1として、どのくらい大きいか小さいかを数値で示すものです。なお、比重には単位はありません。

例 2-1

塩水と油は水よりも比重が大きいか小さいかを考えなさい。

解　答

皆さんはプールで泳ぐのと海で泳ぐのでは、感じが違うという体験をしたことがありませんか。これは、水と塩水の比重の違いによるものです。

どちらが大きいかというと、塩水のほうが密度が大きいです。これを比重で表すと、水の比重1に対して塩水の比重は約1.01～1.05を示します。ちなみに常温で最大密度を示す液体金属は水銀で、その比重は約13.6です。

また、油は一般に水より比重は小さく、ガソリンで0.70～0.80、軽油で0.83～0.88の値をとります。そのため油は水の上に浮きます。このことはドレッシングを使うときによく振って、浮いている油分を混ぜなければならないことからもわかります。

海水と油の比較では、タンカーの重油流出事故などで油が海水の上を漂っていることからも、海水より油の比重のほうが小さいことがわかります。

❷ 圧力

圧力は単位面積当たりに働く力のことです。面積A［m^2］の面に、力F［N］が働いたとすると、圧力Pは次式で表されます。

$$\text{圧力}\quad P=\frac{F}{A}\qquad [N/m^2]$$

流体に働く力を考えるときには、どのくらいの面積にその力が働いているのかを知りたいことが多くあります。固体の例を出したほうがわかりやすいかもしれません。

例えば、立方体の形をした1 kgの鉄を手のひらで支えなさいといわれれば、少し重たいと感じるかもしれませんが、多分、大丈夫でしょう。

次に1 kgの鉄を針の上にのせて、手のひらで支えなさいといわれたらどうでしょうか。多分、手のひらに痛みを感じることでしょう。

この違いを示すために圧力を導入して単位面積当たりの大きさで比較します。ここで、重さ［N］= 1 kg × 9.8 m/s^2 = 9.8 Nです。

また、建築物の柱は、太ければ太いほど、柱の単位面積あたりに働く力は小さくなることも同じような例です。

このように、単に力ではなく単位面積当たりにどのくらいの大きさの力が働くかを考えることにより、さまざまなことが見えてくるのです。

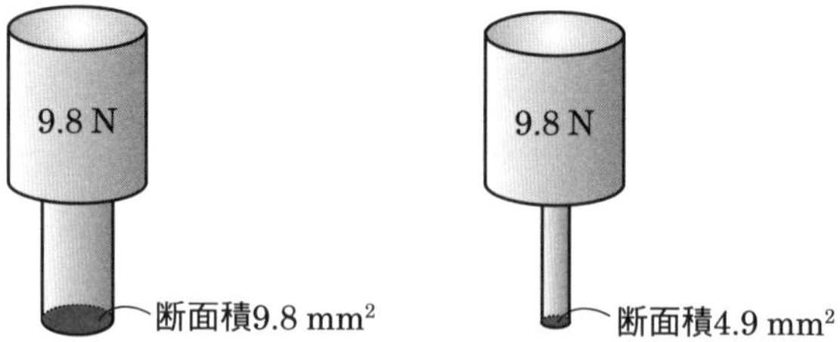

$$\frac{9.8\ \mathrm{N}}{9.8\ \mathrm{mm^2}} = 1.0\ \mathrm{N/mm^2} \qquad \frac{9.8\ \mathrm{N}}{4.9\ \mathrm{mm^2}} = 2.0\ \mathrm{N/mm^2}$$

図2-2　圧力の違い

圧力の単位

圧力の単位は単位面積 [m^2] の力 [N] より、N/m^2が多く用いられます。$1\ N/m^2$を1 Pa《パスカル》といいます。これは$1\ m^2$あたりに1 Nの力が働いているとき、これを1 Paとするという意味です。

PaはhPa、kPa、MPa、GPaのように接頭語をつけて使われることがあります。それぞれ、hは10^2、kは10^3、Mは10^6、Gは10^9を表しています。

その他にも圧力の単位にはいくつかの種類があるので、それらを適切に使い分け、その換算ができるとよいです。

◆圧力の強さの単位例

1 気圧 ＝1 atm ＝760 mmHg ＝$1.01325 \times 10^5\ N/m^2$ ＝101.3 kPa

$1\ \mathrm{Pa} = 1\ \mathrm{N/m^2}$　　$1\ \mathrm{bar} = 10^5\ \mathrm{Pa}$

$1\ \mathrm{mHg} = 133322\ \mathrm{Pa}$　　$1\ \mathrm{mH_2O} = 9806.65\ \mathrm{Pa}$

$1\ \mathrm{atm} = 101325\ \mathrm{Pa}$

絶対圧とゲージ圧

圧力はその基準の取り方によって、二つの表し方があります。

絶対圧　：真空を基準の0として圧力を表すもの
ゲージ圧：大気圧を基準として圧力を表すもの

ゲージ圧と絶対圧の関係は次のように表されます。

ゲージ圧＝絶対圧－大気圧

大気圧は場所や気象条件で変化しますが、通常は標準気圧101.3 kPaとします。また、標準気圧101.3 kPaを1 atmとして、これを工学気圧ということもあります。

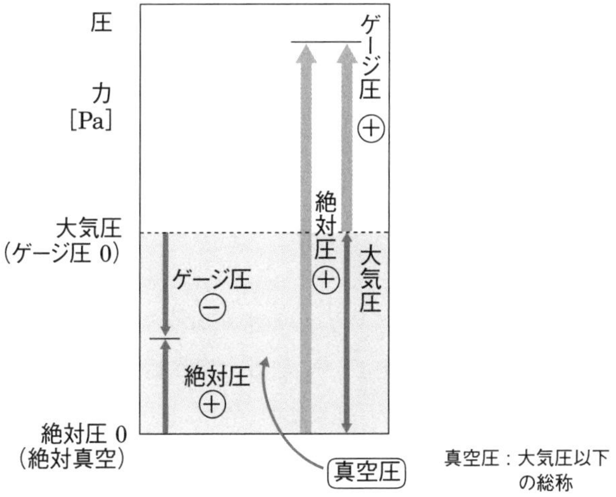

図2-3　圧力の表し方

例 2-2

大気圧が1 atmのとき、ゲージ圧0.6 MPaを絶対圧で表しなさい。

解答

1 atmは標準気圧101.3 kPaのことです。単位をそろえると、0.6 MPaは、0.6×10^3 kPaになります。

ゲージ圧＝絶対圧－大気圧ですから、

絶対圧＝ゲージ圧＋大気圧

です。これに値をあてはめて、

$$101.3 + 0.6 \times 10^3 = 101.3 + 600 = 701.3 \text{ kPa} = 0.7 \text{ MPa}$$

水圧

皆さんは、海に潜って耳が痛くなったことがありませんか。これは、水中を深く潜れば潜るほど、体には水の圧力（**水圧**）がかかるためです。

ここでは、さらに水中を深くまで潜る潜水艦を考えてみます。

海洋探査船「かいこう10000」は、深海1万 mまでの様子を調査し、その映像などを送ってくれます。

深海1万 mでは、その上方に1万 mの水があります。水中では、1 m沈むごとに水圧が約1トンずつ増えていくため、深海1万 mでは、1 m^2に1万トンもの力が働くことになります。潜水艦の材質もそれだけの圧力に耐えられる材料でつくられており、撮影のためのガラス部分も数十 cmの厚いガラスが使用されています。

深海は暗黒の世界ですが、そこには生物も生息しています。深海魚と呼ばれるこれらの生物は、なぜ水圧に押しつぶされないのでしょうか。

ここでは、水圧の性質を調べる実験をしてみましょう。

実験2-2

ペットボトルから飛び出す水

図2-4のような位置に穴を空けたペットボトルを用意して、この中に水を入れます。水を満たした後に水を加えるのをやめたとき、どのように水が飛び出すかを考えてみてください。

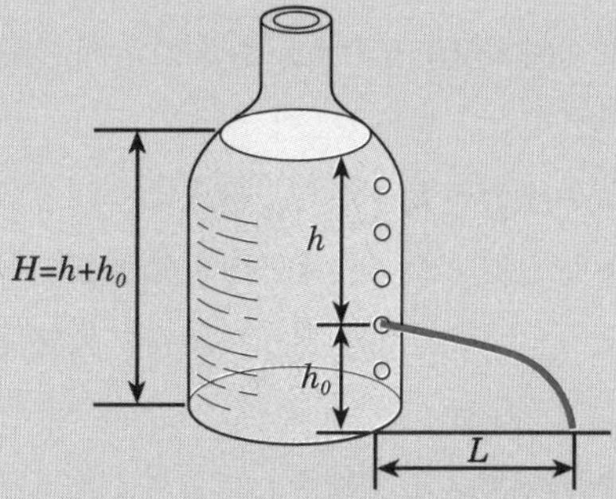

図2-4　どのように水が飛び出すでしょう

結　果

ペットボトルの穴から出る水は水平方向には等速運動、鉛直方向には自由落下運動をします。水の流速をv、水が流出してからの時間をtとすると、水平到達距離Lは、

$$L=vt \cdots\cdots ①$$

ここでトリチェリの定理（p118）より、$v=\sqrt{2gh}$ ……②

また、自由落下の式 $y=\frac{1}{2}gt^2$ より、地面からの穴の高さ $h_0=\frac{1}{2}gt^2$、

これをtについて解くと、$t=\sqrt{\frac{2h_0}{g}}$ ……③

式②③を①式に代入すると、

$$L=vt=\sqrt{2gh}\cdot\sqrt{\frac{2h_0}{g}}=2\sqrt{hh_0} \cdots\cdots ④$$

地面から水面までの高さを$H=h+h_0$とすると$h=H-h_0$、このhを上式④に代入すると、

$$L=2\sqrt{(H-h_0)h_0}=2\sqrt{Hh_0-h_0^2}$$

ここで、√の中をh_0について平方完成すると、

$$L = 2\sqrt{-\left(h_0 - \frac{H}{2}\right)^2 + \frac{H^2}{4}}$$

よって、$h_0 = \dfrac{H}{2}$のときにLは最大値Hをとり、水はもっとも遠くへ飛ぶ。

大気圧

皆さんは、頭の上に通常約10 mの水があるのと同じ圧力を受けて、毎日生活をしている、といわれてどう思うでしょうか。

日常生活では、大気の圧力が大きくて、動きにくいということを感じることは、ほとんどないでしょう。しかし、毎日の天気予報でも高気圧や低気圧の天気図が示されているように、私たちの周りには常に**大気圧**が存在しているのです。

それでは、大気圧を実感できる実験をしてみましょう。以下の実験2-3から2-5までを試してみましょう。

実験2-3

缶ペコ

真空ポンプで空き缶の中の空気を抜いていくと、どうなるでしょうか。

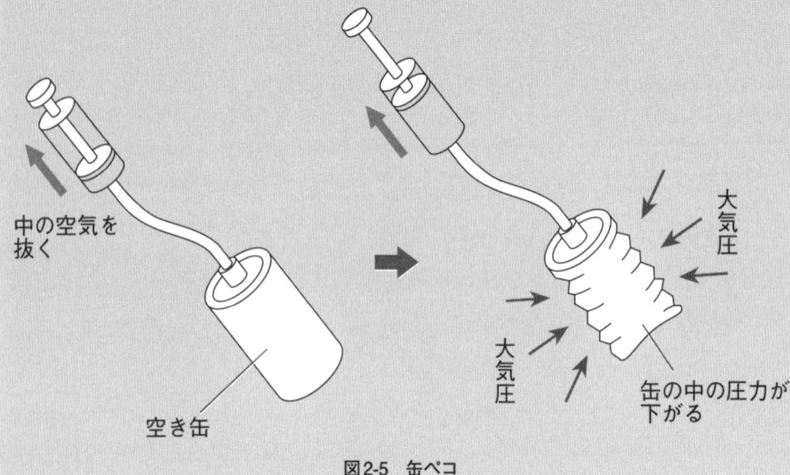

図2-5　缶ペコ

実験2-4

ラップ破裂

コップの上にラップをのせて輪ゴムで止め、缶ペコの実験と同様に、コップの中の空気を抜いていくとどうなるでしょうか。

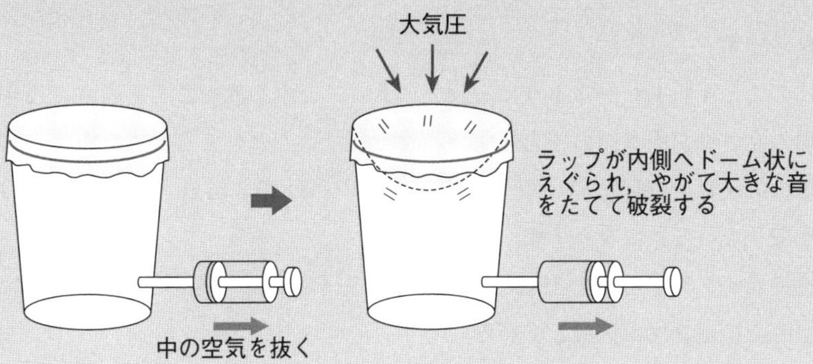

図2-6　ラップ破裂

実験2-5

逆さまコップ

コップの中に一杯になるまで水を入れ、その上からゆっくりとテイッシュペーパーを被せます。そして、ゆっくりとコップを逆さまにして、手を離すとどうなるでしょうか。

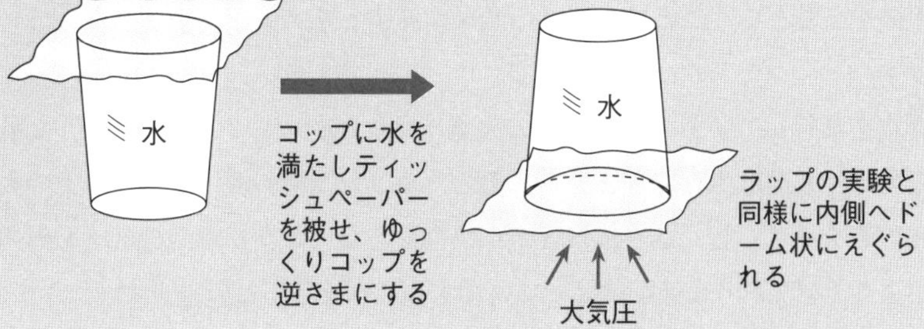

図2-7　逆さまコップ

大気圧に押しつぶされない理由

[実験2-3] から [実験2-5] までを試していかがでしたか。実際に働いている大気圧の大きさを実感することができたでしょうか。

上の実験で見たように、圧力は差が生じないと、その大きさを見ることができません。私たちの生活においても、ストローでジュースを飲むことやトランペットを吹くことを考えてみると、そこには必ず**圧力差**が存在していることがわかります。

このことからもわかるように、長いストローで水を飲むことを考えたときの限界の高さは、吸う側の圧力を完全に真空にできたとしても、大気圧との差である1気圧以上の圧力差は取り出せないため、約10.3 m以上は吸い上げることができないことになります。

そのため、高層ビルの上階にある水道やトイレの水を汲み上げるためには、たくさんのポンプが活躍しているのです。

また、私たちが大気圧に押しつぶされない理由は、体の周りに圧力差が生じていないためです。深海魚が押しつぶされることがないことも、同様の理由によります。あくまでも、圧力は差があったときにその威力を発揮するのです。

航空機にかかる圧力

次に、航空機の内側の壁（圧力隔壁）にどのくらいの圧力がかかっているのかを考えてみましょう。

私たちは山に登ると空気が薄くなり、息苦しくなるという体験をします。空気が薄くなるということは、空気の密度が減少して大気圧が小さくなっているのです。

高空を飛行しているとき、周りの大気圧は約0.6気圧です。このような低い気圧では、人間は生存できません。そのため、航空機の機内では、地上の大気圧との差を小さくし、さらに乗客が不快にならないように室内の気圧を外の大気圧より上げて約0.8気圧に保っています。これを与圧といいます。

つまり、航空機は上空では常に内部から外部へと膨張する力が働いているのです。そして、その大きさも1m^{2}あたり2トンという大きなものであるため、航空機の機体には、軽くて丈夫であることが求められます。

Column 運動の法則

機械工学に力学が必要だということは、おわかりいただけたと思います。ここでは、力学の学習の原点である**運動の法則**を再確認しておきましょう。

●運動の法則

物体に力F [N] が働くとき、物体には力の向きと同じ向きに加速度a [m/s^2] が生じ、その加速度の大きさは、加えた力の大きさに比例し、物体の質量m [kg] に反比例します。

$$F = ma \text{ [N]} \quad \text{（運動方程式）}$$

ここで、1 Nの定義を確認しておきます。1 Nとは、質量1 kgの物体に働き、1 m/s^{2}の加速度を生じさせる力と定められています。

運動方程式からもわかるように、同じ大きさの力を加えても、質量の大きい物体では生じる加速度は小さく、その速度は変わりにくくなります。このような動きにくさを**慣性**といい、**質量**の大きさは慣性の大きさを表しています。

●質量と重量

さらに確認になりますが、**質量と重さ（重量）**の違いについても述べておきたいと思います。

質量mは上にも述べたように物体の慣性の大きさを表しています。これに対して、重さは物体に働く**重力の大きさ**mgを表しています。

つまり、質量は物体がどこにあっても不変な量ですが、重量はその地点の重力加速度gの大きさにより変化することになります。

また、力の単位はNで計算します。

2 流体の静力学

❶ パスカルの原理

密閉された容器内の液体では、その一部に力を加えるとそれと同じ強さの圧力がすべての部分に一様の大きさで伝わります。そして、容器の壁面には、どの面にもすべて垂直にこの圧力が作用します。これを**パスカルの原理**といいます。この原理によると、小さな力で大きな力を働かせることができるため、水圧機などに応用されています。

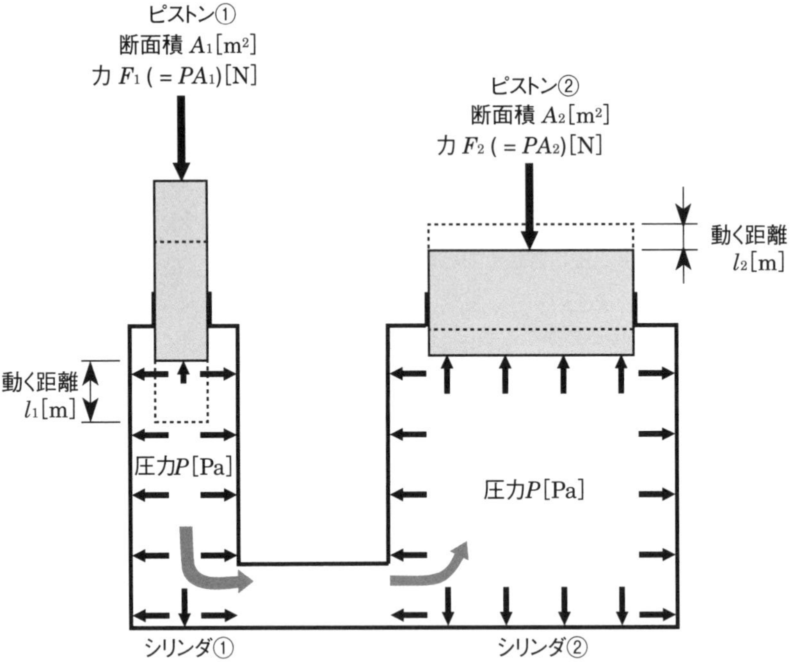

図2-8　パスカルの原理

図2-8のように、断面積A_1のピストン①に力F_1を加えると、ピストン①には、

$$P = \frac{F_1}{A_1}$$

の圧力Pが生じます（圧力Pは単位面積あたりの力）。この圧力Pはシリンダをつなげる管を通じて、ピストン②につながっており、力F_2（$= PA_2$）を発生させ、ピストン②を押し上げます。つまり、ピストン①による圧力＝シリンダ①内の圧力＝シリンダ②内の圧力＝ピストン②にかかる圧力であるため、これらの関係は次式で表されます。

$$P = \frac{F_1}{A_1} = \frac{F_2}{A_2}$$

$$\therefore F_2 = \frac{A_2}{A_1} \times F_1$$

つまり、ピストン①に加えた力F_1は$\frac{A_2}{A_1}$倍に拡大されてピストン②に加わることになります。

パスカルの原理は、油圧ジャッキや水圧プレス、空気圧シリンダなどの各種流体機械で活用されています。

では、次の例題を見てみましょう。

例 2-3

図2-8で、ピストン①（断面積1.0 m²）に100 Nの力を加えた。ピストン②の断面積が2.0 m²のとき、ここに加わる力は何 Nになりますか。

解　答

$$P = \frac{F_1}{A_1} = \frac{F_2}{A_2} \text{ より、}$$

$$F_2 = F_1 \times \frac{A_2}{A_1} = 100 \times \frac{2}{1.0} = 200 \quad [\mathrm{N}]$$

例 2-4

図2-8のような水圧機において、ピストン②の上に載せた9.8 kNの物体を10 mm持ち上げるために、ピストン①に加えるべき力と移動距離を求めなさい。ここで、ピストン①の直径を20 mm、ピストン②の直径を100 mmとします。

解　答

ピストン②における力　$F_2 = 9.8\ \mathrm{kN} = 9.8 \times 10^3\ \mathrm{N}$

ピストン①の断面積(円の面積)　$A_1 = \dfrac{\pi}{4} d^2 = \dfrac{\pi}{4} \times 0.02^2 \quad [\mathrm{m}^2]$

ピストン②の断面積　$A_2 = \dfrac{\pi}{4} \times 0.1^2 \quad [\mathrm{m}^2]$

$P = \dfrac{F_1}{A_1} = \dfrac{F_2}{A_2}$ より、

ピストン①の力　$F_1 = \dfrac{A_1}{A_2} \times F_2 = \dfrac{0.02^2}{0.1^2} \times 9.8 \times 10^3 = 392 \quad [\mathrm{N}]$

次に、移動距離を求めます。

ピストン①とピストン②の行程容積（断面積A ×移動距離l）は等しいため、

$$l_1 \mathrm{A}_1 = l_2 A_2$$

ここで、ピストン②を10 mm持ち上げるため、ピストン②の移動距離l_2 $= 0.01[\mathrm{m}]$

よって、ピストン①の移動距離l_1は、

$$l_1 = \frac{A_2}{A_1} \times l_2 = \frac{0.1^2}{0.02^2} \times 0.01 = 0.25\ \mathrm{m} \ = 250\ \mathrm{mm}$$

❷ アルキメデスの原理

水中に図2-9のような底面積Aの物体が沈んでいるとき、物体の上面に働く圧力P_1と下面に働く圧力P_2は、水の密度をρ、重力加速度をgとしたとき、それぞれ、

深さH_1での圧力　$P_1 = \rho g H_1$

深さH_2での圧力　$P_2 = \rho g H_2$

となります。

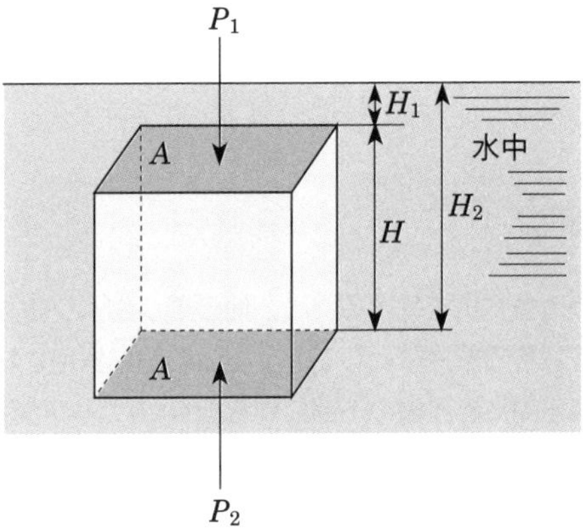

図2-9　アルキメデスの原理

水中では深いほど圧力が大きくなるため、物体の上面を押す力P_1は、下面を押し上げる力P_2より小さくなります。

ここで、$H_1 < H_2$であるため、$P_1 < P_2$より、全圧（面に働く力）F_1とF_2は、次式で表されます。

上面に働く力　$F_1 = \rho g H_1 A$

下面に働く力　$F_2 = \rho g H_2 A$

ここで、$F_2 - F_1$を計算すると、

$$F_2 - F_1 = \rho g A \times (H_2 - H_1)$$

となり、$H_2 - H_1$をHで表すと、上式は、次式のように変形できます。

$$F_2 - F_1 = \rho g A H$$

ここで、AH（底面積×高さ）は物体の体積Vに等しいため、Vを用いて上式を変形し、さらに比重量（単位体積当たりの重量をγとすると$\rho g = \gamma$）を用いると次式で表すことができます。

$$F_2 - F_1 = \rho g V = \gamma V$$

この結果から、「流体中にある物体は、その物体と同じ体積の流体の重量に等しい力で上方に押し上げられる」という原理が導かれます。この原理を**アルキメデスの原理**といいます。また、この押し上げる力（$F_2 - F_1$）のことを**浮力**といいます。

Column 水中翼船

船は大きな水の流体抵抗を受けるため、他の乗り物よりも高速で走行するのが難しくなります。その解決策として、小型の船舶に採用されているのが水中翼船です。これは水中にある船の下部に翼を取り付け、この時に発生する水面上に浮かぶ力を利用して高速走行を実現します。

水中翼船は、揺れを抑えるために各種のセンサーとコンピュータが用いられており、比較的距離の短い離島間などで実用化されているものには、時速約80 kmで走行しているものもあります。

❸ 船の浮力

ここでは、「船はなぜ浮くか」を考えてみましょう。

木は水より密度が小さいため、水に浮かびます。これに対して、金属は水より密度が大きいため沈みます。

それではなぜ鉄のかたまりの船が浮かぶのでしょうか。これはアルキメデスの原理から説明できます。つまり、船の中には内部に大きな空間があるため、ここで浮力をかせいでいるのです。

例 2-5

船が海から川に入ると、没水している部分の体積は、どのように変化するでしょうか。

解答

海水の密度は、淡水よりも大きくなります。船の重さは変わりませんから、海から川に入ると、船は水の中に沈んでいる部分の体積が大きくならなければ、船の重さと浮力のバランスがとれなくなります。そのため、船は川に入ると少し沈むことになります。なお、海水の密度は1020〜1030 kg/m^3です。

安定した船とは、少し傾いても、自分自身で起きあがろうとする力を生み出すことのできる船です。この力を**復元力**といい、船に働く力のモーメント（船を回転させる力）に関係します。つまり、船に働いている**浮力**と**重力**は、安定した状態では、同一直線上にあります。

しかし、船が少しでも傾くと浮力の中心にずれが生じるため、重力の作用線との間にずれが生じ、ここにモーメントが発生します。このとき、新しい浮力の作用線が重心の軸と交わる点を**メタセンタ**といいます。そして、復元力は、メタセンタが重心の上にあるときに働きます。

逆にメタセンタが重心の下にあるときには、船が少しでも傾いたときにより傾こうとする力が働いてしまいます。

メタセンタは浮揚体の安定に関して重要な関係があるため、設計においては十分に考慮する必要があります。

たとえば、船幅が広く重心が低い船ほど安定しており、船幅が狭く重心が高いほど不安定な船になります。ただし、船の重さは積み込む荷物の状況によっても変化するため、常に注意が必要です。

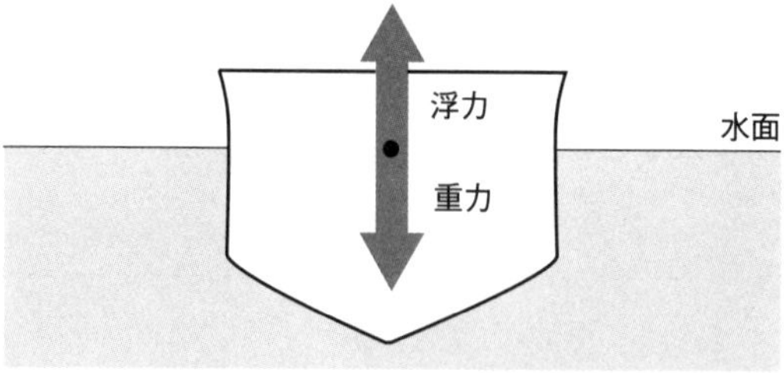

図2-10　浮力と重力は同一線上にある

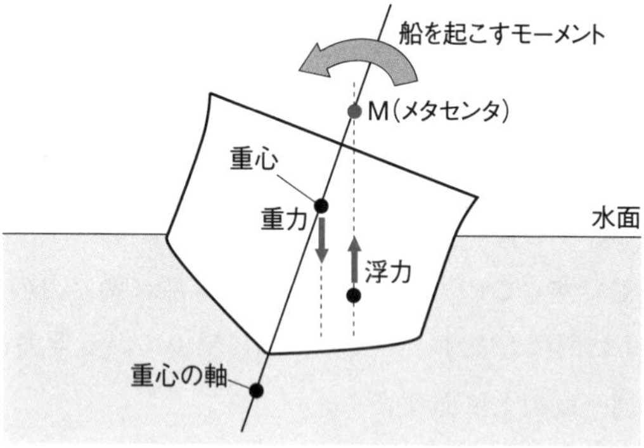

図2-11　(重心がメタセンタより下にある) 復元力のある船

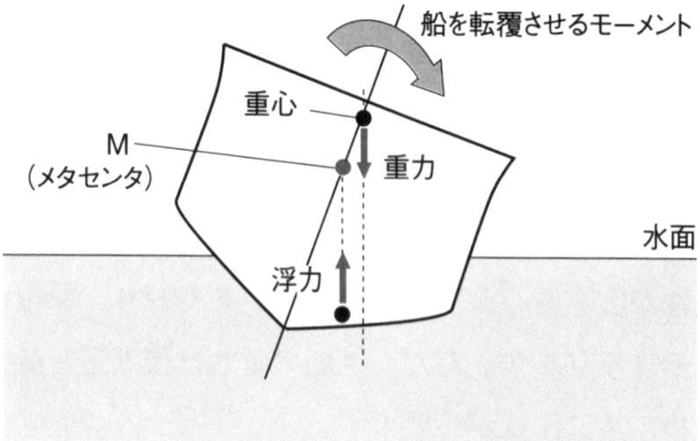

図2-12　(重心がメタセンタより上にある) 不安定な船

3 流体の動力学

❶ 流れの状態

これまでは、時間の経過によって流れの速さや方向などが変化せずに、連続する流れである**定常流**を扱ってきました。実際の流れには、時間により速さや方向が変化する非定常流があります。波動、水撃、脈動などが**非定常流**です。

図2-13 非定常流

❷ 連続の法則

まず、次の実験を試してみましょう。

実験2-6

ホースの流速

ホースから水を出すときに、そのまま水を流す場合と、ホースの口を手でつまんで水を流す場合の違いを観察しましょう。

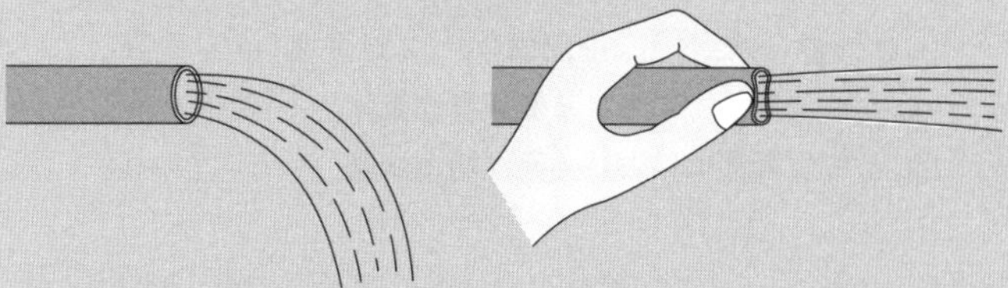

図2-14 どんな違いになるでしょう

結　果

ホースの先をつぶしたときの方が流れが速くなります。

図2-15のような管の中を流体が流れるとき、任意の断面①②を考えると、**断面①と断面②を単位時間に通過する流体の容積は等しい**、という関係が成り立っています。これを**連続の法則**といい、流体の運動を考えるときの基礎的な式になります。実験2-6で、ホースをつまむと断面積は小さくなりますが、連続の法則より、単位時間あたりに通過する流体の容積は等しいため、流速が速くなるのです。

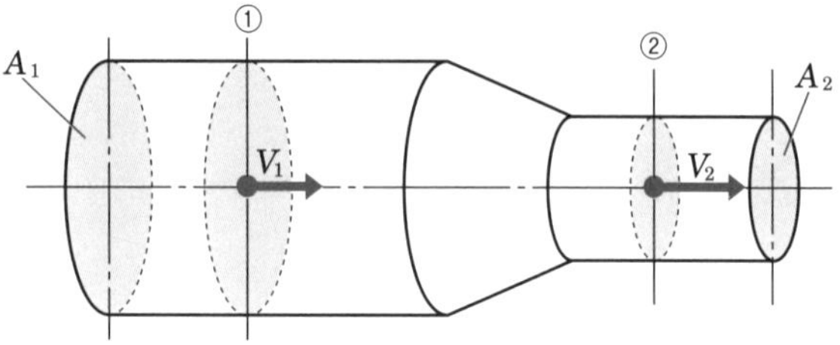

図2-15　連続の法則

連続の法則は次式で表されます。

流量$Q = A_1 v_1 = A_2 v_2 =$（一定）　[m^3/s]

Qは流量[m^3/s]、Aは断面積[m^2]、vは流速[m/s]を表しています。
A_1とv_1は断面①における断面積と流速
A_2とv_2は断面②における断面積と流速

例 2-6

図2-15のような管路に水が流れています。断面①の流速を3.0 m/s、断面積を0.6 m^2とすると、このときの流量は何 m^3/sですか。また、断面②の断面積が0.12 m^2であれば、ここでの流速は何 m/sですか。

解答

まず、断面①の流量を求めます。

$Q = A_1 \times v_1$より、$Q = 0.6 \times 3.0 = 1.8$　[m^3/s]

断面②の流速は、$Q = A_2 \times v_2$より、

$$v_2 = \frac{Q}{A_2} = \frac{1.8}{0.12} = 15.0 \quad [\mathrm{m/s}]$$

❸ ベルヌーイの定理

流体は、流れの各点において、

- 基準面からの高さによる**位置エネルギー**
- 速度による**運動エネルギー**
- **圧力によるエネルギー**

の3つのエネルギーを持ちます。これは、固体が各点において運動エネルギーと位置エネルギーを持つことと対応しています。

そして、定常流（時間的な流れの変化がない流れのこと）の場合には、単位質量あたりの流体が持つ3つのエネルギーの総量は一定です（変化しない）。これを**ベルヌーイの定理**（**エネルギー保存の法則**）といい、流体力学においては重要な関係式となります。

位置エネルギー ＋ 運動エネルギー ＋ 圧力エネルギー ＝ 一定

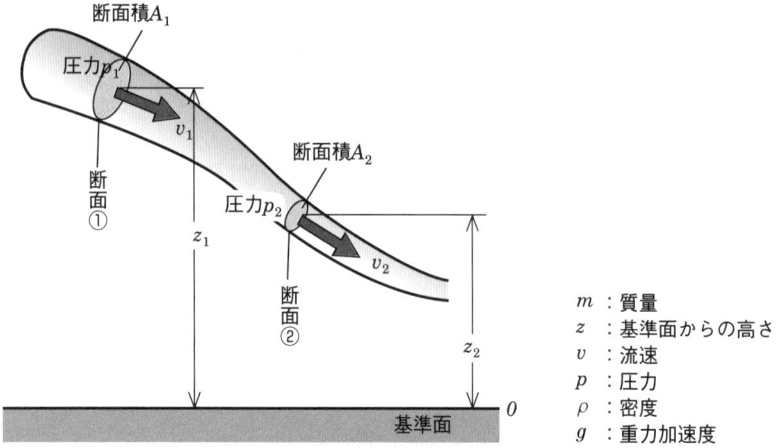

図2-16　管内における流体の流れ

次にこれらの関係を式に表してみましょう。ここで流体の質量をm [kg]、重力加速度をg [m/s^2] とします。このとき流体の持つ3つのエネルギーは、それぞれ次のように示されます。

(1) 重力による位置エネルギーは、基準面からの高さをz [m] とすると、質量mの物体（流体）が高さz [m] から落下した場合ですからmgz [J] になります。

位置エネルギー＝$\boldsymbol{mgz}$　[J]

(2) 運動エネルギーは、流速をv [m/s] とすると、質量mの物体が速度vで動く場合ですから $\frac{1}{2}mv^2$[J] です。

運動エネルギー＝$\boldsymbol{\frac{1}{2}mv^2}$　[J]

(3) 圧力によるエネルギーは、流体の持つ圧力をp [Pa]、密度をρ [kg/m^3] とすると、圧力pにより管断面積Aの流体がl[m]動いたとき、そのエネルギーはpAlになります。ここで、Alは流体の体積Vと等しく、また密度ρより、$V=\frac{m}{\rho}$であるから、圧力エネルギー$pAl=pV=\frac{mp}{\rho}$ [J] になります。

圧力によるエネルギー＝$\boldsymbol{\frac{mp}{\rho}}$　[J]

ここで図2-16のような流管において、流管におけるある断面①と②に、このベルヌーイの定理を適用すると、エネルギーの総量は一定であるから、これらの関係は次式で表されます。単位はJです。

断面①におけるエネルギー総量＝断面②におけるエネルギー総量

$$mgz_1+\frac{1}{2}mv_1^2+\frac{mp_1}{\rho}=mgz_2+\frac{1}{2}mv_2^2+\frac{mp_2}{\rho}\quad[\mathrm{J}]\quad\cdots\cdots(1)$$

ここで、両辺をmで割ると、次式が得られます。単位はJ/kgです。

$$gz_1+\frac{1}{2}v_1^2+\frac{p_1}{\rho}=gz_2+\frac{1}{2}v_2^2+\frac{p_2}{\rho}\quad[\mathrm{J/kg}]\quad\cdots\cdots(2)$$

上式をさらにgで割ると、次式が得られます。単位はmです。

$$z_1+\frac{1}{2g}v_1^2+\frac{p_1}{\rho g}=z_2+\frac{1}{2g}v_2^2+\frac{p_2}{\rho g}=\text{一定}\quad[\mathrm{m}]\quad\cdots\cdots(3)$$

この式は各項の単位がmで示されており、それぞれの項を**位置ヘッド**、**速度ヘッド**、**圧力ヘッド**といいます。

ベルヌーイの定理は、このように単位の異なるいくつかの式で表されます。使用されている単位に注意して、自由に式変形ができるとよいです。

例 2-7

図2-17のような管路に水が流れています。それぞれ図のような値をとるとき、断面②の流速を求めなさい。また、断面①と②の両地点の圧力差を求めなさい。ただし、管路における摩擦による損失はないものとし、水の密度は1000 kg/m³とします。

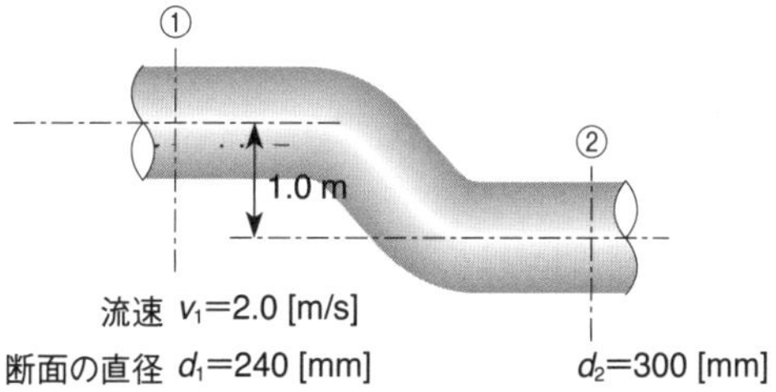

図2-17　流速と、圧力差を求める

解　答

まず断面図①と②の圧力差を求める式を導きましょう。ヘッドの形で表されたベルヌーイの定理（式(3)）の両辺に、ρgをかけると、

$$z_1 + \frac{1}{2g}v_1^2 + \frac{p_1}{\rho g} = z_2 + \frac{1}{2g}v_2^2 + \frac{p_2}{\rho g}\ [\mathrm{m}]$$ より、

$$z_1\rho g + \frac{\rho}{2}v_1^2 + p_1 = z_2\rho g + \frac{\rho}{2}v_2^2 + p_2$$

$$p_2 - p_1 = \left(\frac{v_1^2 - v_2^2}{2}\right)\rho + (z_1 - z_2)\rho g$$

と変形できます。

また、断面②の流速v_2を求める式は、連続の法則の式（$Q = A_1v_1 = A_2v_2$ ＝（一定））より、

$$流量Q = A_1 \times v_1 = \frac{\pi}{4} \times d_1^2 \times v_1 = \frac{\pi}{4} \times d_2^2 \times v_2$$

ゆえに、$v_2 = \dfrac{d_1^2}{d_2^2} \times v_1 = \left(\dfrac{d_1}{d_2}\right)^2 \times v_1 = \left(\dfrac{240}{300}\right)^2 \times 2.0 = 1.28\quad[\mathrm{m/s}]$

また、$z_1 - z_2 = 1.0\quad[\mathrm{m}]$

したがって圧力差は、

$$p_2 - p_1 = \frac{2.0^2 - 1.28^2}{2} \times 10^3 + 1.0 \times 10^3 \times 9.8$$

$$= 11.0 \times 10^3 = 11.0\quad[\mathrm{kPa}]$$

トリチェリの定理

タンクなどの容器の底や側面に小穴をあけると水が噴出します。このときの流出速度を求める式が**トリチェリの定理**です。

図2-18のような容器において、小穴が容器に比べ十分小さいとき、流れは定常流となります。容器内の液面の流速はほとんどゼロ、圧力は液面でも小穴

でも大気圧に等しくなります。このとき、液面と小穴の高さの差をhとすると、流出速度vは次式で表されます。ここでgは重力加速度です。

流出速度　$v = \sqrt{2gh}$　（トリチェリの定理）

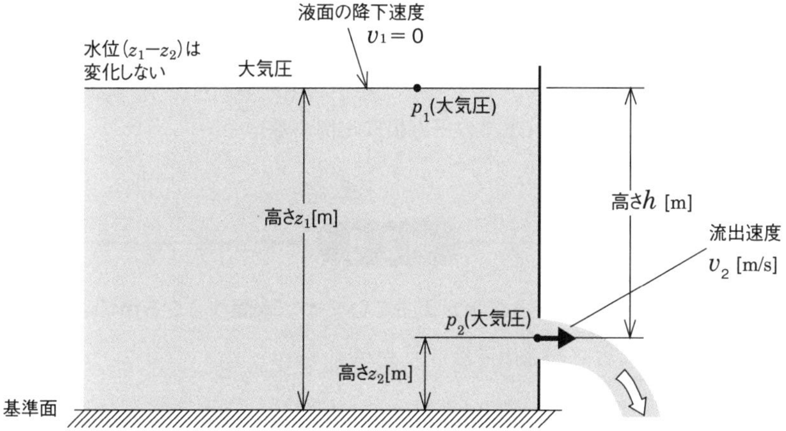

図2-18　トリチェリの定理

このトリチェリ定理は、ベルヌーイの定理から導くことができます。

$$z_1 + \frac{1}{2g}{v_1}^2 + \frac{p_1}{\rho g} = z_2 + \frac{1}{2g}{v_2}^2 + \frac{p_2}{\rho g} \quad [\mathrm{m}] \quad \text{（ヘッドの式）}$$

$$p_2 - p_1 = \left(\frac{{v_1}^2 - {v_2}^2}{2}\right)\rho + (z_1 - z_2)\rho g \quad \text{（圧力差を求める式）}$$

ヘッドの式において、液面の流速v_1はゼロ、圧力p_1とp_2はともに大気圧で等しく$(p_1 = p_2)$、液面の水位が変化しないものと仮定し、水位$(z_1 - z_2)$をhで示すと、圧力差を求める式で$p_2 - p_1 = 0$とおいて、

$$\left(\frac{v_1^{\,2}-v_2^{\,2}}{2}\right)\rho=-(z_1-z_2)\rho g$$

$$\frac{v_1^{\,2}-v_2^{\,2}}{2}=-gh$$

$$v_1^{\,2}-v_2^{\,2}=-2gh$$

$$v_2^{\,2}=v_1^{\,2}+2gh\quad\cdots\cdots\text{（仮定より水位は変化しない}\quad v_1=0\text{）}$$

$$v_2=\sqrt{2gh}\quad[\mathrm{m/s}]$$

で表されます。

すなわち、トリチェリの定理の式は、流出速度が液面からの高さhのみで決まることを示しています（水深の平方根に比例する）。

例 2-8

図2-19のような水そうに水が入っています。水面から2.5 mのところで水を噴出させたときの流出速度は何 m/sですか。

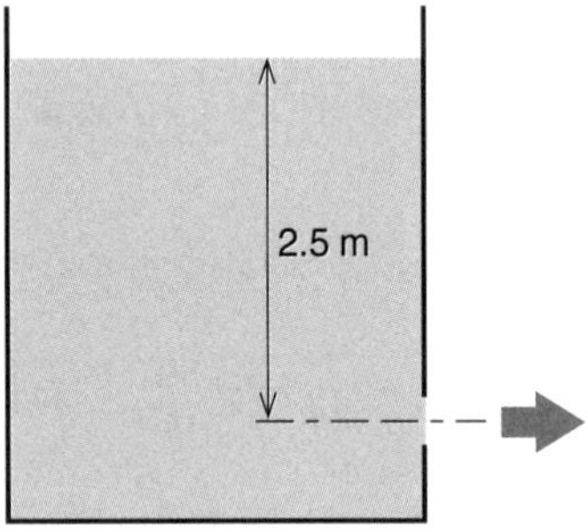

図2-19　流出速度を求める

解　答

トリチェリの定理より、

$$v=\sqrt{2gh}=\sqrt{2\times 9.8\times 2.5}=7.0\quad[\mathrm{m/s}]$$

❹ 運動量保存の法則

物体の運動は球を例にあげて考えることがよくありますが、流体も多数の質点の集合と見なして考えることができます。流体についても**運動量保存の法則**が成り立ちます。そして、X、Y、Zの3方向について、以下の式が成り立ちます。

ここで運動量とは、質点の質量と速度の積になります。流体の場合には、質量として、密度ρ [kg/m^3] と流量Q [m^3/s] の積で表される**質量流量**（単位はkg/s）を用います。質量流量 [kg/s] に速度 [m/s] をかけると、力F [N] になることは、単位が、kg/s × m/s = kg・m/s^2 = Nとなることからもわかります。

X方向の運動量　$F_x = \rho Q(v_{2x} - v_{1x})$

Y方向の運動量　$F_y = \rho Q(v_{2y} - v_{1y})$

Z方向の運動量　$F_z = \underbrace{\rho Q}_{\text{質量流量}}(\underbrace{v_{2z} - v_{1z}}_{\text{速度}})$

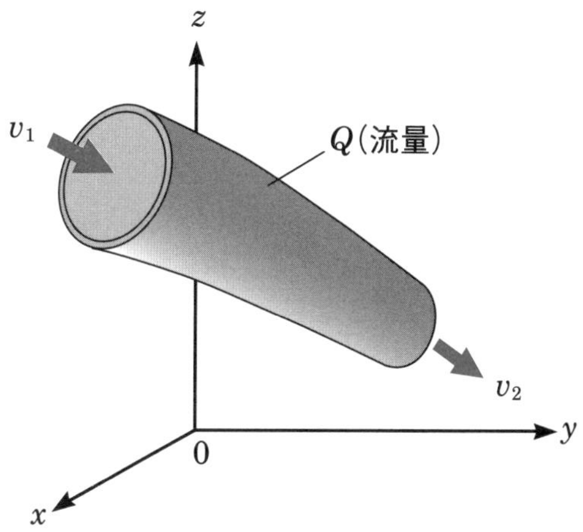

図2-20　運動量保存の法則

ここで力Fを、F_x、F_y、F_zと3方向に分けて考えたのは、力がベクトルであり、計算をする場合には、方向をそろえる必要があるためです。

運動量の法則は特定の方向に対する流体が容器に及ぼす力と、その方向に対する速度変化との関係を表しています。

この関係を利用して、曲がり管路に働く力を考えてみましょう。

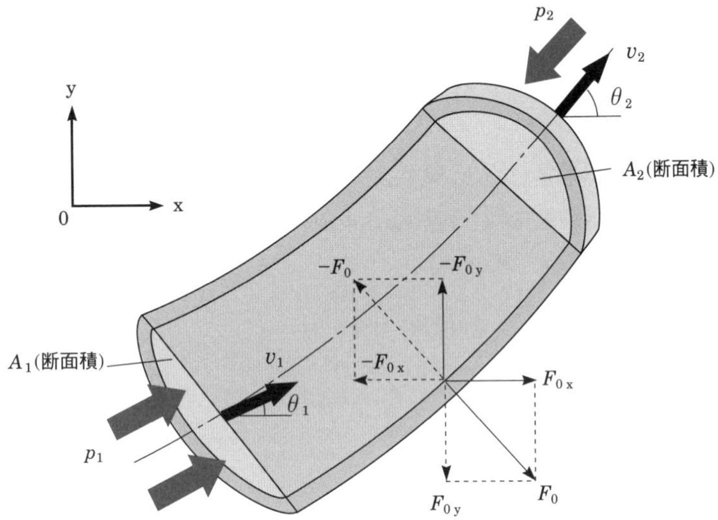

図2-21　曲がり管に働く力

図のように断面積と方向が変化する管路に流体が流れているとき、管路に対して流体が及ぼす力を求めます。

流体に働く力をX、Yの2方向について考えます。

X方向に働く力の成分は、圧力（p_1とp_2）による力$F_1 = A_1p_1$と$F_2 = A_2p_2$のx方向成分と、管壁から流体へ作用する圧力による$-F_0$のx方向成分$-F_{0x}$です。また、Y方向についても同様に考えることができます。

よって、運動量保存の法則により、

X方向の運動量：

$$\rho Q(v_2\cos\theta_2 - v_1\cos\theta_1) = \underbrace{A_1p_1\cos\theta_1}_{\text{圧力}P_1\text{による力の}x\text{成分}} - \underbrace{A_2p_2\cos\theta_2}_{P_2\text{による力の}x\text{成分}} - \underbrace{F_{0x}}_{\text{管壁から流体へ作用する力の}x\text{成分}}$$

Y方向の運動量：

$$\rho Q(v_2\sin\theta_2 - v_1\sin\theta_1) = \underbrace{A_1p_1\sin\theta_1}_{P_1\text{による力の}y\text{成分}} - \underbrace{A_2p_2\sin\theta_2}_{P_2\text{による力の}y\text{成分}} - \underbrace{F_{0y}}_{\text{管壁から流体へ作用する力の}y\text{成分}}$$

よって、流体がA_1A_2間の管壁に及ぼす力F_{0x}、F_{0y}を求めると、

$$F_{0x} = \rho Q(v_1\cos\theta_1 - v_2\cos\theta_2) + A_1p_1\cos\theta_1 - A_2p_2\cos\theta_2$$
$$F_{0y} = \rho Q(v_1\sin\theta_1 - v_2\sin\theta_2) + A_1p_1\sin\theta_1 - A_2p_2\sin\theta_2$$

つまり、管内の速度分布や圧力分布がわからなくても、入口と出口の速度と圧力がわかれば、流体が曲がり管路に及ぼす力を知ることができるのです。

この式は、水車や風車、ポンプなどの流体機械を考えるときに重要となります。

例 2-9

図のように内径300 mmの管路に、200 kPaの圧力で、1.0 m^3/sの水を流すとき、曲がり管に働く力の大きさとその方向を求めなさい。

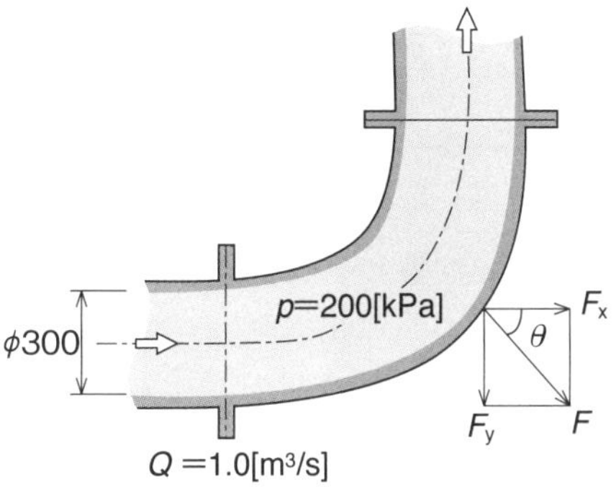

図2-22　曲がり管に働く力の大きさと方向を求める

解 答

曲がり管の角度は90°であるため、前ページのF_{0x}とF_{0y}を求める式に、$\theta_1 = 0$、$\theta_2 = 90$を代入して求めます。

密度　$\rho = 1000$[kg/m^3]、流量　$Q = 1.0$[m^3/s]

断面積　$A_1 = A_2 = \frac{\pi}{4} \times 0.3^2 = 0.0707$　[m^2]

速度　$v_1 = v_2 = \frac{Q}{A} = \frac{1.0}{0.0707} = 14.14$　[m/s]

圧力　$p_1 = p_2 = 200 \times 10^3$　[Pa]

$$F_{0x} = \rho Q v_1 + A_1 p_1$$
$$= 1000 \times 1.0 \times 14.14 + 0.0707 \times 200 \times 10^3 = 28.3 \text{[kN]}$$
$$F_{0y} = -\rho Q v_2 - A_2 p_2$$
$$= -1000 \times 1.0 \times 14.14 - 0.0707 \times 200 \times 10^3 = -28.3 \text{[kN]}$$

力は大きさと方向を持つベクトル量であるため、力の和である合力Fは、

$$F = \sqrt{F_x^{\ 2} + F_y^{\ 2}}$$

のようにして求めます。

ゆえに合力の大きさは、

$$F_0 = \sqrt{F_{0x}^{\ 2} + F_{0y}^{\ 2}} = \sqrt{28.3^2 + 28.3^2} = 40.0 \quad \text{[kN]}$$

4 層流と乱流

流体の各粒子が規則正しく流れているとき、これを**層流**といいます。これに対して、流体の各粒子が不規則に流れているとき、これを**乱流**といいます。

実験2-7

蛇口の流れ

水道の蛇口から水を少しずつ流して行き、そのときの流れの状態を観察しなさい。

結果

流体の流れには、きれいな流れ方と乱れた流れ方があります。水道から水を少し流しているときには、水の流れはきれいに一つにまとまっています。しかし、徐々に蛇口を開いて行くと、水の流れが一つにまとまらずに周りに飛び散らしながら流れる様子が観察されます。この二つの状態が層流と乱流です。

図2-23　層流と乱流

レイノルズの実験

レイノルズは1833年に管の流れについて一連の実験を行いました。

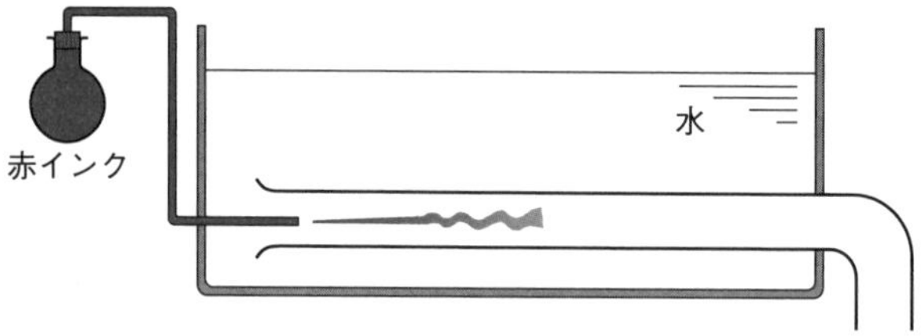

図2-24　レイノルズの実験

レイノルズは水槽の水を細長いガラス管に導き、その中の流れの模様を管の入口でインクを注入して観察できるようにしました。

これを観察すると、流れの速度がとても小さい間はインクは管の軸に平行なまっすぐな細い糸状になり、流れが定常で規則正しいことがわかります。

速度を少しずつ増していくと、ある決まった速度のところで流れの様子が急激に変化するのを観察することができます。糸状の線はふらふらゆれると同時に途切れ途切れとなり、振動をはじめます。

さらに流速を増していくと、インクは流れの中に拡散してしまいます。

レイノルズ数

レイノルズは、管路を流れる流体が層流から乱流に移り変わるときには、次の**レイノルズ数**Reで定義される値が一定になることを明らかにしました。

$$Re = \frac{\rho v d}{\mu} = \frac{vd}{\nu}$$

ここで、vは管路の流速［m/s］、dは管の内径［m］、μは流体の粘性係数［Pa・s］、νはμ/ρであり、流体の動粘性係数［m^2/s］を示します。

レイノルズ数が小さいと慣性力（流れる力）により層流になり、大きいと粘性力により流れが乱れ乱流になります。また、層流から乱流に変わるときのReは約2320であり、これを**臨界レイノルズ数**といいます。特に後で紹介する模型実験では、このレイノルズ数をそろえる必要があります。

5 流体の測定

1 圧力の測定

マノメータ

液体の圧力差が液体の高さの差に比例することを利用し、圧力を液柱の重力とつり合わせることで測定する圧力計を**マノメータ**といいます。マノメータは構造が簡単で容易に測定が行えるため、圧力の測定に幅広く用いられています。

マノメータの種類には水柱式と水銀式がありますが、1気圧を示すのに水柱式は約10 m、水銀式は約76 cmの圧力差が必要なため、水銀式の方がコンパクトになります。ただし、水銀は有毒な元素であることから、その使用は抑えられています。

例 2-10

図の密閉容器内のA点の水の絶対圧を測定するため、U字管内に水銀が入っています。大気圧をP_0としてA点の絶対圧P_Aを求めなさい。水の密度をρ_w、水銀の密度をρ_hとします。

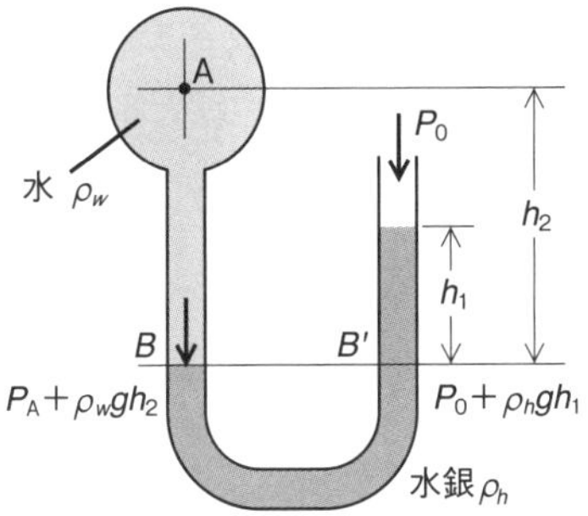

図2-25　U字管マノメータ

解　答

図においてB－B'面における圧力は等しいから、

$$P_A + \rho_w g h_2 = P_0 + \rho_h g h_1$$

よって、$P_A = P_0 + g(\rho_h h_1 - \rho_w h_2)$

［例2-10］から、密度ρ_w、ρ_hおよび、液柱の高さh_1、h_2がわかれば、容器内の圧力を求めることができます。

例 2-11

図2-25において、密度$\rho_w = 1.0 \times 10^3$ [kg/m³]、$\rho_h = 13.6 \times 10^3$ [kg/m³]、水柱の高さ$h_1 = 60$ [mm]、$h_2 = 100$ [mm]、大気圧$P_0 = 101.3$ [kPa]のとき、容器内の圧力P_Aを求めなさい。

解 答

$P_A = P_0 + g\,(\rho_h h_1 - \rho_w h_2)$ より、数値を代入して、

$= 101.3 \times 10^3 + 9.8 \times (13.6 \times 0.06 - 1.0 \times 0.10) \times 10^3$

$= 108.3 \times 10^3\ \mathrm{Pa} = 108.3\ \mathrm{kPa}$

傾斜管マノメータは、U字型のマノメータ本体を傾けることにより、微小な差圧を拡大して測定できます。傾斜の度合いは1/5～1/10であり、傾斜角をθとすると、このときの拡大率は次式で表されます。

$$拡大率 = \frac{1}{\sin\theta}$$

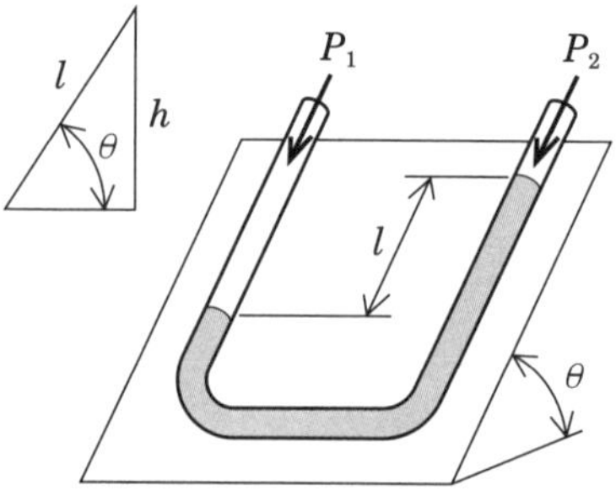

図2-26　傾斜管マノメータ

(1) ブルドン管圧力計

工業用でもっとも広く使用されているものが**ブルドン管圧力計**です。作動原理は圧力を加えると楕円形断面の管が円形に曲げられ、この変位をリンク機構や歯車、ピニオンなどで拡大して目盛り上の指針を動かすというものです。

使用圧力は約200 MPaであり、弾性式圧力計の中では最も大きな圧力まで測ることができます。ブルドン管圧力計は、溶接用などのガスボンベや各種測定器、消防車のポンプなどにも取り付けられています。ガス溶接に用いられる酸素やアセチレンのボンベなどは、圧力を正しく読みとり、適切な圧力で使用する必要があります。

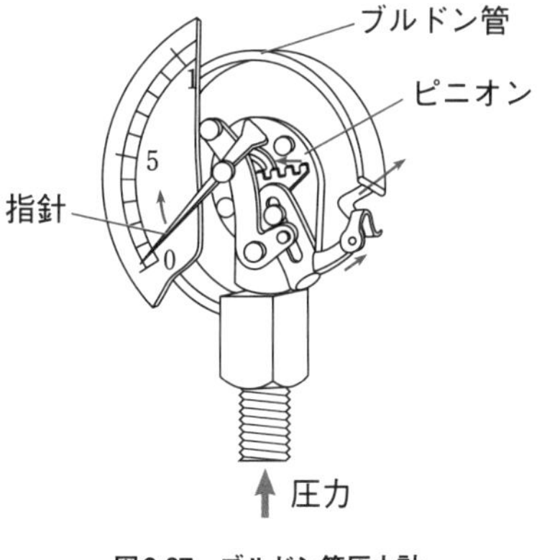

図2-27　ブルドン管圧力計

(2) ダイヤフラム圧力計

圧力を受ける面積が広く、測定圧力が微小でも比較的大きな力を生じさせることができるものが**ダイヤフラム圧力計**です。感度も良いため約3 MPaまでの圧力範囲で多く使用されています。

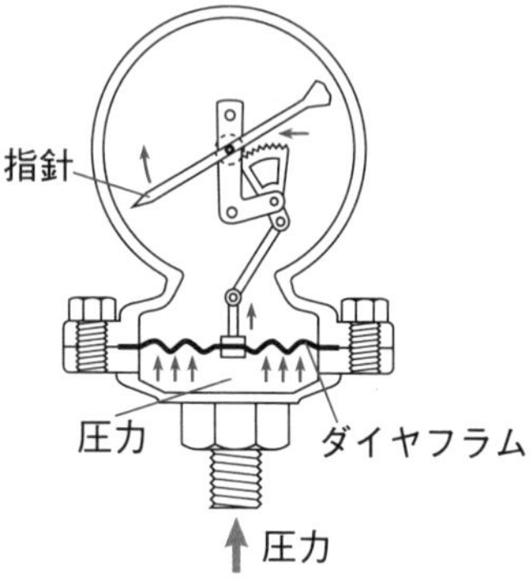

図2-28　ダイヤフラム圧力計

(3) ベローズ圧力計

周囲に深い波形をした部分（ベローズ）を利用して、圧力をばねでつり合わせ、その変位を歯車などで拡大・支持する圧力計が**ベローズ圧力計**です。使用圧力は約1 MPaです。

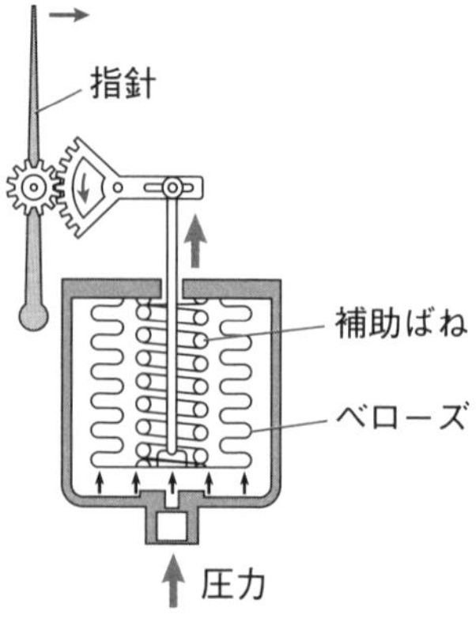

図2-29　ベローズ圧力計

❷ 流速の測定

ピトー管

ピトー管は、全圧と静圧を測定して動圧を得ることで流速を測定する測定器です。ここでは、ヘッドの形で示されたベルヌーイの定理から、この測定原理を考えてみましょう。

ベルヌーイの定理は以下の式で表すことができました。

$$z_1 + \frac{1}{2g}v_1^{\ 2} + \frac{p_1}{\rho g} = z_2 + \frac{1}{2g}v_2^{\ 2} + \frac{p_2}{\rho g} = \text{一定} \quad [\mathrm{m}]$$

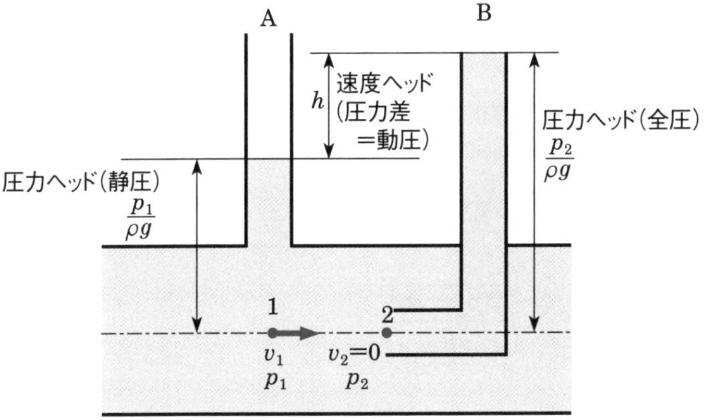

図2-30　ピトー管

図の中のAの測定管は**静圧管**といい、管壁から垂直に上に開いています。Bの測定管は**全圧管**といい、圧力を測定する孔の先端が流れの方向に対して挿入されています。また、点2ではピトー管によって流れv_2が静止しており（$v_2 = 0$)、**よどみ点**とよばれています。この装置を速さv_1、圧力p_1の流れにおいたとき、この流れの速さv_1を求めてみましょう。

点1、点2の流れに対して、ヘッドの形で表されたベルヌーイの定理を適用すると（位置エネルギー＋運動エネルギー＋圧力エネルギー＝一定）、

$$\underbrace{\text{位置エネルギー}}_{\text{位置ヘッド}} + \underbrace{\text{運動エネルギー}}_{\text{速度ヘッド}} + \underbrace{\text{圧力エネルギー}}_{\text{圧力ヘッド}} = \text{一定}$$

2つとも同じ高さより$z_1 = z_2$であり、また、点2の速度$v_2 = 0$なので、

$$z_1 + \frac{1}{2g}v_1^2 + \frac{p_1}{\rho g} = z_2 + \frac{1}{2g}v_2^2 + \frac{p_2}{\rho g} \quad [\mathrm{m}]$$ は、

$$\cancel{z_1} + \frac{1}{2g}v_1^2 + \frac{p_1}{\rho g} = \cancel{z_1} + \frac{1}{2g} \cdot 0 + \frac{p_2}{\rho g}$$ となり、

速度ヘッド $$\frac{v_1^2}{2g} = \frac{p_2 - p_1}{\rho g} = h \quad [\mathrm{m}]$$

$$v_1 = \sqrt{\frac{2(p_2 - p_1)}{\rho}} = \sqrt{2gh} \quad [\mathrm{m/s}]$$

で表されます。

ここで、圧力p_1を**静圧**（静止している流体中の物体に作用する圧力）、$\frac{\rho v_1^2}{2}$を**動圧**（運動量の変化に基づく圧力）といいます。また、これらの和を**全圧**といい、これは流れの中に静止した物体に作用する圧力で、よどみ点における圧力p_2になります。

実用される流速を求める式は、

流速 $$\boldsymbol{v = c \times \sqrt{\frac{2(p_2 - p_1)}{\rho}}}$$ **c：速度係数**

で与えられ、cを**速度係数**または**ピトー管係数**といいます。cの値は、ピトー管の形状やレイノルズ数によって変化しますが、ほぼ1となります。

ピトー管は、流れの中のある地点における静圧と全圧を測定し、その差から動圧を得ることによって流れの速度を求めるものです。ピトー管は、空気などの気体の流速測定に多く用いられます。

例 2-12

ピトー管を用いて風速を測定したとき、静圧と全圧との差は水中で30 mmでした。このとき風速は何 m/sになりますか。

ただし、空気の密度$\rho_{a}=1.2$ [kg/m^3]、水の密度$\rho_{w}=1.0\times10^3$ [kg/m^3]、速度係数を0.97とします。

解答

まず圧力差p_2-p_1を求めましょう。

$$v_1=\sqrt{\frac{2(p_2-p_1)}{\rho}}=\sqrt{2gh}$$ より、

$$\frac{2(p_2-p_1)}{\rho}=2gh$$

$$p_2-p_1=\rho_w gh$$

静圧と全圧の差が水中で30 mmであるから、$h=0.03$[m]、

圧力差$p_2-p_1=\rho_w gh$

$$=1000\times9.8\times0.03=294 \quad [\mathrm{Pa}]$$

実用の流速を求める式$v=c\times\sqrt{\dfrac{2(p_2-p_1)}{\rho_a}}$より、

$$v=0.97\sqrt{\frac{2\times294}{1.2}}=21.5 \quad [\mathrm{m/s}]$$

航空機の速度の測りかた

航空機の速度を測定しているのもピトー管です。操縦席付近をよく見ると、ピトー管が突き出しています。航空機の速度は操縦にあたってとても重要な情報であり、これが故障すると操縦に大きな支障をきたします。航空機は上空の低温状態にあることが多く、ピトー管が凍ってしまう恐れがあるため、ピトー管の周辺をヒーターで温めるなどの工夫がされています。

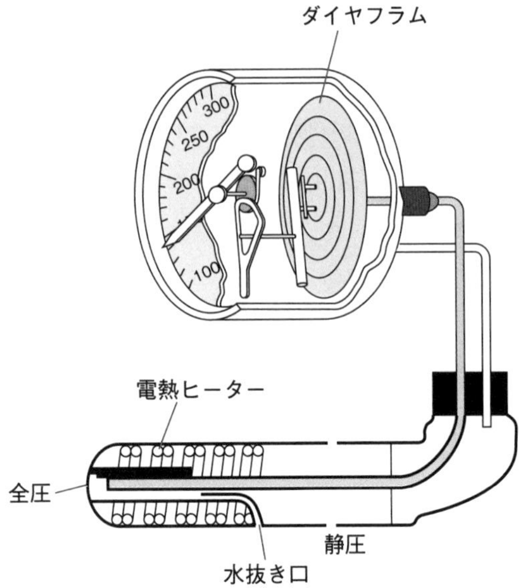

図2-31　速度計

❸ 流量の測定

ベンチュリ計

管路の途中に断面積が減少する絞り部分を設けると、その部分の流速が増加し圧力が減少します。そこで、絞り部分の前後の圧力を測定すれば、流量を求めることができます。

このようにして圧力差から流量を求める流量計を**差圧流量計**といい、代表的なものに**ベンチュリ計**があります（図2-32）。

図2-32において流量Qを求める式を導きます。

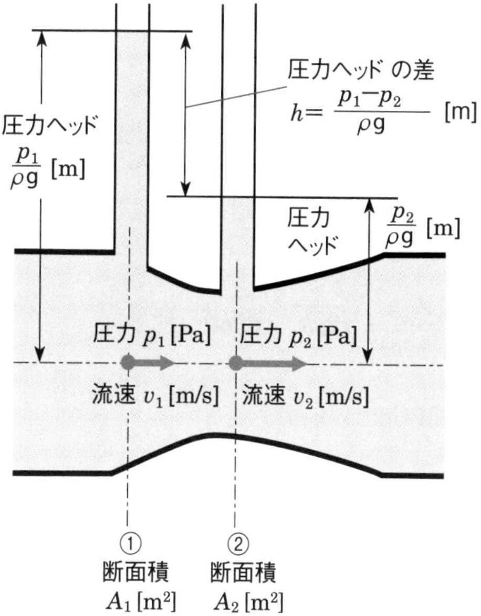

図2-32　ベンチュリ計

ヘッドで表されたベルヌーイの定理を用いると、

$z_1 + \frac{1}{2g}v_1^{\,2} + \frac{p_1}{\rho g} = z_2 + \frac{1}{2g}v_2^{\,2} + \frac{p_2}{\rho g} =$ 一定　［m］の式は、

管路は水平におかれているため　$z_1 = z_2$ より、

$$\frac{v_2^{\,2} - v_1^{\,2}}{2g} = \frac{p_1 - p_2}{\rho g} = h$$　［m］となります。

また、連続の法則の式 $(A_1 v_1 = A_2 v_2)$ を用いると、$v_1 = \frac{A_2}{A_1} v_2$ より、上式は、

$$v_2^{\,2} - \left(\frac{A_2}{A_1} v_2\right)^2 = \frac{p_1 - p_2}{\rho g} \cdot 2g$$

$$\left\{1 - \left(\frac{A_2}{A_1}\right)^2\right\} v_2^{\,2} = \frac{2(p_1 - p_2)}{\rho}$$ より、

$$v_2 = \frac{1}{\sqrt{1 - \left(\frac{A_2}{A_1}\right)^2}} \times \sqrt{\frac{2(p_1 - p_2)}{\rho}}$$

$$v_2 = \frac{1}{\sqrt{1-\left(\dfrac{A_2}{A_1}\right)^2}} \times \sqrt{2gh} \quad [\mathrm{m/s}]$$

よって、$Q = A_2 v_2$ [m^3/s] より、流量が求まります。

$$Q = A_2 v_2 = \frac{A_2}{\sqrt{1-m^2}} \sqrt{\frac{2(p_1 - p_2)}{\rho}}$$

$$Q = A_2 v_2 = \frac{A_2}{\sqrt{1-m^2}} \sqrt{2gh} \quad [\mathrm{m^3/s}]$$

ここで $m = \dfrac{A_2}{A_1}$ を開口比といいます。

実際の流量は、粘性によるエネルギー損失などがあるため、

$$Q = CA_2 v_2$$

により求めます。ここでCを**流量係数**といい、約0.96〜0.98の値を取ります。

例 2-13

ベンチュリ計の入口と絞り部の内径がそれぞれ$d_1 = 100$ [mm]、$d_2 = 60$ [mm] であり、これに水が流れています。このとき、水銀使用のマノメータで差圧を測定したところ、その圧力差が120 mmでした。流量係数Cを0.98として、このときの流量を求めなさい。ただし、水の密度$\rho = 1000$ [kg/m^3]、水銀密度$\rho^1 = 13.6 \times 10^3$ [kg/m^3] とします。

解答

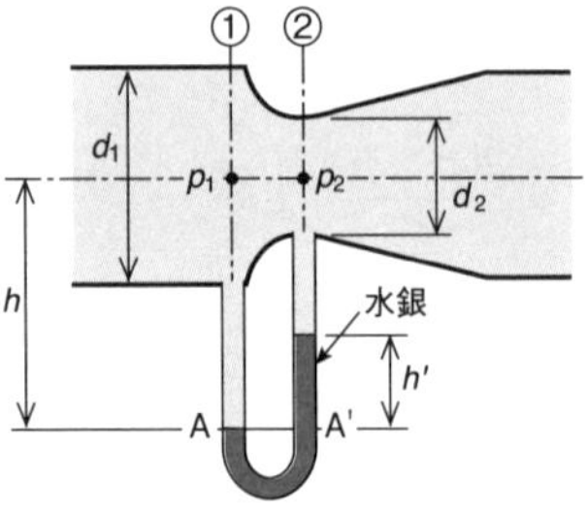

図2-33　流量を求める

点Aの圧力p_Aは、

$$p_A = p_1 + \rho g h$$

点A'の圧力p_A'は、

$$p_A' = p_2 + \rho g(h - h') + \rho' g h'$$

点Aと点A'は等しい高さにあるため、

$$p_A = p_A'$$

よって、

$$p_1 + \rho g h = p_2 + \rho g(h - h') + \rho' g h'$$

$$p_1 - p_2 = (\rho' - \rho) g h'$$

よって圧力ヘッドの差Hは、

$$H = \frac{p_1 - p_2}{\rho g} = \frac{(\rho' - \rho) g h'}{\rho g} = \left(\frac{\rho'}{\rho} - 1\right) h'$$

$$= \left(\frac{13.6 \times 10^3}{10^3} - 1\right) \times 0.12 = 1.51 \quad [\mathrm{m}]$$

開口比の2乗の値は、

$$\left(\frac{A_2}{A_1}\right)^2 = \left(\frac{d_2}{d_1}\right)^4 = \left(\frac{60}{100}\right)^4 = 0.13$$

したがって流速は、左ページのv_2を求める式に、上の値を代入すると、

$$v_2 = \frac{1}{\sqrt{1 - \left(\frac{A_2}{A_1}\right)^2}} \sqrt{2gh} \quad [\mathrm{m/s}]$$

$$= \frac{1}{\sqrt{1 - 0.13}} \sqrt{2 \times 9.8 \times 1.51} = 5.84 \quad [\mathrm{m/s}]$$

よって、流量Qは、

$$Q = C A_2 v_2 = 0.98 \times \frac{\pi}{4} \times 0.06^2 \times 5.84$$

$$= 0.0162$$

$$= 16.2 \times 10^{-3} \quad [\mathrm{m^3/s}]$$

6 流体抵抗

1 航空機

航空機は空気の力をうまく利用して上に持ち上げる力（**揚力**）を生み出しています。揚力とは流れの中におかれた物体に働く力の中で流れに垂直な成分のことです。この揚力を発生させるためつくられているのが翼です。

ここでは、まず「飛行機がなぜ飛ぶことができるのか」を考えてみましょう。

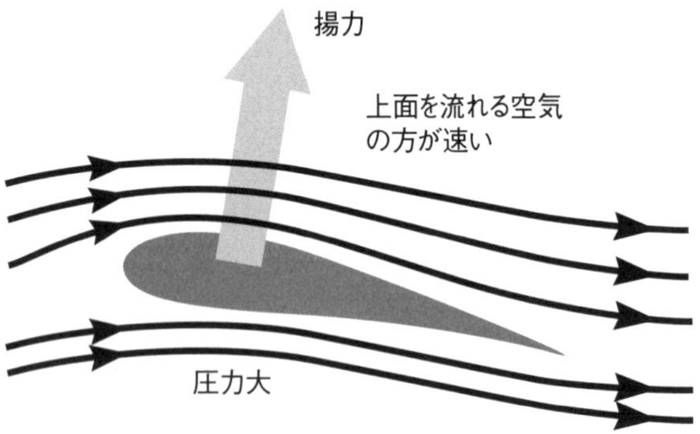

図2-34　翼の断面と揚力

図は翼の断面図です。見てわかるように、上の方に少し膨らんでおり、長さでみると上面の方が下面よりも少し長くなっています。ここに前方からの風を受けるわけですが、そこではどのような現象が起きているのでしょうか。

1. 翼の前方で分かれた空気はどのように移動するか

もしも、前方で分かれた空気がその後も同じ速度で進むとするならば、下面を流れる空気の方が上面を流れる空気よりも早く後方に到達することになります。ところが実際には、そのようにはなっていません。

実際には翼をこのような形にしておくと、上面を流れる空気の方が下面を流れる空気よりも次第に流れが速くなり、翼の上面と下面とで速度差が生じます。

2. 速度差がなぜ揚力になるのか

次にこの上面と下面との速度差が、圧力差になることを説明したいと思います。ここで登場するのがベルヌーイの定理です。この定理は、流体の持つ速度エネルギー、圧力エネルギー、位置エネルギーの総量は一定であるというものでした。ここで、高さは一定であるとして、速度エネルギーと圧力エネルギーを考えます。

翼の上面の速度が下面の速度よりも大きいということは、それだけ大きな速度エネルギーを持つということです。すなわち、速度エネルギーと圧力エネルギーの総和が等しいということは、翼の下面の方が上面よりも大きな圧力エネルギーを持つことになります。

3. 揚力の発生

最後に圧力差が揚力になることを説明しましょう。

これまで説明したように、翼の上面は下面よりも速度が大きくなるため、圧力は上面よりも下面の方が大きくなり、ここに圧力差が生じます。圧力は高い方から低い方へと働くため、翼は下から上に力が働くことになり、上空へ浮かび上がるのです。これが揚力発生の原理です。もちろん、最初の推進力は、プロペラやジェットエンジンなどによってつくり出されます。あくまでも、初めに動いていなければ揚力は発生しません。

◆風洞実験

航空機の設計においては、さまざまな形の翼や機体が考えられています。これらすべてを実機による飛行試験をすることは危険でもあり、経済的にも好ましいことではありません。そのため航空機を飛ばす代わりに、空気の方を高速で流すことにより、飛行状態を再現するという**風洞実験**が行われます。

風洞実験では、実機の10分の1〜100分の1の大きさの模型を使用します。幾何学的に相似な2つの流れはレイノルズ数が同じであれば本質的に等しいとされます。そして、模型に働く揚力や、抗力、渦の発生などを測定し、理論と実際を比較検討することにより新しい航空機がつくられるのです。

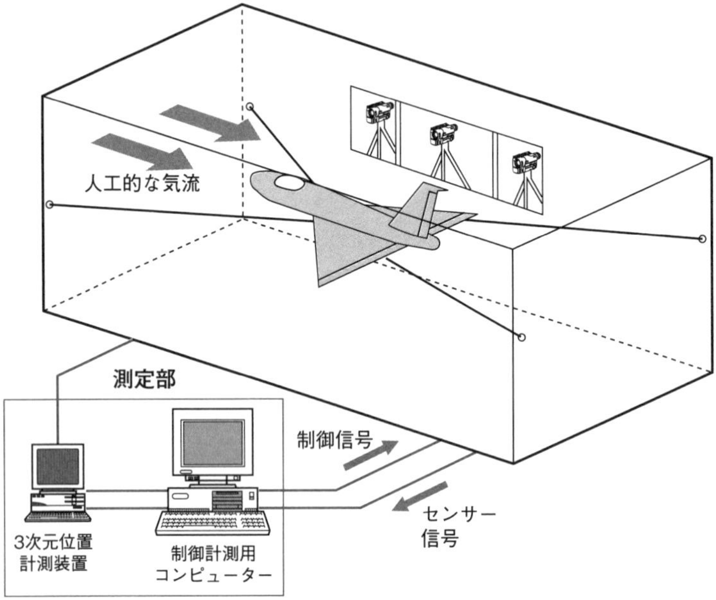

図2-35　風洞実験

❷ 新幹線

新幹線が走行しているとき、前方から大きな空気抵抗を受けます。そして、この空気抵抗が小さいほど、スピードアップや騒音低減ができるため、新幹線のノーズ形状にはさまざまな工夫が見られます。

ここでは、新幹線のノーズ形状の変遷から、流体抵抗に対してどのような研究が行われてきたのかを見てみましょう。

0系…1964年に最高時速210 kmの営業運転を開始

初代の新幹線である0系は全体的に丸みがあり、コアラのようであるともいわれています。この形は戦時中に航空機の設計をしていたエンジニアによって開発されました。そのため、航空機の形と良く似ています。

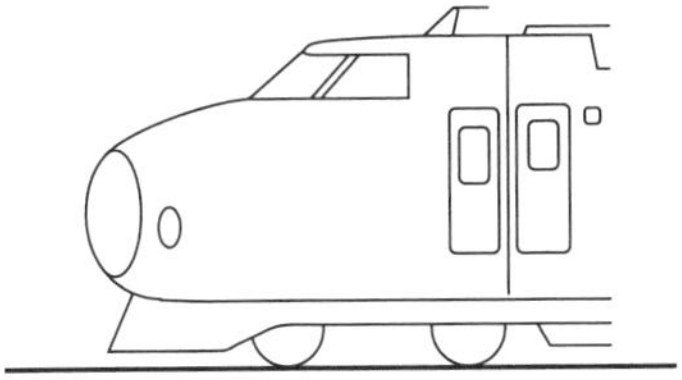

図2-36　0系

100系…1985年に最高時速270 kmまでスピードアップ

100系は0系よりノーズ部を1m長くし、全体的にシャープな形になりました。窓ガラスの段差を減らすなどの工夫も見られます。

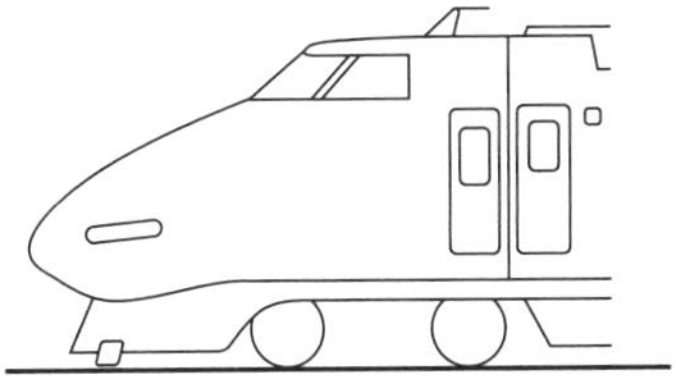

図2-37　100系

300系…1992年にフルモデルチェンジ

300系は下面にとがって突き出ていたスカートや窓ガラスの段差をなくし、全体をまとまりのあるくさび型にしました。これは新幹線が航空機と異なり、線路や列車どうしのすれ違いがあることなどを考慮して、空気をスムーズに上方へ流すための工夫の現れです。

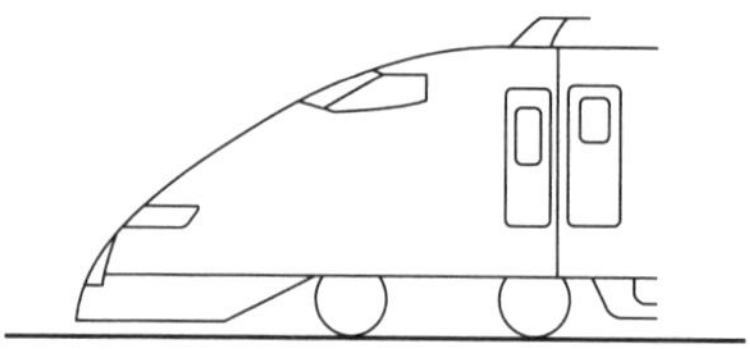

図2-38　300系

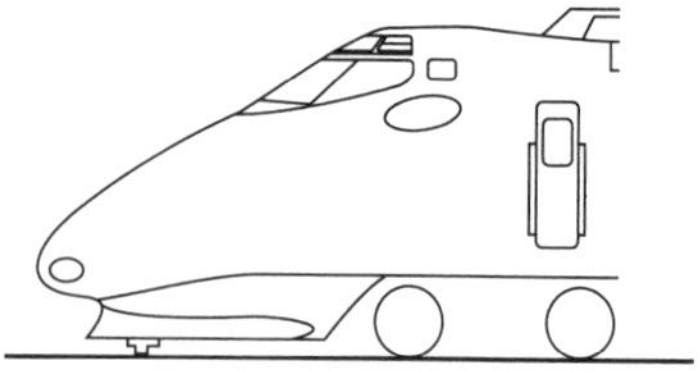

図2-39　400系

500系…1997年に最高時速300 kmの営業運転を開始

500系は旅客機のように先頭が細長いロングノーズになり、断面はより円筒形になりました。よりスマートな感じがします。

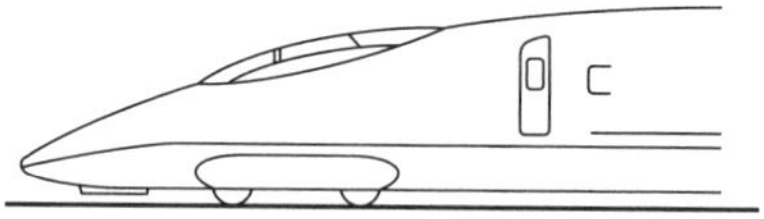

図2-40　500系

このように新幹線のノーズ形状は、空気抵抗を減らすためにより先が細くなり、断面が円筒形になってきました。この形を決定するまでには、スケールモデルを用いた数多くの風洞実験が行われています。また、500系を開発するにあたっては、その形に近い試験車両を実際に走らせたりもしました。そして、500系の形が究極の形状だと思う間もなく、次々にさらなる形の新幹線が出現しています。

E4系はまるで水中生物を思わせるユニークな形をしています（図2-41）。また700系はノーズを細長くしつつも、先端部をたっぷりと膨らませています（図2-42）。いずれもこれまでの新幹線には見られなかった複雑な3次元曲面によってデザインされています。これは、高度なコンピュータシミュレーションができるようになった成果だといわれます。もちろん、新しいノーズ形状は、コンピュータだけでなく、風洞実験や、流体力学の理論に基づいて開発されます。

その結果、生まれてきた新幹線の形が鳥のくちばしや水中生物など自然界に存在するものに似てきているのは、とても不思議な感じがします。

2020年現在は、500系と700系の後継となるN700系新幹線が中心となり、走行しています。

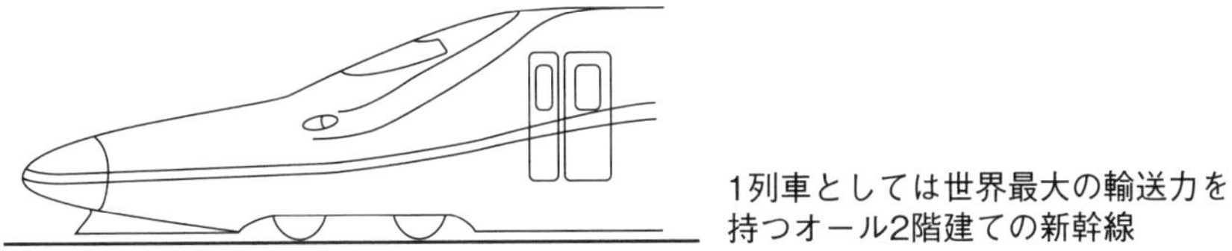

図2-41　新幹線MaxE4系

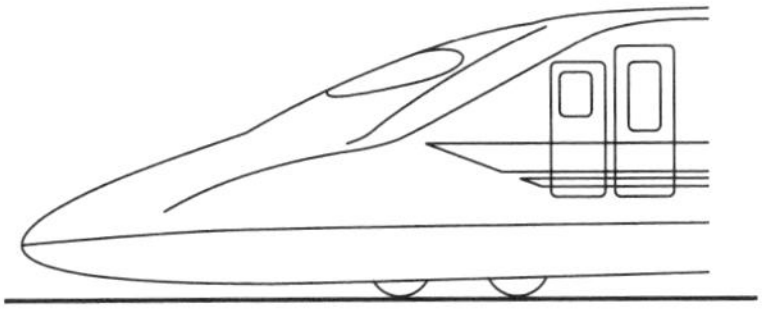

図2-42　700系

❸ F1カー

自動車は空気をかき分けて進むため、どうしても空気の抵抗を受けることになります。空気抵抗は最高速度や操縦性、燃費など走行に関するあらゆる部分に影響を与えるため、できるだけそれを抑えたいところです。

自動車の空気抵抗を減らすためには、車体の形状の前面部を丸く、後部は緩やかなテーパで次第に細くする必要があります。ここでは、F1カーの空力特性について考えてみましょう。

F1カーの空力特性を考えるときには、前方で受けた空気を滑らかに後方へ流すことを考える必要があります。途中で流れが乱れると、そこで空気の渦が生じてしまい、それが抵抗になるからです。

最初のレーシングカーは流線形かつ円筒型をしていました。これはまた俗に葉巻型ともいわれています。しかし、より空力を考慮したさまざまな工夫がその後、登場します。

図2-43　円筒形のレーシングカー

ウイングの登場

ウイングは航空機の翼を反対にして取りつけることにより、下向きに働くダウンフォースを発生させるものです。これにより、タイヤのグリップを高め、安定した走行ができるようになりました。しかし、高い位置にあるウイングが後方に乱流をつくりだし、後ろのマシンがクラッシュする事故やウイングが折れたりする事故が発生したため、ウイングの高さや幅はその後厳しく制限されることになりました。

図2-44　ウイングの付いたマシン

グラウンドエフェクト

マシンの下面を通過する空気の流れを利用して圧力を低下させ、**ダウンフォース**（下向きの力）を得るものです。また、ファンを取りつけて強制的にマシンの下面にある空気を吸い出すことなども行われました。しかし、操縦が難しくなることなどもあり、これも制限されることになり、マシンの下面のうち、前輪と後輪の間は平らにしなければならないフラットボトムが義務付けられるようになりました。

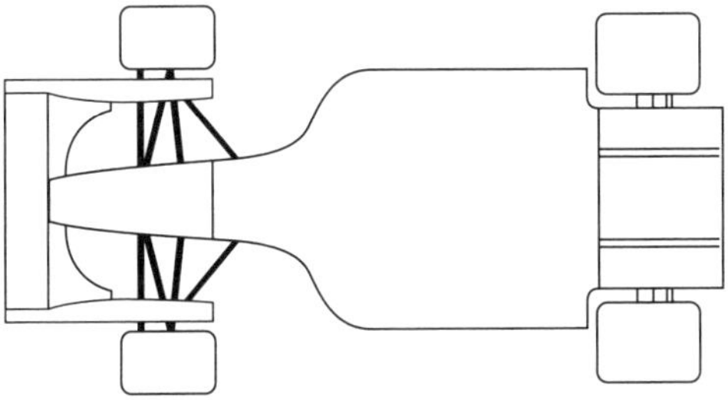

図2-45　フラットボトム

これ以外にも、F1カーの空力にはさまざまな工夫をみることができます。ただし、安全性の確保などの面からさまざまな規制（レギュレーション）ができ、数多くの工夫が消えてゆくのは少し残念な気もします。

しかし、その制限を乗り越えて新しい技術が生まれるものでもあり、またそれらの技術が乗用車の方へ転用されることにもつながります。

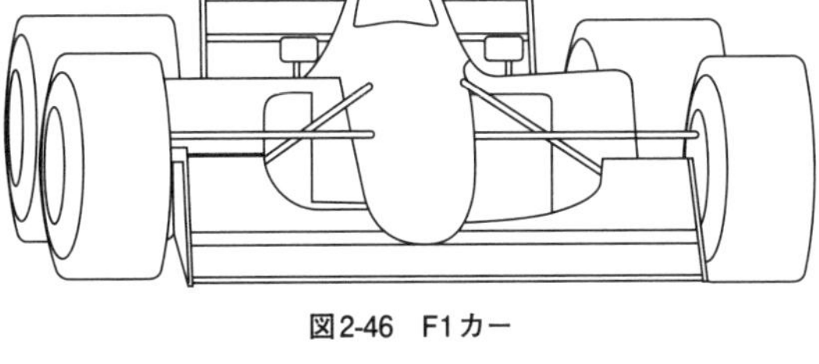

図2-46　F1カー

2-2 流体機械

1 風車

❶ 風力エネルギーの利用

風力は人力や蓄力に代わる動力源として、熱機関が発明される以前の時代から、揚水・製粉を中心として利用されてきました。そして、16世紀頃、風車は世界各地に普及しましたが、19世紀以降の熱機関や水力機械の発明に伴い、次第にその姿を消していきました。

風力エネルギーはエネルギー密度が小さいことや風の方向や大きさ、時間的な変動が不規則なことなどが利用にあたっての課題となっています。しかし、風車はクリーンで無尽蔵なエネルギーとして、注目されています。

❷ 風車の種類と特徴

風車にはさまざまな種類があり、大きく分けると、地面に対する風車の回転軸により、水平軸式と、垂直軸式とに分類されます。

◆**水平軸式**：オランダ形、多翼形、プロペラ形、セイルウイング形

航空機のプロペラ用として羽根の形の研究は進んでいます。風車として利用するときの欠点としては、風車の回転面をつねに風向きに合わせておかないと効率が悪くなることがあります。そのため、つねに風向きに回転面を合わせるための工夫が必要になります。

また、発電機やそれに必要なメカニズムを回転面の周辺に設置する必要があるため、上部が重くなることや、全体のバランスを良く考えておく必要があります。

◆垂直軸式：パドル形、サボニウス形、ダリウス形

水平軸式と異なり、どの方向からの風も利用できることや発電機やそれに必要なメカニズムを地上に設置できるなどの利点があります。しかし、回転の立ちあがりが悪いことや、エネルギー変換効率が低いことなどの問題点もあります。

	プロペラ形	オランダ形	多翼形	セイルウイング形	タービン形
水平軸式風車					
	サボニウス形	パドル形	ダリウス形	ジャイロミル形	クロスフロー形
垂直軸式風車	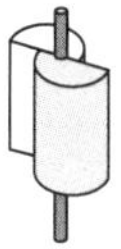	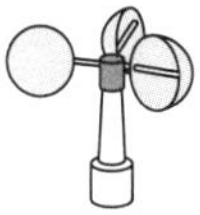		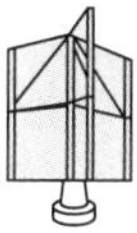	

表2-1　風車の主な形状

❸ 風車のメカニズム

風車の設計において重要なことは、風の持つ流体エネルギーの方向や大きさが不安定なことをどのようにして克服していくかという点です。

羽根に働く力

風車の羽根一枚ごとに働く力は飛行機の翼一枚に働く力と同様に考えることができます。

風車がつかむ風のエネルギーは風車の風を受ける面積に比例し、風速の3乗に比例することや、風の持つエネルギーをすべて風車の回転に変換することはできず、最大でも約60％であることが理論的に知られています。

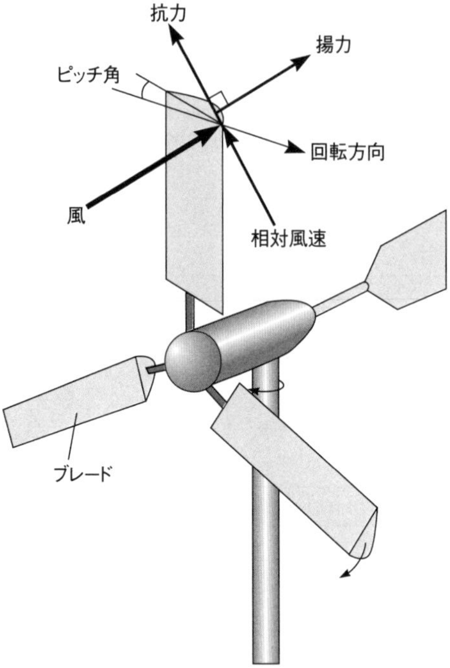

図2-47　風車のしくみ

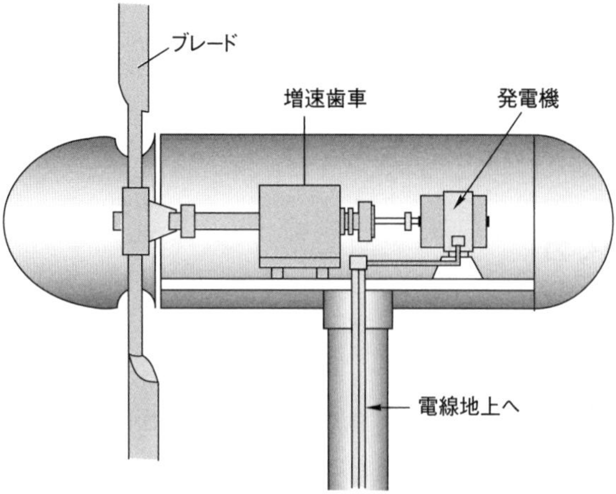

図2-48　風力発電機の内部

実際の風車においてできるだけ大きなパワーを得るためには、羽根数の大きい風車は回転面とのなす羽根角（ピッチ角）を大きくし、つまり羽根が風の方向と平行に近くなるようにして、回転速度も小さくする必要があります（ゆっくり回して風を通りやすくする）。

また、羽根数の少ないプロペラのような風車は、ピッチ角を小さくし、つまり羽根が風の方向と直角に近くなるようにし、回転速度を大きくする必要があります。

性能の良い風車とは、風の持つエネルギーをできるだけ多く、機械的な回転のエネルギーとして取り出すことができる風車のことです。

しかし、空気力学的な損失の他に軸受や増速機での損失、さらに発電機の損失などが差し引かれるため、実際には風のエネルギーを100 %とすると、最終的に電気エネルギーとして取り出せるのは、多いものでも約30 %ほどになってしまいます。

実験2-8

タービンデザイン・コンテスト

優れた風車には回転力や回転数が大きいことが求められます。これらを実際のモノづくりを通して学んでみましょう。

図2-49のようにモータと電圧計が設置されています。このモータの軸に厚紙などでつくった風車を取りつけます。そして、これに扇風機からの風をあて、このときに発生する電圧を測定します。

何人かで競争するとおもしろいゲームにもなるでしょう。風車が軸の部分で空回りしないように注意してください。

なお、ソーラー用の低電圧モータを使用すると、大きな電圧を取り出すことができます。

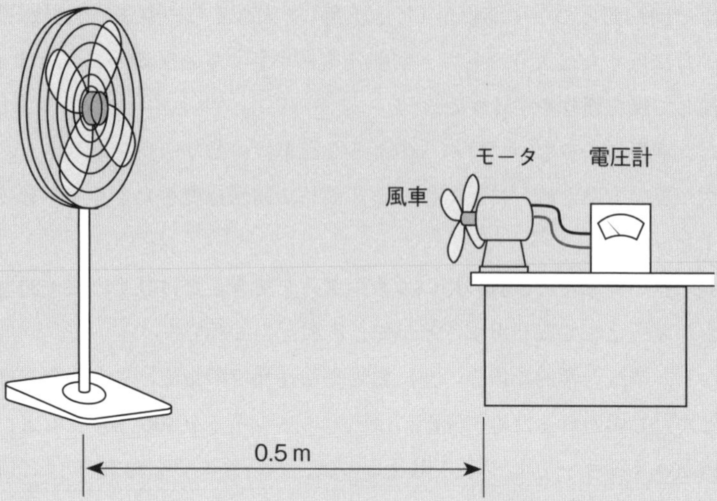

図2-49　設置されているモータ軸に自作の風車を取り付け、扇風機から風を送り、発電する電圧を測定する

結　果

図2-50　厚紙でつくった風車。どの風車の発生電圧が高いかを競争してみましょう

実験2-9

車輪を利用した風車

「自転車の車輪を利用した風力タービンの性能向上に関する研究」

これは不要になった自転車タイヤのスポークを利用して羽根を取りつけ、その回転数が最も速く回転するものを調べたものです。風車には扇風機から3.0 m/sの風を送り、ストロボスコープにより回転速度 [min^{-1}] を測定しました。

その結果、写真のような風車が、回転の立ちあがり時間がはやく、また最高回転数とその持続時間も大きい優れた風車であるという結論に到達しました。

小さな羽根は最高回転数になるまでの立ち上がり時間をはやくし、大きな羽根は最高回転数を安定して継続させる働きがあります。(1998年、東工大附「課題研究」より)

図2-51　自転車タイヤを利用した風車

国際単位系(SI)では、回転速度の単位は、単位時間あたりに物体が回転する速さである毎秒 [s^{-1}] や毎分 [min^{-1}] が使用されます。またSIではないものの、1分間の回転数であるrpmも多く使用されています。

2 水車

1 水車の働き

水車は水の持つ位置エネルギーを利用して、羽根車を回転させて機械エネルギーとして動力を得る水力機械です。古くは揚水や製粉用として、近代では水力発電等と結びついて重要な役割を果たしています。

2 水車の種類

ペルトン水車

ペルトン水車は、水の位置エネルギーを運動エネルギーに変換し、水の衝撃によって回転させる衝動水車です。ノズルを操作することにより、水量が少ない場合にも大きな運動エネルギーに変換できます。

高落差（約50～2000 m）に用いられ、効率は86～91 %であり、流量が変化しても効率の変化が少ないため、使いやすいという特徴があります。

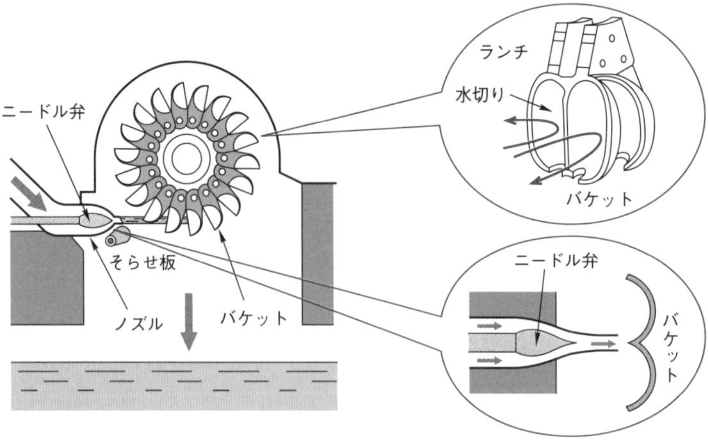

図2-52　ペルトン水車

フランシス水車

フランシス水車は、水の運動エネルギーと圧力エネルギーで水車を回転させる反動水車であり、幅広く利用されています。約30～700 mの落差に用いられ、効率は84～94 %です。

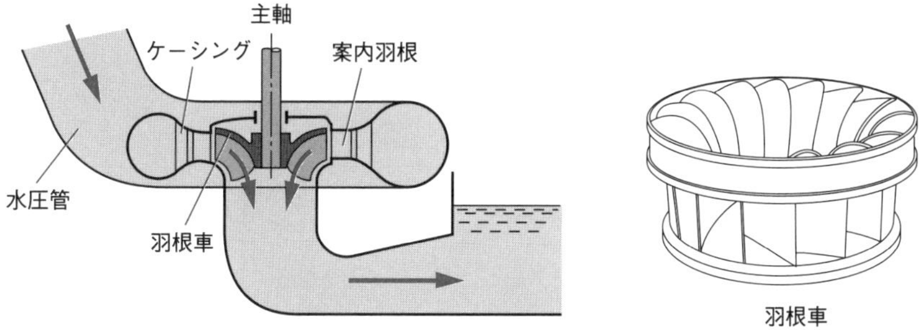

図2-53　フランシス水車

プロペラ水車

プロペラ水車は、低落差（約10～80 m）で流量の多い場合に用いられ、羽根数が4～6枚と少ない反動水車です。高効率ですが、流量が少ないときには効率が低下するため、自動的に羽根の角度を変化させることのできるカプラン水車があります。

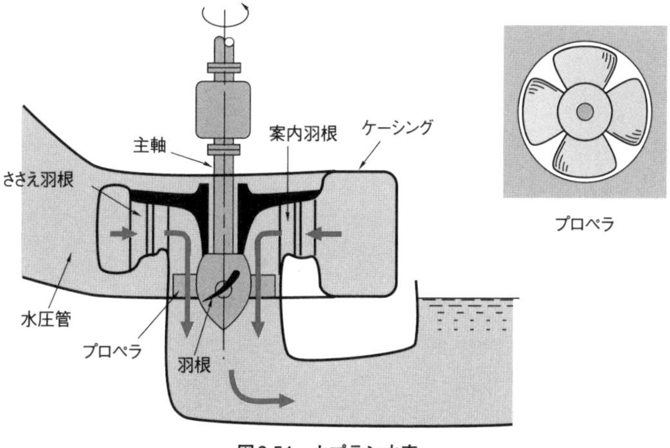

図2-54　カプラン水車

❸ 水車の出力と効率

水車の発生動力は流れの**流量**と**落差**をかけあわせた数字に比例して大きくなります。

有効落差H［m］＝総落差H_g［m］－管路摩擦などの損失ヘッドH_l［m］

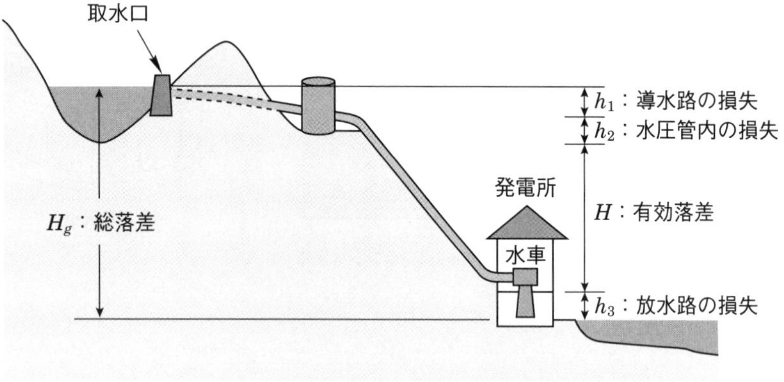

図2-55　水車の有効落差（1）

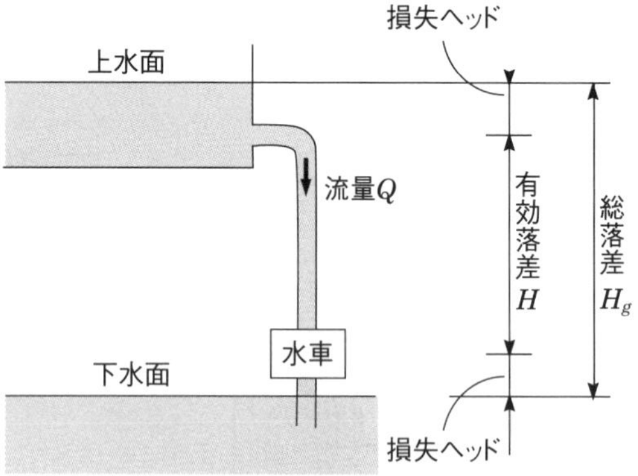

図2-56　水車の有効落差（2）

水車が理論上発生する動力を水車入力P_i [kW] といい、次式で表されます。

$$\textbf{水車入力}\quad P_i = \frac{\rho g Q H}{1000}\quad [\mathrm{kW}]$$

ここでρは水の密度 [kg/m³]、gは重力加速度 [m/s²]、Qは水の流量 [m³/s]、Hは有効落差 [m] です。

水車の効率η [%] は、水車入力P_i [kW] という水車が、実際に発生する動力である水車出力P_0 [kW] より、次式で表されます。

$$\textbf{水車の効率}\quad \eta = \frac{P_0}{P_i} \times 100\quad [\%]$$

例 2-14

総落差が50 m、体積流量が10 m³/sの水車があります。管路の摩擦損失が3.0 mのとき、この水車入力は何 kWですか。

解答

理論上発生する動力　$P_i = \dfrac{\rho g Q H}{1000}$ より、

有効落差Hは、総落差－摩擦などの損失ヘッド＝50 − 3.0　[m]、

$Q = 10$ [m³/s]、$\rho = 1000$ [kg/m³] を代入して、

$$P_i = 1000 \times 9.8 \times 10 \times \frac{50 - 3.0}{1000} = 4606\quad [\mathrm{kW}]$$

例 2-15

有効落差25 m、水車入力5000 kWで運転している水車が必要とする体積流量は何 m³/sになりますか。

解答

$P_{\mathrm{i}} = \dfrac{\rho g Q H}{1000}$ を変形して、

$Q = \dfrac{1000 P_{\mathrm{i}}}{\rho g H}$ より、

$$Q = 1000 \times \frac{5000}{1000 \times 9.8 \times 25} = 20.4 \quad [\mathrm{m^3/s}]$$

例 2-16

水車入力が5000 kWである水車が4200 kWの発生動力で運転されています。このとき、水車の効率は何 %ですか。

解答

水車の効率　$\eta = \dfrac{P_0}{P_{\mathrm{i}}} \times 100$ より、

$$\eta = \frac{4200}{5000} \times 100 = 84 \quad [\%]$$

近年、水力発電の中でも1000 kW以下の小型水力発電が注目されています。その中でも発電出力が100 kW以下のものをマイクロ水力発電といいます。これはダムなどの大規模な水源を使用することなく、中小の河川、農業用水路、上下水道などを使用します。水の流れがあればどこでも発電できるため、小規模であるものの、環境への負荷をおさえながら、電力の地場消費が可能です。

3 ポンプ

❶ ポンプの働き

ポンプは熱機関や電気モータのような原動機から機械的なエネルギーを受け取って流体を吸い込み、さらに流体に運動エネルギーや圧力エネルギーを与え、流体を高いところへ上げたり、遠方に送ったりする流体機械です。

ポンプは上下水道や農業のかんがい用、工業用水の給排水用、内燃機関や工作機械内での潤滑油の圧送など、多くの分野で活用されています。

ポンプの発達は紀元前2世紀のアルキメデスのスクリューポンプまでさかのぼることができます。ポンプは私たちの社会生活において欠かすことのできないものであり、その利用範囲も広く、種類や形式も多岐に渡ります。

❷ ポンプの種類

遠心ポンプ

密閉した容器に水を入れてプロペラを回すと、遠心力により中央部の水位が下がり、周囲の水位が高くなります。これは遠心力の作用で外側ほど圧力が高くなり、中央部の圧力が降下するためです。このとき、容器の底の中央に管をつなぎ別の水そうとつないでおくと、容器上部の吐出し口へ水を汲み上げることができるようになります。

遠心ポンプは、原動機によって回される羽根車の遠心作用によって、液体にエネルギーを与え、高所に揚水したり、遠方へ圧送するポンプです。揚程（汲み上げる高さ）、吐出量ともに幅広い範囲で使用されています。

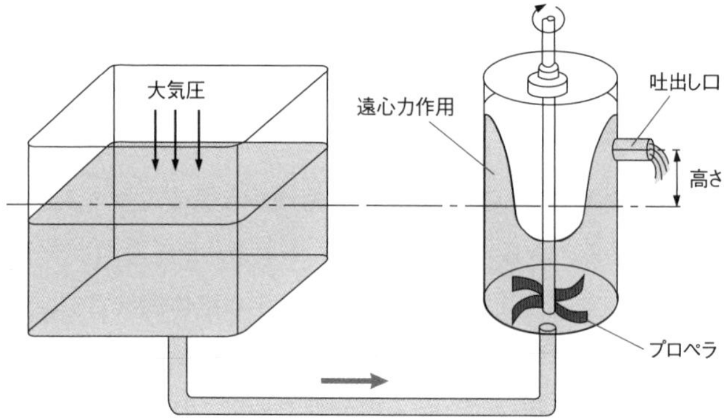

図2-57　遠心ポンプの原理

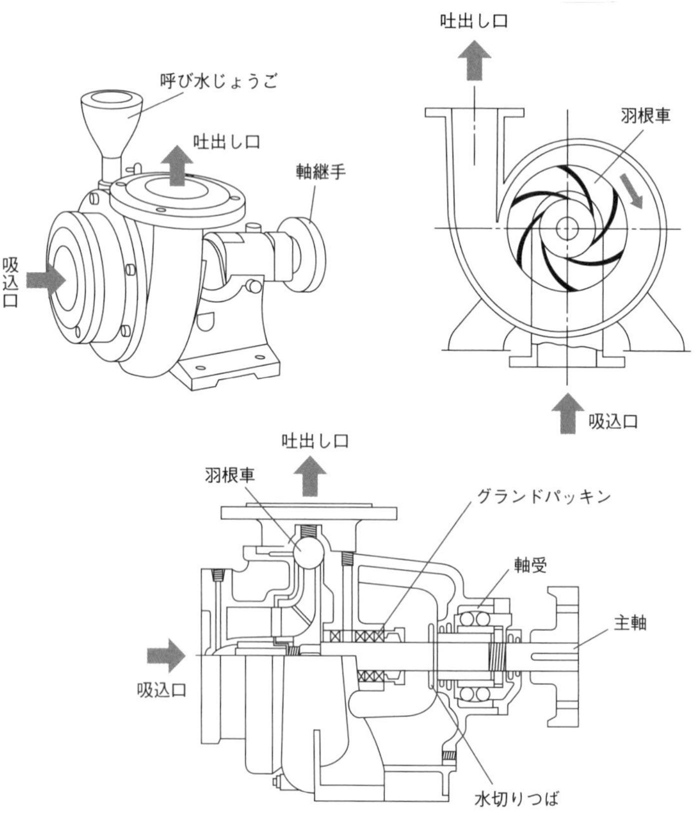

図2-58　遠心ポンプ

軸流ポンプ

軸流ポンプは、船のスクリューに似た形状の羽根車の回転によって軸方向に流体を送り出すポンプであり、液体が羽根の上面から下面を通過するときの速度変化によって生じる圧力差を与えて、水を汲み上げます。吐出量が非常に大きく、揚程が低い場合（多くは10 m以下）に使用されるポンプで、農業用排水ポンプ、蒸気タービンの復水器の循環水ポンプ、上下水道用ポンプなどに使用されています。

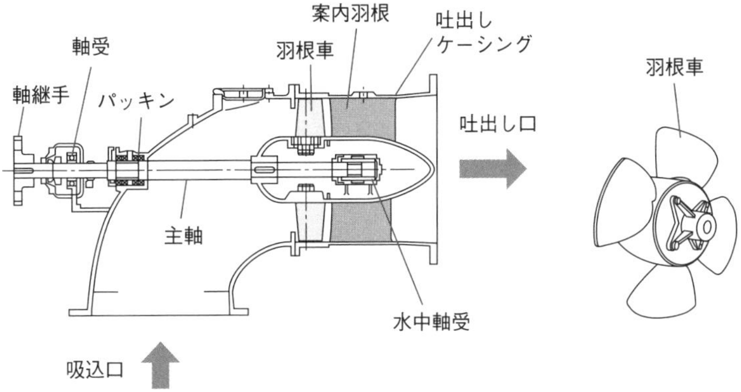

図2-59　軸流ポンプ

斜流ポンプ

斜流ポンプは、羽根車から吐出される流れが主軸の中心線を軸とする円すい面内にあるポンプです。

遠心ポンプと軸流ポンプの中間的な性質を持ち、揚程は羽根車から受ける遠心力の他、羽根の揚力によって得られています。このポンプは、農業用排水ポンプ、上下水道用ポンプなどに使用されています。

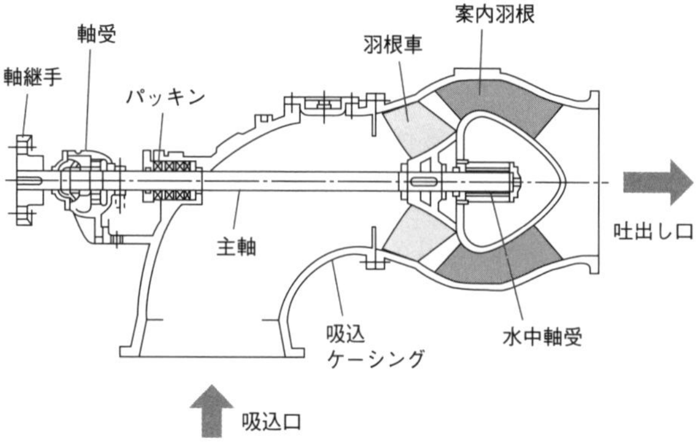

図2-60　斜流ポンプ

❸ ポンプの出力と効率

ポンプの全揚程と実揚程は、次式で表されます。

全揚程H[m]＝実揚程H_a[m]＋管路摩擦などの損失ヘッドH_e[m]
実揚程H_a[m]＝吐出し実揚程[m]＋吸込み実揚程[m]

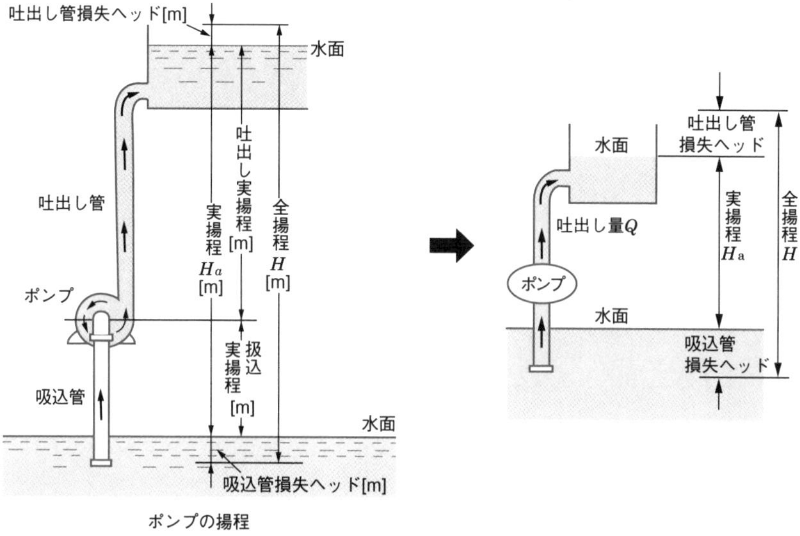

図2-61　ポンプの出力と効率

ポンプの動力を水動力 P_w [kW] といい、次式で表されます。

$$\textbf{水動力}\quad P_w = \frac{\rho g Q H}{1000}\quad [\mathrm{kW}]$$

ここで ρ は水の密度 [kg/m^3]、g は重力加速度 [m/s^2]、Q は吐出し量 [m^3/s]、H は全揚程 [m] です。

ポンプの効率 η [%] は、ポンプの水動力 P_w [kW] とポンプの軸動力 P_e [kW] より、次式で表されます。

$$\textbf{効率}\quad \eta = \frac{\text{水動力}}{\text{軸動力}} = \frac{P_w}{P_e} \times 100\quad [\%]$$

例 2-17

実揚程15 m、吐出し量0.5 m^3/sで運転されているポンプがあります。吐出し管の損失ヘッドを2.0 m＋吸込み管の損失ヘッドを1.0 mのとき、ポンプの水動力は何 kWになりますか。

解答

全揚程を求めます。

全揚程 H = 実揚程 H_a + 損失ヘッド H_e より、

$$H = 15 + (2.0 + 1.0) = 18\quad [\mathrm{m}]$$

水動力　$P_w = \dfrac{\rho g Q H}{1000}$ より、

$$P_w = \frac{1000 \times 9.8 \times 0.5 \times 18}{1000} = 88.2\quad [\mathrm{kW}]$$

例 2-18

軸動力20 kWで運転されているポンプの水動力が18 kWであるとき、このポンプの効率は何 %になりますか。

解　答

ポンプの効率　$\eta = \dfrac{P_w}{P_e} \times 100$ より、

$$\eta = \frac{18}{20} \times 100 = 90 \quad [\%]$$

Column　ポンプの応用

ポンプは、ここで説明した水を汲み上げる大型のものだけでなく、ロケットや自動車の中にも小型のポンプが用いられています。

ロケットエンジンは、燃焼圧力が高いほうが推進効率が高くなります。あらかじめ燃料タンクと推進タンクを加圧しておく方式のものは、高圧に耐える厚肉で重いタンクが必要ですが構造が単純なため、小型のロケットに適しています。

大型のロケットには、低圧タンクからの燃料と推進剤をポンプに接続し、ここで高圧にしてから燃焼させるという方式をとっています。そのため、大馬力のポンプをいかに軽量につくれるかが、ロケットの設計においては重要なことです。

自動車には、潤滑油を圧送するためのオイルポンプや、直噴エンジン用のポンプなどに用いられています。

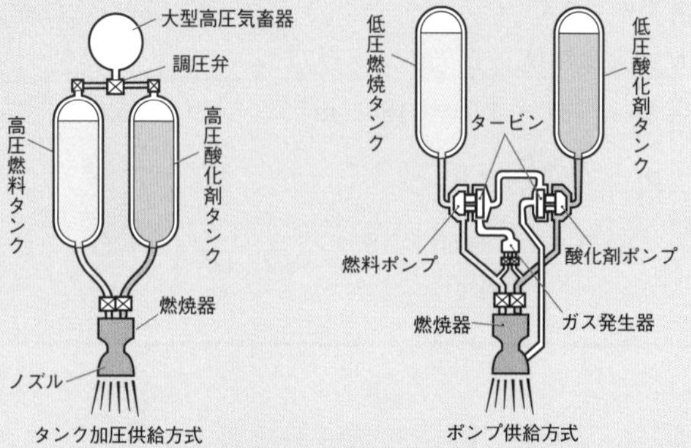

図2-62　液体ロケットの方式

4 空気圧システム

❶ 空気圧の性質

流体は機械を動かす動力源としても、さまざまな場面で使用されています。機械は熱機関や電気モータで動かされているだけではありません。

ここでは、空気圧システムを利用したものについて考えてみましょう。

私たちの身のまわりでは、バスや電車のドアの開閉部分に空気圧システムが用いられています。また、おもしろいところでは、回転寿司で見かける自動寿司握りロボットにも空気圧システムが使用されています。

空気圧システムの長所は大出力を高速作動できることにあります。特に、熱機関や電気モータが回転運動をつくり出すのに対して、空気圧アクチュエータでは直線運動をつくり出すことができます。

また、エネルギー源は空気であるためクリーンであることや、爆発や引火の危険性が少ないため、食品製造工場の自動化ラインなどでも積極的に空気圧システムが用いられています。

空気圧システムの短所は、精密な速度調整が難しいことや、特に空気圧発生装置（エアコンプレッサー）において大きな排気音が発生すること、エネルギー効率があまりよくないことなどがあげられます。

❷ 空気圧縮機器

空気圧縮機（エアコンプレッサー）

空気圧縮機は電気エネルギーで回転運動による機械エネルギーをつくり出し、空気圧エネルギー（圧縮空気）を発生させる装置です。空気圧縮機にはいくつかの種類があり、ピストン式は熱機関として使用されているものと同様の構造をしています。異なるのはクランク軸が電気モータで回転している部分です。

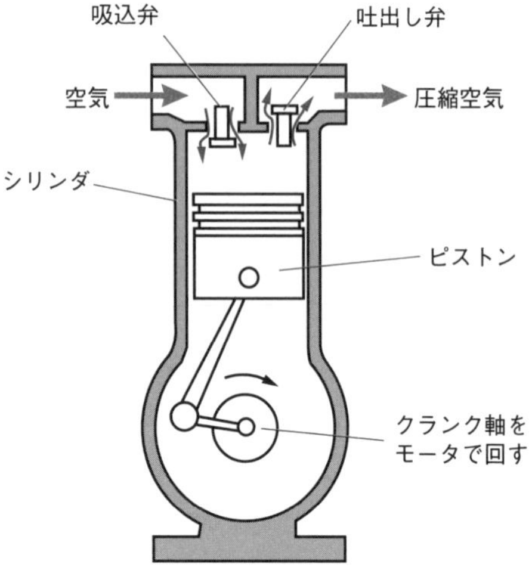

図2-63　空気圧縮器

空気圧力調整ユニット

空気圧縮機によりつくり出された圧縮空気の中には、多くのほこりや不純物が含まれています。そのため、空気中のゴミや水滴を除去する**フィルタ**、そして空気圧縮機で発生した空気圧を必要な値に下げるための**減圧弁**、また、空気圧縮機を円滑に作動させるための**ルブリケータ**の3点を備えた**空気圧力調整ユニット**を用います。

なお、標準的な空気圧縮機の最大圧力は1.0 MPaであり、空気圧システムでは、これを0.6 MPaまで減圧して使用するのが一般的です。

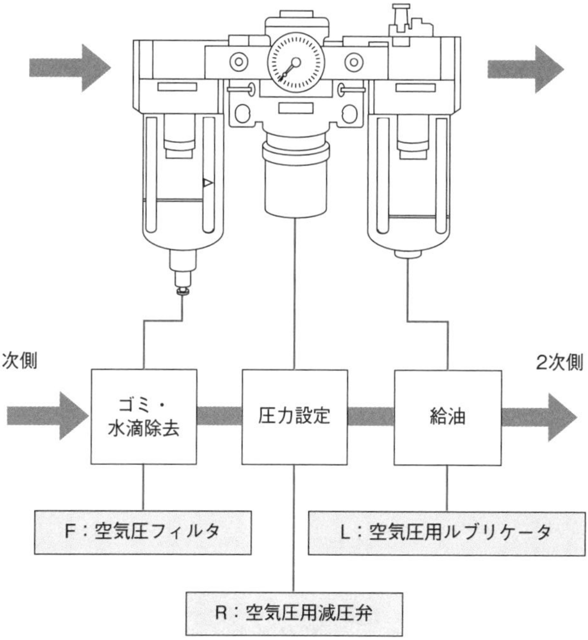

図2-64　空気圧力調整ユニット

電磁弁

電磁弁は電磁石（ソレノイド）の力を利用して弁を動かし、各種のアクチュエータに必要な圧縮空気を供給したり、また、逆に圧縮空気を大気へ放出したりするという、空気の流れる方向を切り替えるための装置です。方向を切り替える働きをするため、方向制御弁とも呼ばれています。

図2-65　電磁弁

空気圧シリンダ

アクチュエータとは、空気圧のエネルギーを機械的な仕事に変えるための機器のことです。空気圧システムは直線運動を行う空気圧シリンダと回転運動を行う空気圧モータに分類されます。

空気圧シリンダは強力な直線運動を簡単に取り出すことができるという長所があります。シリンダの速度の調整は、シリンダに取り付けられている**速度制御弁**により行います。この弁を動かすことにより、シリンダがゆっくり進んで、素早く戻る動作などを容易に行うことができます。

空気圧シリンダの選定においては、加える圧力やシリンダ断面積を考慮した上で、取り出すことのできる力を計算しておく必要があります。

空気圧シリンダから押し出すときに取り出せる力Fは、次式で表すことができます。

押し出すときの力 $$F=\frac{\pi D^2}{4}\times P\times \eta$$

Dは空気圧シリンダの直径［mm］、
Pは使用空気圧力［MPa］、ηは負荷率［%］

また、空気圧シリンダを引くときに取り出せる力は、ロッドの直径の分だけ空気が減るので、引き側の力が小さくなります。

引くときの力 $$F=\frac{\pi(D^2-d^2)}{4}\times P\times \eta$$

dはロッドの直径［mm］

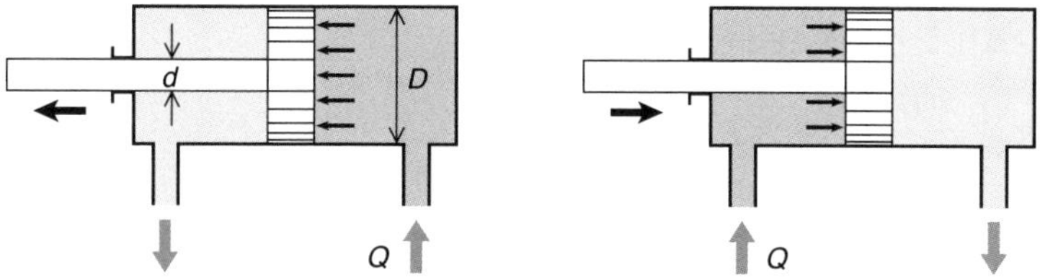

(a) 往き行程
(押し出すとき)

(b) 戻り行程
(引くとき)

図2-66　空気圧シリンダの動き

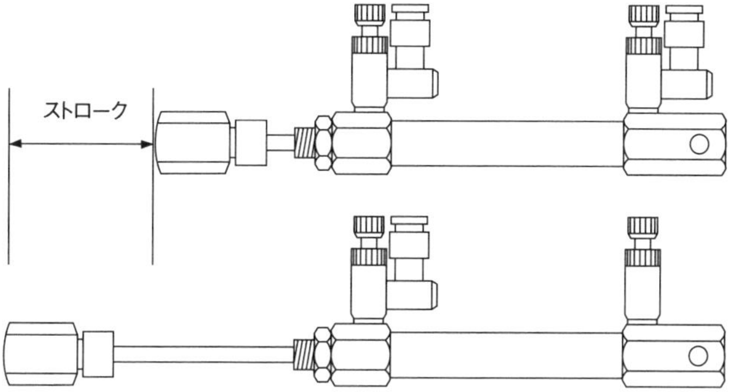

図2-67　空気圧シリンダ

例 2-19

シリンダ直径10 mm、ロッド直径4 mmの空気圧シリンダを0.5 MPaで使用します。このとき空気圧シリンダの押し側と引き側からは何 Nの力を取り出すことができますか。ただし、負荷率を85 %とします。

解　答

空気圧シリンダの押し側の力は、

$$F = \frac{\pi D^2}{4} \times P \times \eta \text{より、}$$

$$F = \frac{\pi \times 10^2}{4} \times 0.5 \times 0.85 = 33 \quad [\mathrm{N}]$$

空気圧シリンダの引き側の力は、

$$F = \frac{\pi(D^2 - d^2)}{4} \times P \times \eta \text{より、}$$

$$F = \frac{\pi(10^2 - 4^2)}{4} \times 0.5 \times 0.85 = 28 \quad [\mathrm{N}]$$

❸ 空気圧システムの応用

ここでは空気圧システムのモノづくりへの応用例として、自動演奏ロボットを紹介します（1998年東工大附「課題研究」より）。

この自動演奏ロボットでは、空気圧縮機によってつくり出された圧縮空気がフィルタ・減圧弁・ルブリケータを通り、0.02 MPaの低圧空気と0.4 MPaの高圧空気に分かれます。ここで低圧空気は鍵盤ハーモニカ、高圧空気は電磁弁に接続されています。

また、高圧空気は15個の電磁弁に枝分かれするマニホールドに接続し、マニホールドから15本の空気圧シリンダにそれぞれ接続されています。

次に、空気圧シリンダを順番に作動させる命令を送ります。この命令は、シーケンサというコンピュータを使用します。タイマの命令をうまく使用することにより、空気圧を利用した自動演奏を行うことができました（シーケンサについては4章の4-2を参照）。

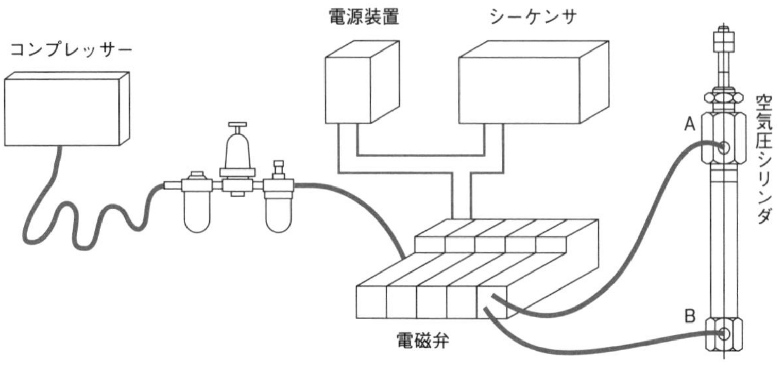

図2-68　空気圧システム

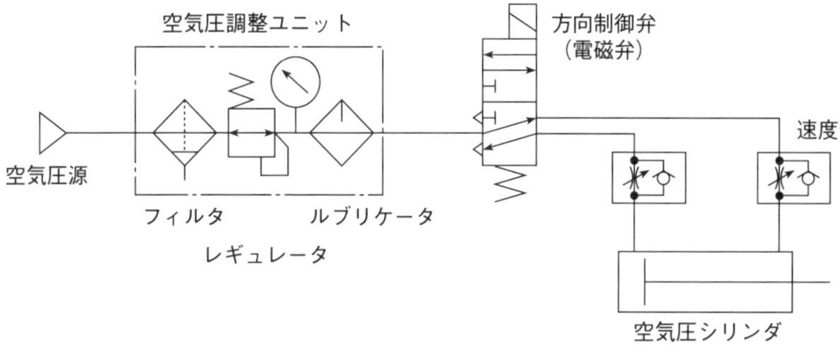

図2-69　空気圧回路図

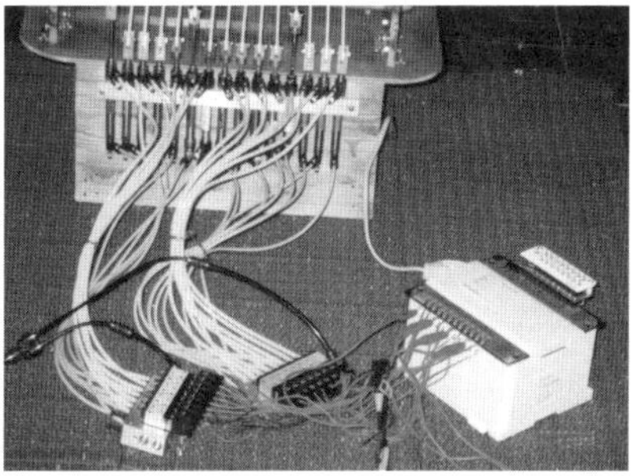

図2-70　シーケンサ

図2-71　自動演奏ロボット

こちらは、圧縮空気を加えると軸方向に収縮力を発生する空気圧ゴム人工筋を活用したパワーアシストロボットの事例です。加えられた力の大きさに応じた流量の圧縮空気を送り、最大10 kgのパワーアシストができます。柔軟で軽量な空気圧にはこのような用途もあるのです。

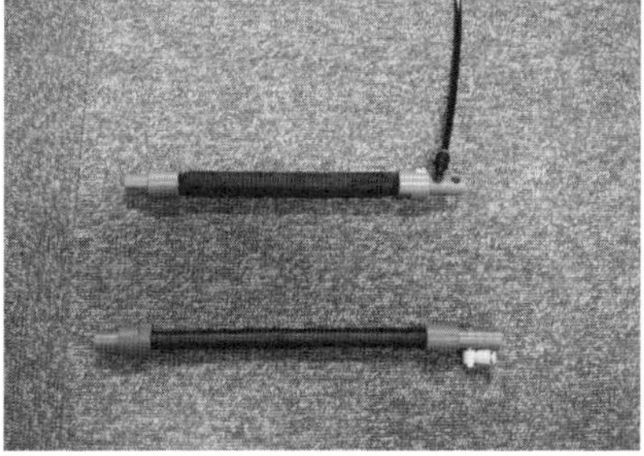

図2-72　空気圧ゴム人工筋

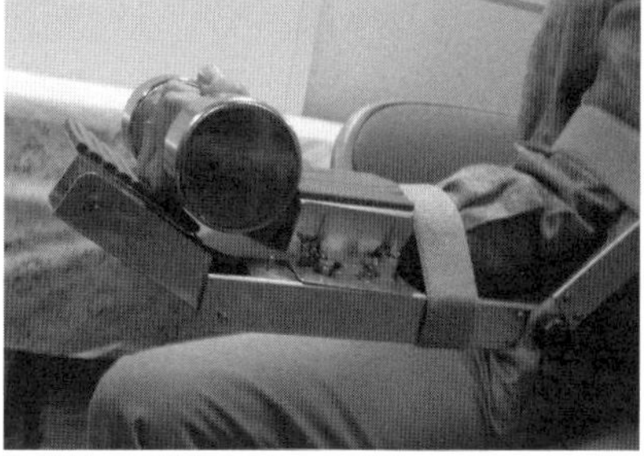

図2-73　パワーアシストロボット

Chapter

3

熱力学と熱機関

私たちが創り出している機械は、何らかのエネルギーにより動いています。エネルギーとは、物理的な仕事をする能力のことであり、力学的エネルギーや電気エネルギー、原子力エネルギーなど、さまざまな形態のものがあります。その中でも代表的なものが、熱エネルギーです。

自動車も飛行機もロケットも、その動力の源である「原動機」には大きな熱エネルギーを利用した「熱機関」が用いられています。そのため、機械を熱エネルギーで動かすためには、熱を仕事に変換するための物質の状態や蒸気の性質を理解する「熱力学」を学ぶ必要があります。

本章では、熱の挙動を力学的に扱う学問である「熱力学」の基礎を学ぶとともに、実際の「熱機関」について考え、理解を深めたいと思います。

3-1 熱力学

1 熱と仕事

❶ 熱とエネルギー

ここでは「熱とは何か」という説明から始めます。

紀元前の時代から、私たちは火を利用してきました。猿とヒトとの違いは、火を使えたかどうかにあるともいわれます。古代ギリシアでは、蒸気の力を利用した自動扉やからくり人形が存在していました。ところが、当時の人々は、まだ熱の本質を知らなかったため、これを不思議な神の力と考えていたようです。何しろ18世紀の末頃まで、燃焼は「物体中に含まれるフロギストンという元素が空気中に逃げ出すために起きる」と信じられていたのです。しかし、このフロギストン説によると、摩擦による発熱を無限に熱が出てくる熱現象と考えることや、硫黄やリンなどを燃やすと燃焼後は元より重くなることなどの説明がつきませんでした。

18世紀のフランスの科学者ラボアジェは、燃焼に関する実験を繰り返し行い、「燃焼とは、空気中の酸素と結びつくことだ」ということを明らかにしました。

その後、ようやく19世紀になり、**熱**とは「仕事をするエネルギーの一形態であり、分子の運動を巨視的にとらえたものである」という現在の定義にたどり着いたのです。

❷ 温度

熱と似た用語に**温度**があります。私たちは発熱したときによく「熱がある」

という言い方をしますが、物理的には「体温（温度）が高い」といったほうが正しいでしょう。熱はエネルギーの一形態であり、ミクロに見れば、分子運動の激しさの度合いを示しています。つまり、分子運動が激しいときは熱エネルギーが大きい状態で、反対に分子運動が静かなときは熱エネルギーが小さい状態なのです。そして、この熱エネルギーの大小を示す尺度を、温度といいます。

このことから、温度には上限はありませんが、下限はあるということもわかると思います。空間内に分子が存在しているとき、その動きはいくらでも激しくなることは想定できますが、分子が静止してしまえば、それより静かな状態は存在しません。この分子の静止状態のときの温度を**絶対零度**といい、－273.15℃を指します。

私達が日常使っている記号「℃」を用いたものを、セルシウス温度といいます。一方、絶対零度を基準とした温度の目盛を**絶対温度**といい、記号Tで表し、単位にはK《ケルビン》が用いられます。セルシウス温度と絶対温度の間には、次のような関係があります。

温度t[℃]＝絶対温度T[K]－273.15

❸ 熱平衡

温度の異なる二つの物体を近づけておくと、温度の高い物体から低い物体へと熱が流れます。やがて両者の温度が等しくなると熱の移動は止まります。このように、両者の温度が等しくなるまで熱の移動が続くことを**熱平衡**といいます。これは当然のことと感じるかもしれませんが、温度計で温度を測定できるのもこの原理のおかげです。そして、この熱平衡の原理を熱力学の出発点として、**熱力学の第0法則**ともいいます。

❹ 比熱

質量1gの物質の温度を1K上昇させるのに必要な熱量を**比熱**［J/g·K］といい、物質の内部エネルギーを増加させることを意味しています。

質量m［g］、比熱c［J/g·K］の物体の温度をΔt［K］高めるのに必要な熱量Q［J］は、次式で表されます。

$$Q = mc\Delta t [\mathrm{J}]$$

温度がΔt［K］下がるときは、同じように$Q = mc\,\Delta t$の熱を放出します。

熱が高温物質から低温物質へ移動して熱平衡状態になるとき、2つの物質の質量をm_1、m_2、比熱をc_1、c_2、それぞれの初めの温度をt_1、t_2とし、平衡状態の温度をTとすると、高温の物質が放出した熱量と低温の物質が吸収した熱量は等しくなるので（**熱量保存の法則**）、次式が成り立ちます。

$$m_1c_1(t_1 - T) = m_2c_2(T - t_2)$$

モル比熱

物質1 molの温度を1K高めるのに必要な熱量をモル比熱［J/mol·K］といい、これには、**定積モル比熱**（気体の体積を一定に保ったまま、1 molの温度を1K上げるのに要する熱量）と、**定圧モル比熱**（気体の圧力を一定に保ったまま、1 molの温度を1K上げるのに要する熱量）があります。

モルは質量数12の炭素^{12}Cの12g中に存在する原子の数（アボガドロ数）と同数の物質粒子を含むときの物質量のことです。つまり1 mol = 6.02×10^{23}個の集団です。したがって水素原子（H）1 molの質量は1g、水素分子（H_2）1 molの質量は2gです。

例 3-1

100℃の水1kgに0℃の水1kgを混ぜると、混合後は何℃になりますか。

また、100℃の鉄1kgに0℃の水1kgを混ぜたときは何℃になりますか。

水の比熱は4.19 J/g·K、鉄の比熱は0.44 J/g·Kです。

解　答

(1) 水は比熱が同じであるため ($c_1 = c_2$)、混合後は50℃になります。

(2) $m_1c_1(t_1 - T) = m_2c_2(T - t_2)$の関係式において、鉄を$m_1$、水を$m_2$とします。

質量はどちらも1kgなので$m_1 = m_2$より、

$m_1c_1(t_1 - T) = m_1c_2(T - t_2)$。この式を$T$について解くと、

$$T = \frac{c_1t_1 + c_2t_2}{c_1 + c_2} = \frac{0.44 \times 373 + 4.19 \times 273}{0.44 + 4.19}$$

$$= 282.5\ \mathrm{K} = 282.5 - 273\ ℃$$

$$= 9.5\ ℃$$

この関連式から導かれる温度の単位はKであることに注意しましょう。

2 気体の状態方程式

これから気体の性質を考えていきますが、まずはじめに高校物理でも学ぶ基本となる事項を押さえておきましょう。

❶ ボイル・シャルルの法則

ボイル・シャルルの法則は、「温度が一定のとき、気体の圧力pと体積Vは反比例する」という**ボイルの法則**と、「圧力が一定のとき、気体の体積Vは絶対温度Tに比例する」という**シャルルの法則**をあわせて表したものであり、次式で表されます。

ボイル・シャルルの法則　$\frac{p_1V_1}{T_1}=\frac{p_2V_2}{T_2}$ **一定**

例 3-2

1.0 atmで27 ℃の気体が20 Lあります。この気体を圧縮して10 Lにして圧力を3.0 atmにすると、気体の温度は何℃になりますか。

解　答

求める温度をt［℃］として、ボイル・シャルルの法則を適用すると、

$$\frac{p_1V_1}{T_1}=\frac{p_2V_2}{T_2}=\frac{1.0\times20}{273+27}=\frac{3.0\times10}{273+t}$$

ゆえに、

$$t=177\ [℃]$$

現実の気体では、ボイル・シャルルの法則が厳密には成立しません。そのため、この法則が成り立つ仮の気体を**理想気体**といいます。

❷ 気体定数と状態方程式

すべての1 molの気体は、0 ℃、1 atmの標準状態で、22.4 Lの体積を占めます。

ボイル・シャルルの法則は、$pV=XT$（Xは一定値）と表すことができ、これに上の関係を代入すると、0 ℃ = 273 K = T、1 atm = 1.013×10^5 N/m^2 = p、22.4 L = 2.24×10^{-2} kL/mol = Vより、

$$X=\frac{pV}{T}=\frac{1\ \text{atm}\times22.4\ \text{L/mol}}{273}=\frac{1.013\times10^5\times2.24\times10^{-2}}{273}=8.31\ \text{J/mol·K}$$

となります。この一定値Xを通常はRで表し、**気体定数**といいます。

以上のことから、ボイル・シャルルの法則を次式のような気体の状態方程式に書き換えることができます。

n [mol] の気体の圧力を p [N/m^2]、温度を T [K]、体積を V [m^3] とすると、

$pV = nRT$ ……(気体の状態方程式)

また、気体状態方程式には気体のモル数を気体の質量 m [kg] で表した形もあり、次式で表されます。

$pV = mR'T$

この式の場合、気体定数 R' の単位は J/ (kg·K) になり、気体の種類によって異なる値をとります。

熱力学では後の形の方程式がよく用いられます。

例 3-3

図のような2つの容器がつながった装置に27 ℃、1 atmの空気が入っています。いま、3.0 Lの容器Aのみを127 ℃に加熱し、5.0 Lの容器Bは27 ℃に保ちました。このとき、容器内の圧力は何 atmになりますか。

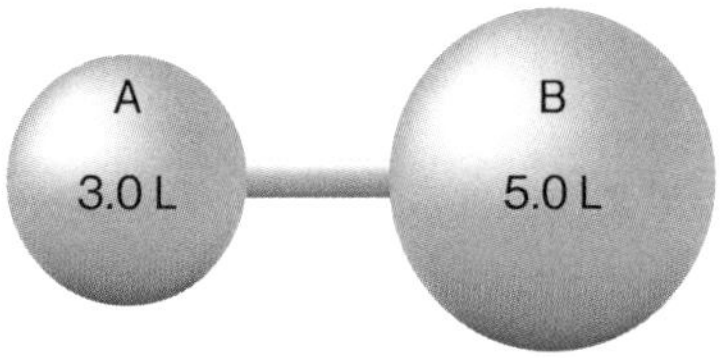

図3-1　容器内の圧力

解　答

容器内のモル数 n は一定なので、加熱の前後で気体の状態方程式を立てると、$pV = nRT$、加熱前 = 加熱後 = モル数一定より、

$$n = \frac{pV}{RT} = \frac{1.0 \times (3.0 + 5.0)}{R \times (273 + 27)} = \frac{p \times 3.0}{R \times (273 + 127)} + \frac{p \times 5.0}{R \times (273 + 27)}$$

[加熱前]　　　　　　　　[加熱後]

ゆえに、$p = 1.1$ [atm]

❸ 内部エネルギー

物体が位置エネルギーや運動エネルギーなどの力学的エネルギーを持っているように、気体分子の集まりが持つエネルギーを、気体の**内部エネルギー**といいます。

いま、n [mol] の気体に含まれるすべての分子の運動エネルギーの総和をU [J] とすると、アボガドロ数を$N_A = 6.02 \times 10^{23}$ 個/mol、ボルツマン定数を$k = \dfrac{R}{N_A}$ $(= 1.38 \times 10^{-23})$としたとき、次式で表されます。

温度T、nモルの理想気体における単原子分子の運動エネルギーの総和U

$$U = \frac{3}{2}kT \times nN_A$$
$$= \frac{3}{2} \times \frac{R}{N_A} \times T \times nN_A$$
$$= \frac{3}{2}nRT$$

ここで $\dfrac{3}{2}kT$ は、温度Tにおける単原子分子の運動エネルギーの平均値を示します。

つまり、気体の内部エネルギーは絶対温度Tとモル数nに比例するのです。

また、酸素 (O_2) や水素 (H_2) ガスのような2原子分子の場合は、$U = \dfrac{5}{2}nRT$ となります。

ボルツマン定数kは、気体定数Rをアボガドロ数N_Aで割ったもので、分子1個当たりの気体定数です。

例 3-4

単原子分子からなる理想気体1 molの内部エネルギーは、273 Kにおいて、何 Jになりますか。

解 答

$U=\dfrac{3}{2}nRT$ より、$U=\dfrac{3}{2}\times1\times8.31\times273=3.4\times10^{3}$[J]

❹ 気体がする仕事

自動車のエンジンなどは、気体が膨張・圧縮することで仕事をしています。気体が膨張するときは外部に対して仕事をし、圧縮するときには外部から仕事をされるのです。この関係は次式で表すことができます。

いま、気体が外部の圧力p [N/m^2] に逆らって体積をΔV [m^3] だけ増加させたときの仕事Wは次式で表すことができます。

$$\boldsymbol{W=p\cdot\Delta V}\quad[\mathrm{J=N\cdot m}]$$

例 3-5

断面積5.0 × 10^{-3} m^{2}のピストンに気体が入っています。ピストン内の気体を加熱したらピストンは5.0 cm動きました。このとき、ピストン内の気体がした仕事は何 Jになりますか。ただし、気体の圧力は常に1.0 × 10^5 N/m^{2}とします。

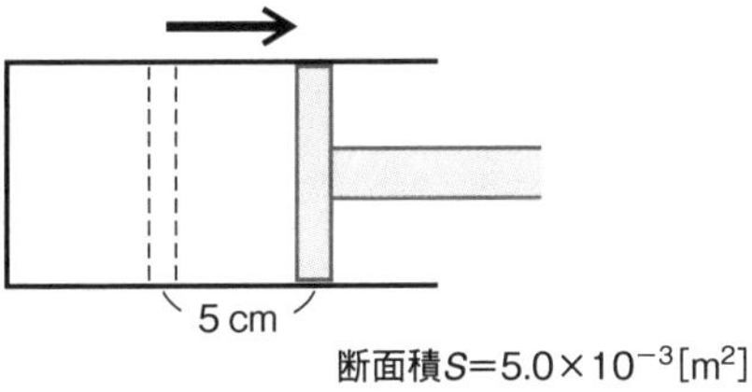

図3-2　気体がする仕事

解　答

増加した体積ΔVは、断面積S×長さ$X = 5.0 \times 10^{-3}\ \mathrm{m}^2 \times 5.0 \times 10^{-2}\ \mathrm{m}$
このとき、単位をcm→mと換算することに注意します。

$$気体のする仕事\ W = p \times \Delta V = p \times S \times X$$
$$= 1.0 \times 10^5 \times 5.0 \times 10^{-3} \times 5.0 \times 10^{-2}$$
$$= 25[\mathrm{J}]$$

5 熱気球

ここでは、熱気球の製作を通して、気体の状態方程式の使い方を学ぶことにしましょう。

実験3-1

熱気球の製作

用意するものは、ポリ袋（厚さ0.015 mm）、針金、ガーゼ、エタノール、セロテープ、アルミホイルなどです。これらのものを使って図3-3のような形の熱気球をつくってみてください。なるべく軽量にすることと、バランスよくすることが製作上のポイントです。

熱気球には次のような3つの力が働いていますが、この3つの力の間にどのような関係が成立しているのでしょうか。

F_1＝ポリ袋など気球自体の重さ
F_2＝気球内部の空気の重さ
F_3＝同体積の周囲の空気の重さ

（注）［気体の仕事］：仕事の大きさ＝力×距離であるから、気体の仕事＝圧力の強さ×体積変化と考える。仕事の単位は、１Ｎの力で物体を１ｍ動かす仕事を１Ｊと表す。１Ｊ＝１Ｎ×１ｍ。

実際にポリ袋の中の体積や上昇する際の温度を計測して、理論的には気球の内部と外部の温度が何℃のときに気球が上昇するのかを考えてみましょう。

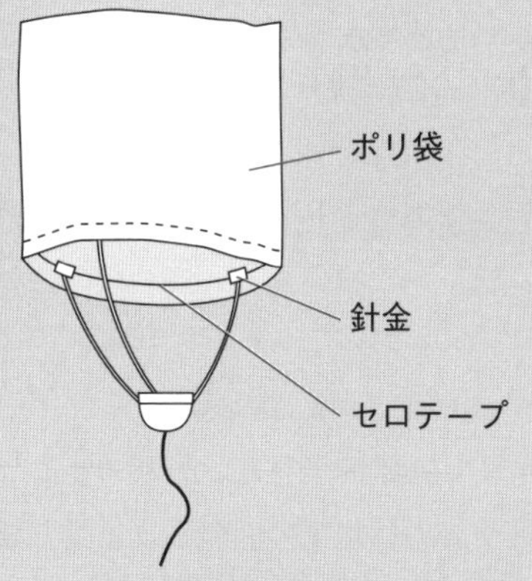

図3-3　熱気球

問

(1) 熱気球に働く3つの力F_1、F_2、F_3を図示しなさい。

(2) 熱気球が浮き上がるための条件を3つの力の不等式で表しなさい。

(3) 熱気球内の空気が何℃になれば熱気球が上昇するのかを次の手順で求めなさい ((　　　) の中を埋める)。

①大気圧$p = 1.0$ [atm]、ポリ袋の体積$V = 70$ [L]、気体定数$R = 0.082$ [atm·L/mol·K]、空気の平均分子量$M = 28.8$ [g/mol]、室温$T =$ (　　　) [K]…室温はその日の気温を代入します。
以上から、熱気球内の体積分の空気の質量$w =$ (　　　) [g] を計算します。これより、気球系が空気から受ける浮力$F_3 =$ (　　　) [g重] が求まります。

②ポリ袋など熱気球本体も働く重力をはかりで測定します。これより、$F_1 =$ (　　　) [g重] が求まります。

③問 (2) で表した不等式に上で求めたF_1、F_3を代入して、F_2についての不等式を導きます。

④ F_2の質量をw [g] として、気体の状態方程式より、熱気球が上昇するときの気球内の理論的な温度T＝ (　　　) [K] を求めます。

⑤ 絶対温度T [K] をセ氏温度t [℃] に換算し、実際の測定値との比較を行うと、

t [℃] ＝T [K] －273より、

理論温度t_1＝ (　　　) [℃] が求まります。

⑥ 理論温度と実際の測定温度を比較し、それが一致しないときには、その理由を考察しなさい。

結　果

例えば、気温が10 ℃で気球本体の重さが20.0 gとしたとき、

(1) 熱気球に働く3つの力は以下の図のようになります。

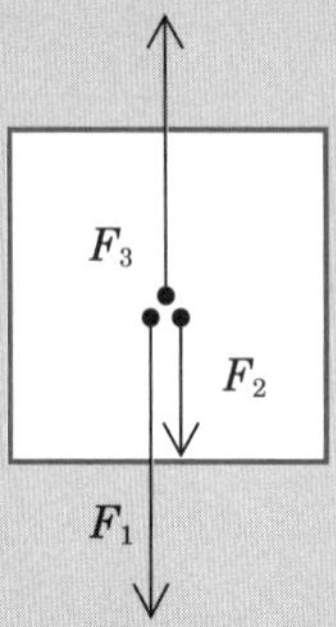

F_1＝ポリ袋など気球自体の重さ
F_2＝気球内部の空気の重さ
F_3＝同体積の周囲の空気の重さ

図3-4　熱気球に働く3つの力

(2) 熱気球が浮き上がるための条件　$F_1 + F_2 \leqq F_3$

(3) ① $pv = \frac{w}{M}RT$より、室温$t = 10$[℃]のとき、

熱気球内の空気の質量$w = \frac{pvM}{RT} = \frac{1.0 \times 70 \times 28.8}{0.082 \times 283} = 86.9$[g]

∴気球系が空気から受ける浮力$F_3 = 86.9$ [g重]

②20.0 g重

（ヒント）熱気球はまわりの空気から浮力を受けます。その浮力は気球内部の空気の重さに等しくなります。また、気球を熱すると空気が気球の下の口から外に出て、内部の空気の密度は小さくなり軽くなります。

③$F_2 \leqq 86.9 - 20.0 = 66.9$ [g重]

④$pv = \dfrac{w}{M}RT$より、

$$T = \frac{pvM}{wR} = \frac{1.0 \times 70 \times 28.8}{66.9 \times 0.082}$$

$$= 367 \text{[K]}$$

⑤$367 - 273 = 94$ [℃]（理論温度）

⑥実際に熱気球が上昇したときの温度は96 ℃でした。

これは、温度を均一に測定できていないことや、測定の誤差などが原因であると考えられます。

3 熱力学の第1法則

❶ ジュールの実験

熱力学の第1法則を実験的に証明したのは、イギリスの科学者ジュールです。彼は1843年、図3-5のような実験装置で、仕事が熱に変換されることを数値的に表すことに成功しました。

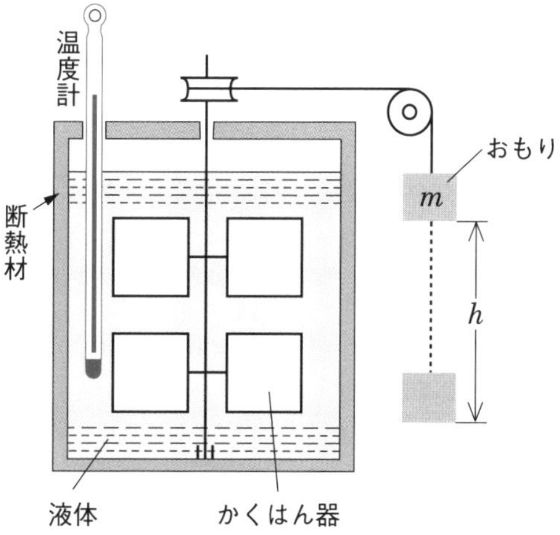

図3-5 ジュールの実験装置

この実験装置は、熱が逃げないようにつくられている断熱壁の中にある液体をかくはん器でかき混ぜ、液体の温度を上昇させます。このとき外部から加えられるおもりによる仕事 $W = mgh$ [J] は、おもりの降下した高さ h からわかります。

この実験から、おもりの落下による仕事 W は、水の温度上昇に相当する熱量 [J] に、ある一定の割合で変わることが認められました。

これはシンプルな実験装置でしたが、次のような極めて精密な実験結果を得ることができました。

1 calの熱量＝4.186 J（ジュール）の仕事

これを**熱の仕事当量**といいます。この実験から、熱は力学的エネルギーと等しく、エネルギーの一形態であることが証明されたのです。

❷ 熱力学の第1法則

熱力学の第1法則は、「熱はエネルギーの一形態であり、熱を仕事に変えることも、またその逆の仕事を熱に変えることもできる」というものです。

熱と仕事が互いに変換されることは、閉じた系の中ではエネルギー保存則が成り立つことを示しています。

ある閉じた状態1が外部から熱量 Q をもらい、外部に対して仕事 W を行い、状態2に変化したとすると、熱力学の第1法則は次式で表されます。これは、熱力学の第1法則の表し方の一つであるエネルギーの式です。外から吸収した熱量は、閉じた系の内部エネルギーの増加 $(U_2 - U_1)$ と、外にした仕事 W の和に等しくなります。

◆熱力学の第1法則

$$Q = U_2 - U_1 + W$$

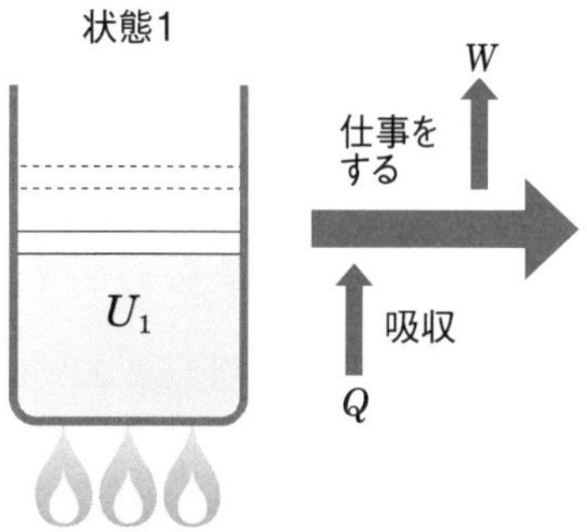

図3-6　熱力学の第1法則

この熱力学の第1法則からわかるように、動力を連続して発生させる機械には、必ず外部からエネルギーを与えなければなりません。別の表現をすれば、外からエネルギーを供給することなしに周期的に仕事をするような運動機関は、不可能であるということです。

昔の人たちは、ある熱機関が自分でつくり出す動力の一部を運転の動力に利用することにより、燃料補給することなしに仕事を続けられないものかと考えました。これを**第1種の永久機関**といいますが、これを認めないとする立場が熱力学の第1法則です。

❸ モル比熱

熱力学の第1法則を用いて、モル比熱について考えてみましょう。

(1) 定積モル比熱 C_V

気体の体積Vを一定に保って求めたモル比熱を**定積モル比熱**といいます。体積一定のとき気体は外部に仕事をしないため、熱力学の第1法則において$\Delta W = 0$、$U_2 - U_1 = \Delta U$（内部エネルギーの変化分）とすると、

$$Q = U_2 - U_1 + W \qquad (\text{熱力学の第1法則})$$

より、

$$Q = \Delta U$$

となり、与えられた熱量ΔQはすべて気体の内部エネルギーの増加ΔUとなります。

単原子分子の気体1 molあたりの内部エネルギーは、

$$U = \frac{3}{2}RT$$

また、モル比熱Cは1 molの気体がΔQの熱量を吸収してΔT［K］上昇したときの1 K上昇に要する熱量であるため、

$$\text{モル比熱}C = \frac{\Delta Q}{\Delta T}\ [\text{J/mol}\cdot\text{K}] \qquad (\Delta T\text{は温度の変化分})$$

体積Vが一定の場合、$Q = \Delta U$より、

$$\text{定積モル比熱}C_V = \frac{\Delta Q}{\Delta T} = \frac{\Delta U}{\Delta T}$$

$U = \frac{3}{2}RT$より、

$$C_V = \frac{\Delta U}{\Delta T} = \frac{1}{\Delta T}\cdot\frac{3}{2}R\Delta T = \frac{3}{2}R\,[\text{J/mol}\cdot\text{K}]$$

2原子分子の場合は気体1 molあたりの内部エネルギーは、

$$U = \frac{5}{2}RT$$

なので、同様にして、

$$C_V = \frac{\Delta U}{\Delta T} = \frac{5}{2}R\,[\text{J/mol}\cdot\text{K}]$$

となります。

(2) 定圧モル比熱C_p

気体の圧力pを一定に保って求めたモル比熱を**定圧モル比熱**といいます。

圧力が一定で気体の温度をΔT高めたとき、体積がΔV増加したとします。

$$\Delta W = p\,\Delta V = R\,\Delta T \qquad (\text{気体の状態方程式を適用})$$

上式より、気体に加えられた熱量$\Delta Q'$は内部エネルギーの増加ΔUと気体が膨張することで外部にする仕事ΔWとの和になるから、

$$Q' = \Delta U + p\Delta V$$

$$\text{定圧モル比熱}\,C_p = \frac{\Delta Q'}{\Delta T} = \frac{\Delta U + p\Delta V}{\Delta T}$$

$$= \frac{\Delta U}{\Delta T} + \frac{R\Delta T}{\Delta T} \quad (p\Delta V = R\Delta T\text{より})$$

$$= \frac{\Delta U}{\Delta T} + R$$

$U = \dfrac{3}{2}RT$より、

$$= \frac{3}{2}R + R$$

$$= \frac{5}{2}R\,[\mathrm{J/mol \cdot K}]$$

2原子分子の場合は$U = \dfrac{5}{2}RT$より、同様にして、

$$C_p = \frac{\Delta U}{\Delta T} + R = \frac{5}{2}R + R$$

$$= \frac{7}{2}R\,[\mathrm{J/mol \cdot K}]$$

となります。

ここで、定積モル比熱C_Vと定圧モル比熱C_pの関係をみてみると、上のように、外部に対する仕事Rだけ、C_pが大きくなるため、以下の関係が成立します。

$$C_p - C_V = R$$

また、定積モル比熱C_Vと定圧モル比熱C_pの比を**比熱比**κ《カッパ》といいます。次式で表されます。

$$\textbf{比熱比}\ \kappa = \frac{C_p}{C_V}$$

単原子分子のときには、$\kappa = \dfrac{5}{3} = 1.66$、2原子分子のときは、$\kappa = \dfrac{7}{5} = 1.4$となります。

例 3-6

ある気体を加熱して膨張させたら、内部エネルギーが50 kJ増加し、外部に10 kJの仕事をしました。このとき、加えた熱量は何 kJですか。

解　答

熱力学の第1法則を使います。

$U_2 - U_1 = 50$ [kJ]、$W = 10$ [kJ] より、

$$Q = (U_2 - U_1) + W = 50 + 10 = 60 \text{ [kJ]}$$

例 3-7

ある気体が60 kJの熱量を吸収して膨張するという仕事をしました。気体の内部エネルギーが35 kJ増加したとすると、このとき行った仕事は何 kJですか。

解　答

$Q = 60$ [kJ]、$U_2 - U_1 = 35$ [kJ]、

$$W = Q - (U_2 - U_1) = 60 - 35 = 25 \text{ [kJ]}$$

❹ エンタルピー

圧力一定の元で加熱する場合の熱量を**エンタルピー**といいます。

内部エネルギーをU、圧力をp、体積をVとすると、エンタルピーHは次式で表されます。

$$\textbf{エンタルピー}\quad \boldsymbol{H = U + pV}\quad \textbf{[J]}$$

また、気体1 kg当たりのエンタルピー、内部エネルギー、体積のことを、それぞれ、比エンタルピーh [J/kg]、比内部エネルギーu [J/kg]、比体積v [m³/

kg] といいます。

m [kg] の気体のとき、比エンタルピーhは次式で表されます。

$$\textbf{比エンタルピー}\quad h=\frac{H}{m}=\frac{U}{m}+\frac{pV}{m}=u+pv\quad [\mathrm{J/kg}]$$

4 理想気体の状態変化

❶ 定容変化

シリンダーのピストンを固定して、外から熱を与える場合のように、体積を一定に保ったまま圧力を変化させることを、**定容変化**（または、定積変化）といいます。

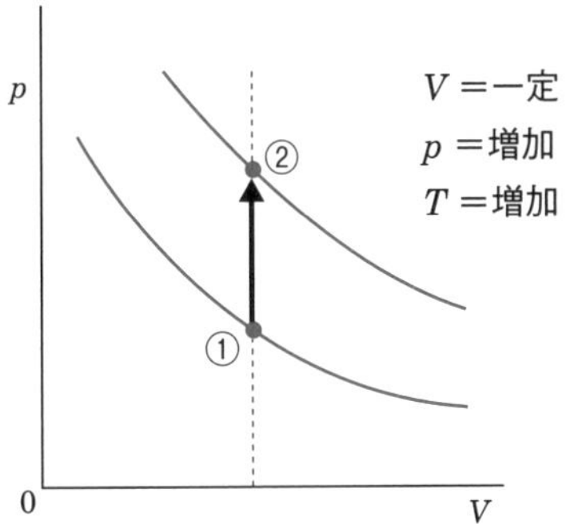

図3-7　定容変化

図の①→②の定容変化から、次の関係が得られます。

(1) ボイル・シャルルの法則において、**V＝一定**であるため、

$$\frac{p_1V_1}{T_1}=\frac{p_2V_2}{T_2}\ \text{は、}\ \frac{p_1}{T_1}=\frac{p_2}{T_2}=\text{一定}$$

(2) 仕事$\varDelta W=p\,\varDelta V$は体積$V$の変化がないため（$\varDelta V=0$）、外部に対する仕事はありません。

(3) 内部エネルギーは$\Delta U = nC_V \Delta T$となり、気体の温度は、ΔT上昇します。

(4) 熱力学の第1法則より、

$$Q = \Delta U + \Delta W = nC_V \Delta T$$

となります。すなわち、加えた熱はすべて内部エネルギーの増加になります。この関係を$p-V$線図で示すと、p軸に平行に状態が変化します。

❷ 定圧変化

シリンダー内の気体が外から熱を与えられた場合のように、圧力を一定に保ったまま体積を変化させることを**定圧変化**といいます。

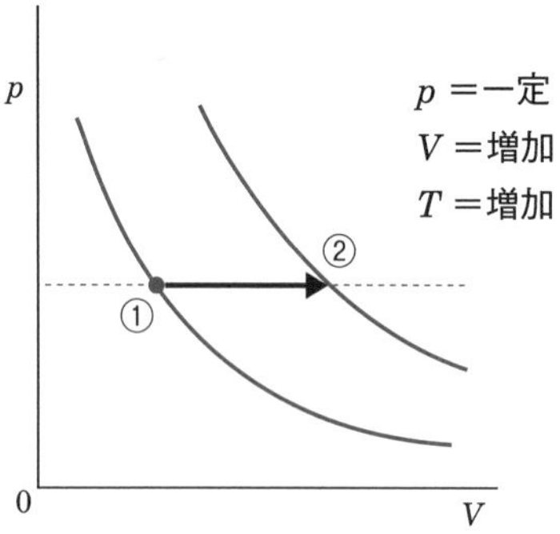

図3-8　定圧変化

図の①→②の定圧変化から、次の関係が得られます。

(1) ボイル・シャルルの法則において、p **＝一定**であるため、

$$\frac{p_1V_1}{T_1} = \frac{p_2V_2}{T_2} \text{ は、} \frac{V_1}{T_1} = \frac{V_2}{T_2} = \text{一定}$$

(2) 仕事$\Delta W = p\Delta V$は、体積の変化を$V_2 - V_1$とすると、

$\Delta W = p(V_2 - V_1) = nR(T_2 - T_1)$ となります。

(3) 熱力学の第1法則より、

$$Q = \Delta U + \Delta W = U_2 - U_1 + p(V_2 - V_1)$$

ここで、エンタルピー$H = U + pV$の関係を用いると、

$$Q = H_2 - H_1 = nC_p\,(T_2 - T_1)$$

と表すことができます。

この関係を$p - V$線図で示すと、V軸に平行に状態が変化します。

❸ 等温変化

シリンダー内の気体から外に与えられた熱はすべて外部に対する仕事に費やされ、シリンダー内の気体の温度は一定に保たれます。このような変化を、**等温変化**といいます。

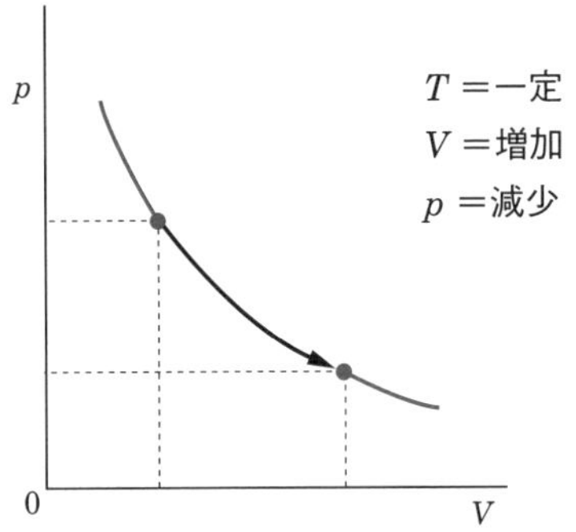

図3-9　等温変化

(1) ボイル・シャルルの法則において、**T＝一定**であるため、

$$\frac{p_1V_1}{T_1} = \frac{p_2V_2}{T_2}\ \text{は、}\ p_1V_1 = p_2V_2 = \text{一定}$$

(2) 同じくT＝一定であるため、内部エネルギーとエンタルピーに変化は生じません。したがって、加えた熱量Qはすべて仕事Wに変換されます。

$$Q = W = nRT \times ln\,\frac{V_2}{V_1} = nRT \times 2.303\ \log\frac{V_2}{V_1}\ [\mathrm{J}]$$

ここでlnは$\log_e$を表し、自然対数を示します。

なお、$\log_e N = 2.303\ \log_{10} N$です。

❹ 断熱変化

気体と周囲との間に熱交換がなく、また摩擦などによる内部熱発生がないときの変化を**断熱変化**といいます。断熱変化には断熱膨張と断熱圧縮があります。

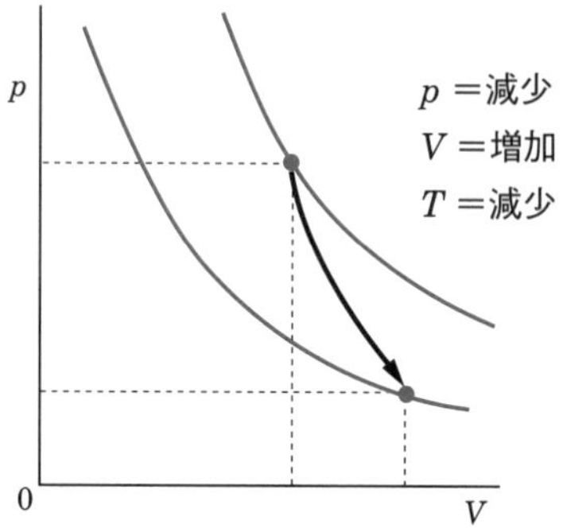

図3-10　断熱変化

断熱変化において、圧力pと体積Vの間には、次式の関係が成立します。

$$pV^{\kappa}=一定$$

ここでκを**断熱係数**といい、理想気体では比熱比κと同じ値になります。

断熱膨張は、ピストンを急に移動させて、中の気体を膨張させるような変化のことです。熱力学の第1法則によると、$Q=0$、$W>0$、$\Delta U<0$となり、内部エネルギーが減少するため、気体の温度は下降します。

この関係を$p-V$線図で示すと、図3-10のような曲線で表されます。

断熱圧縮は、ピストンを急に移動させて、中の気体を圧縮させるような変化のことです。熱力学の第1法則によると、$Q=0$、$W<0$、$\Delta U>0$となり、内部エネルギーが増加するため、気体の温度は上昇します。

また、$pV^{\kappa}=$一定と気体の状態方程式から、次式が導かれます。

$$p_1V_1^{\kappa}=p_2V_2^{\kappa}=\text{一定} \qquad (\text{圧力と体積})$$

$$T_1V_1^{\kappa-1}=T_2V_2^{\kappa-1}=\text{一定} \qquad (\text{温度と体積})$$

$$\frac{p_1^{\frac{\kappa-1}{\kappa}}}{T_1}=\frac{p_2^{\frac{\kappa-1}{\kappa}}}{T_2}=\text{一定} \qquad (\text{圧力と温度})$$

❺ ポリトロープ変化

以上の4つの状態を一つの式で表した変化を**ポリトロープ変化**といいます。

$$pV^n=\text{一定}$$

上式において、nをポリトロープ指数といいます。

ポリトロープ指数に、$n=\infty$を代入すると定容変化（$pV^{\infty}=V$）、$n=0$を代入すると定圧変化（$pV^0=p$）、$n=1$を代入すると等温変化（$pV=$一定）、$n=\kappa$を代入すると断熱変化（$pV^{\kappa}=$一定）を示すことになります。

例 3-8

なめらかに動くピストンのついた断面積1.0×10^{-2} m^{2}の円筒形のシリンダー内に0℃、1.0×10^5 N/m^{2}の単原子分子気体が2.0 L入っています。

この気体の圧力を保ったまま、温度を80℃まで高めたとき、次の各問いに答えなさい。ただし、このときの気体定数を8.3 J/mol・Kとします。

(1) この気体がピストンを押す力は何 Nですか。
(2) このピストンの移動距離は何 mですか。
(3) この気体がピストンにした仕事は何 Jですか。
(4) この気体の内部エネルギーの増加は何 Jですか。
(5) この気体の状態変化で、気体に流れ込んだ熱量は何 Jですか。

解　答

圧力一定であるので、定圧変化であることがわかります。

(1) 力＝圧力×断面積より、

$$F = 1.0 \times 10^5 \times 1.0 \times 10^{-2} = 1.0 \times 10^3\ [\mathrm{N}]$$

(2) ピストンの移動距離をΔlとすると、$p\Delta V = nR\Delta T$、$\Delta V = S\Delta l$より、

$$\Delta l = \frac{nR\Delta T}{Sp} = \frac{\frac{2.0}{22.4} \times 8.3 \times 80}{1.0 \times 10^{-2} \times 1.0 \times 10^5} \quad \left(\begin{array}{l}\Delta T\text{は温度の変化を表すので、}\\ \Delta T = 80\ ℃ - 0\ ℃ = 80\ ℃\end{array}\right)$$

$$= 5.9 \times 10^{-2}[\mathrm{m}]$$

(3) $W = p\Delta V = nR\Delta T$より、

$$W = \frac{2.0}{22.4} \times 8.3 \times 80 = 59[\mathrm{J}]$$

(4) $\Delta U = nC_p\Delta T$、　$C_P = \frac{5}{2}R$より、

$$\Delta U = n\frac{5}{2}R\Delta T = \frac{2.0}{22.4} \times \frac{5}{2} \times 8.3 \times 80 = 148[\mathrm{J}]$$

(5) 熱力学の第1法則より、

$$Q = \Delta U + W = 148 + 59 = 148 = 20.7\ [\mathrm{J}]$$

例 3-9

体積$3.0 \times 10^{-3}\ \mathrm{m}^3$の円筒形容器の中に単原子分子気体が圧力$1.0 \times 10^5\ \mathrm{N/m^2}$、温度270 Kで入っています。容器に$2.0 \times 10^2$ Jの熱を与えたとき、容器内の温度 [K] と圧力 [N/m^2] はいくらになりますか。

解　答

体積一定であるので、定容変化であることがわかります。

気体が受けた熱量だけ内部エネルギーが増加するため、内部エネルギーは$\Delta U = 2.0 \times 10^2$になります。

まず、温度を求めます。

気体のモル数をnとし、温度がT [K] になるとすると、温度の求め方は、

$\Delta U = nC_V\Delta T = n\dfrac{3}{2}R\Delta T$より、

$$2.0 \times 10^2 = \frac{3}{2}nR(T - 270)$$

一方、$p\,\Delta V = nR\Delta T$より、

$$1.0 \times 10^5 \times 3.0 \times 10^{-3} = nR \times 270$$

$$\therefore nR = \frac{10}{9}$$

よって、$2.0 \times 10^2 = \dfrac{3}{2} \times \dfrac{10}{9}(T - 270)$より、

$$T = 3.9 \times 10^2 [\mathrm{K}]$$

圧力の求め方は、$\dfrac{p}{T} = \dfrac{p'}{T'}$より、

$$\frac{1.0 \times 10^5}{270} = \frac{p'}{390}$$

$$\therefore p' = 1.4 \times 10^5\ [\mathrm{N/m^2}]$$

例 3-10

酸素2.0 kgが、圧力100 kPa、温度37 ℃で容器に入っています。この容器の容積は何 m^3ですか。ただし、酸素の気体定数を259.8 J/kg·Kとします。

解　答

圧力$p = 100\ \mathrm{kPa} = 100 \times 10^3\ \mathrm{Pa}$

$m = 2\ [\mathrm{kg}]$

$R = 259.8\ [\mathrm{J/kg\cdot K}]$

$T = 37 + 273 = 310\ [\mathrm{K}]$であるから、$pV = mRT$より、

$$V = \frac{mRT}{p} = \frac{2 \times 259.8 \times 310}{100 \times 10^3} = 1.61[\mathrm{m^3}]$$

5 熱力学の第2法則

❶ 熱力学の第2法則

熱力学の第1法則は、仕事が熱に変わるときや熱が仕事に変わるときに、エネルギーが保存されることを示しましたが、仕事と熱の変換の向きについては触れられていませんでした。しかし、熱力学の第0法則で述べたように、熱がひとりでに低温側から高温側へ移動をすることはありません。

熱力学の第2法則にはいくつかの表現があります。1850年、ドイツの物理学者グラジウスは、「高熱源から熱を受け取り、低熱源に熱を移す以外に、何の変化も残さない過程は存在しない。」としました（高熱源から低熱源へ移る現象は不可逆である）。

また、イギリスの物理学者トムソン（後のケルビン）は、「一つの熱源から熱を取り出し、それをすべて正の仕事に変換し続ける熱機関は存在しない。」としました（すべての熱を仕事に変えることはできない）。

この第2法則は、熱は高いところから低いところへ流すことによって、エネルギーの変換を可能にしていることや、自然界には逆に戻すことのできない不可逆現象があることを認め、現象には方向性があることなどを示しています。

第1種の永久機関をあきらめた人たちは、低温源から熱源を得てそれを高温源に取り入れて仕事に変えることはできないかを考えました。これがもしできるとすれば、大気や海水の持つ熱を熱機関に取り入れて、永久にそれを動かすことができることになります。

これは熱力学の第1法則には反しないため一見正しいような気もしますが、第2法則に反するため、やはりこれも現在では**第2種の永久機関**として否定されています。

❷ エントロピー

熱力学の第2法則を説明するためには、**エントロピー**という概念が登場します。

エネルギー保存則によれば、エネルギーは形を変えるだけで不滅のものです。それなのに、なぜエネルギー問題や資源問題などが問題になるのでしょうか。

ここで登場したエントロピーとは、このエネルギーの「有用さ」を表すものです。つまり、エネルギーには高級なものと低級なものがあるのです。

例えば、蒸気機関車は石炭の化学エネルギーを熱エネルギーに変換していますが、その変換効率は約8％程度です。また、ガソリンエンジンも同じ形態のエネルギー変換を行いますが、その変換効率は約30％です。

これに対して、化学エネルギーを電気エネルギーに変換する電池や力学的エネルギーを電気エネルギーに変換する発電機などは、変換効率が90％以上と非常に高くなります。

このことを電気エネルギーや力学的エネルギーは高級なエネルギー、熱エネルギーは低級なエネルギーとしているのです。また、熱エネルギーは、最も低級なエネルギーということで「エネルギーの墓場」ということもあります。

❸ 熱効率

熱機関が高熱源から得た熱［J］を、どのくらい有効な仕事W［J］に変換できたかを表したのが**熱効率**［％］です。高熱源の熱量をQ_1［J］、その温度をT_1［K］、低熱源の熱量をQ_2［J］、その温度をT_2［K］とすると、熱効率η《イータ》［％］は、次式で表されます。

例えば、1000 Jのエネルギーが与えられたエンジンが250 Jの動力を出力した場合、このエンジンの熱効率は25％です。

熱力学第1法則により、熱効率が100％を超えることはありません。また、熱力学第2法則により、熱効率が100％の熱機関の実現はできません。

$$\text{熱効率}\ \eta = \frac{\text{熱機関が外へする仕事}}{\text{高熱源から得る熱量}} = \frac{W}{Q_1} \times 100$$

$$= \frac{Q_1 - Q_2}{Q_1} \times 100 = \left(1 - \frac{Q_2}{Q_1}\right) \times 100 \quad [\%]$$

例 3-11

1サイクルの間に高熱源から10kJの熱量を得て、低熱源へ4kJを放熱する熱機関があります。この熱機関が1サイクルでする仕事は何kJですか。また、このときの熱効率は何%になりますか。

解答

熱機関がする仕事 $W = Q_1 - Q_2 = 10 - 4 = 6$ [kJ]

熱効率 $\eta = \left(1 - \frac{Q_2}{Q_1}\right) \times 100 = \left(1 - \frac{4}{10}\right) \times 100 = 60$ [%]

例 3-12

1サイクルの間に高熱源から10kJの熱量を得て、熱効率40%で動いている熱機関があります。この熱機関が1サイクルの間に低熱源に放出する熱量は何kJですか。また、このとき熱機関が1サイクルの間にする仕事は何kJになりますか。

解答

高熱源 $Q_1 = 10$ [kJ]、熱効率 $\eta = 40$ [%] から、

$\eta = \left(1 - \frac{Q_2}{Q_1}\right) \times 100$ より、

低熱源 $Q_2 = Q_1\left(1 - \frac{\eta}{100}\right) = 10(1 - 0.4) = 6.0$ [kJ]

仕事 $W = Q_1 - Q_2 = 10 - 6.0 = 4.0$ [kJ]

❹ カルノーサイクル

1824年にフランス人カルノーにより提案された**カルノーサイクル**は熱機関の効率を知るためのもので、熱力学の理論の展開上、重要な基本サイクルです。

カルノーは、変換の効率は可逆サイクルで最高値になり、その値は高熱源と低熱源の温度だけで決まることを明らかにしました。

なお、サイクルとは、一つの体系がいろいろな変化をして初めの状態に戻る過程をいいます。

カルノーサイクルにおける変化を一つずつみていきましょう。

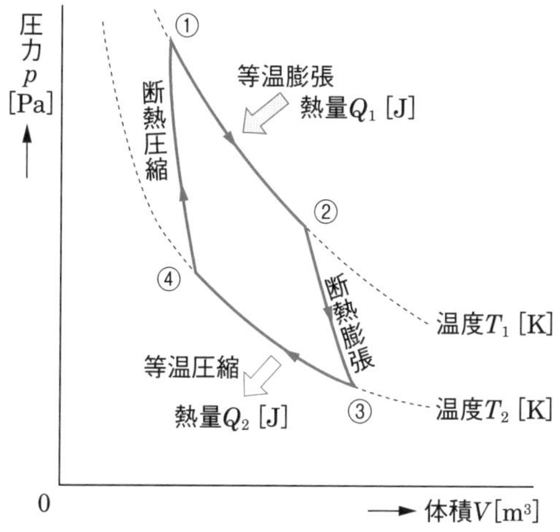

図3-11　カルノーサイクル

①→②　等温膨張

ここでは、高熱源 T_1 から熱量 Q_1 の供給を受けながら温度 T_1 の等温膨張を行います。この変化では供給された熱量 Q_1 はすべて仕事に変換されます。

②→③　断熱膨張

ここでは、気体が保有する内部エネルギーを消費しながら断熱膨張をするため、温度はT_1からT_2へと下降します。

③→④　等温圧縮

ここでは、低熱源T_2に熱量Q_2を捨てながら温度T_2を保つ等温圧縮を行います。

④→①　断熱圧縮

ここでは、圧縮により生じた熱量がすべて内部エネルギーとして蓄えられる断熱圧縮を行い、温度はT_2からT_1へと上昇します。

カルノーサイクルでは、高熱源の熱量をQ_1 [J]、温度をT_1 [K]、低熱源の熱量をQ_2 [J]、温度をT_2 [K] としたときに、次式が成立します。

$$\frac{Q_2}{Q_1}=\frac{T_2}{T_1}$$

このことから、カルノーサイクルの熱効率は次式で表されます。

$$\eta=\frac{W}{Q_1}\times 100=\left(1-\frac{Q_2}{Q_1}\right)\times 100[\%]$$
$$=\left(1-\frac{T_2}{T_1}\right)\times 100[\%]$$

例 3-13

高熱源の温度が250 ℃、低熱源の温度が50 ℃のカルノーサイクルの熱効率は何 %になりますか。また、このサイクルに加えられる熱量が1サイクルあたり40 kJとすれば、このときの仕事は何 kJですか。

解　答

高熱源の温度$T_1 = 250 + 273.15 = 523.15$ [K]、低熱源の温度$T_2 = 50 + 273.15 = 323.15$ [K] より、

$$\text{熱効率}\ \eta = \left(1 - \frac{T_2}{T_1}\right) \times 100 = \left(1 - \frac{323.15}{523.15}\right) \times 100 = 38.2[\%]$$

$\eta = \dfrac{W}{Q_1} \times 100$ より、

$$\text{仕事}\ W = \eta \times \frac{Q_1}{100} = 38.2 \times \frac{40}{100} = 15.28[\mathrm{kJ}]$$

例 3-14

カルノーサイクルの動作をする熱機関で1サイクルあたり3 kJの仕事を得たい。1サイクルあたり供給される熱量を6 kJ、低熱源の温度を30 ℃とすれば、高熱源の温度は何 ℃になりますか。

解　答

熱機関がする仕事 $W = 3$ [kJ]、供給される熱量 $Q_1 = 6$ [kJ]、低熱源の温度$T_2 = 30 + 273 = 303$ [K] から、

$W = Q_1 - Q_2$ より、

$$\text{低熱源の熱量}\ Q_2 = Q_1 - W = 6 - 3 = 3\ [\mathrm{kJ}]$$

$\dfrac{Q_2}{Q_1} = \dfrac{T_2}{T_1}$ より、

$$\text{高熱源の熱量}\ T_1 = T_2 \frac{Q_1}{Q_2} = 303 \times \frac{6}{3} = 606\ \mathrm{K} = 333\ ℃$$

3-2 熱機関

1 ガソリン機関

史上初のガソリン自動車は、1885年にドイツのダイムラーがつくった二輪自動車です。翌1886年には、ダイムラーが四輪自動車、ベンツが三輪自動車をそれぞれ完成させています。当時は蒸気や電気で動く自動車がまだ多く走っていました。しかし、その後盛んに行われるようになった自動車レースの結果から、ガソリン自動車の性能の良さが認められるようになりました。

❶ 4サイクル・ガソリンエンジン

ガソリン・エンジンは、自動車をはじめとして多くの原動機として使用されている熱機関です。

ガソリンスタンドで自動車に積み込まれたガソリンは液体の状態であるため、そのままではメラメラとゆっくり燃焼するだけで、それを動力に変換することはできません。しかし、このガソリンを霧吹きのような働きをする気化器（キャブレター）で霧状にして空気と混合させ、密閉された容器の中で燃焼させることにより、大きな気体の膨張力を取り出すことができるのです。

これを行うのがガソリン機関の内部であることから、このような熱機関を**内燃機関**といいます。ガソリン機関の動作は、この空気と霧状のガソリンからなる混合気が吸気弁から燃焼室内に入るところから始まります。

次の図は、4サイクル・ガソリンエンジンを表したもので、吸気、圧縮、膨張（爆発）、排気の4つの行程を繰り返すことで、動力を得ています。

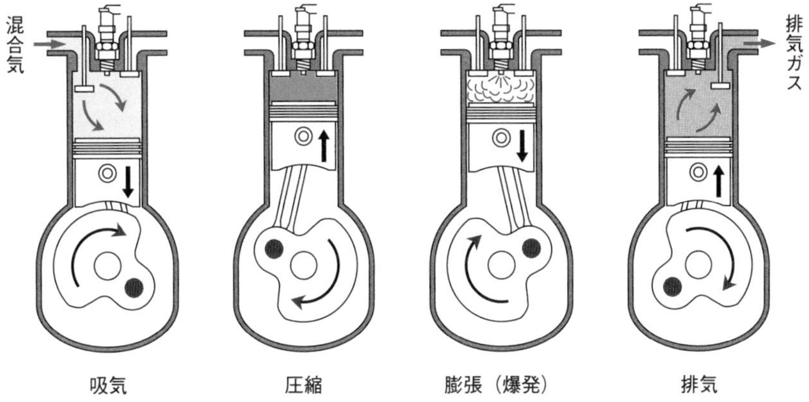

図3-12　4サイクル・ガソリンエンジン

(1) 吸気：吸気弁が開くと、ピストンの下降により生じるシリンダ内の負圧により混合気が吸い込まれます。

(2) 圧縮：ピストンが最下点（下死点）から上昇しながら混合気を圧縮します。

(3) 膨張：ピストンが最上点（上死点）に到達する頃、点火プラグから火花が飛び、混合気に点火します。このときに発生する膨張力が動力の源となります。

(4) 排気：爆発により下降したピストンは再び上昇し、このときに排気弁が開くことにより、燃焼を終えた排気ガスを外部に棄てることになります。

このように、吸気⇒圧縮⇒膨張⇒排気の4つの**行程**を連続して繰り返す機関を**4サイクル・ガソリンエンジン**といいます。

排気量

シリンダの断面積とピストンの行程（ストローク）の積を**行程容積**または**排気量**といいます。一般に1600や2000などといわれる数字は、行程容積に気筒数（例えば4気筒なら4倍）をかけたものであり、**総排気量**とよばれます。

行程容積V_Sは、次式で求められます。

$$V_S = \frac{\pi D^2}{4} \times S \ [\mathrm{mm}^3]$$

V_S：行程容積(排気量)[mm³]　D：ピストン直径[mm]
S：行程(ストローク)[mm]

よって総排気量Vは気筒数（シリンダ数）をかけて、次式で表されます。

$$総排気量 V = V_S Z = \frac{\pi D^2}{4} \times SZ \ [\mathrm{mm}^3]$$

Z：気筒数(シリンダ数)

例 3-15

ある4気筒ガソリンエンジンのシリンダの内径は80 mm、行程は70 mmでした。このエンジンの総排気量は何 mm^3ですか。

解　答

総排気量$V = \dfrac{\pi D^2}{4} \times SZ$より、

$$V = \frac{3.14 \times 80^2}{4} \times 70 \times 4 = 1407 \times 10^3 \ [\mathrm{mm}^3]$$

圧縮比

吸気弁から吸入した混合気がどれだけ燃焼室内に圧縮しているかを示すものを**圧縮比**ε《イプシロン》といい、次式で表されます。一般的な乗用車の圧縮比は8～9であり、一般に圧縮比が高いほど出力が大きくなります。

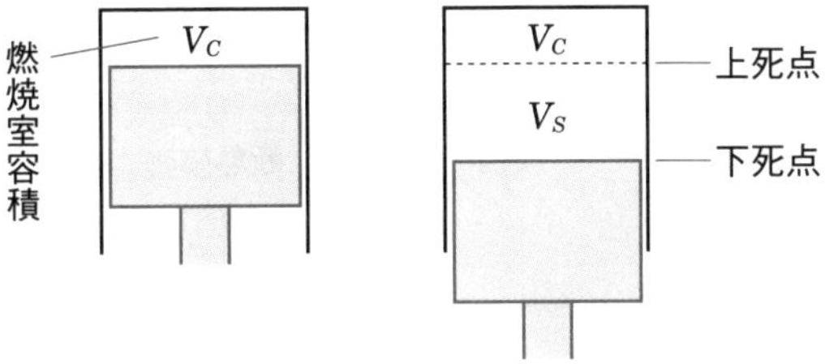

図3-13　圧縮比

$$\text{圧縮比}\,\varepsilon = \frac{V_S + V_C}{V_C} = \frac{V_S}{V_C} + 1$$

ε：圧縮比　　V_S：行程容積[mm³]
V_C：すきま容積(燃焼室容積：ピストンが最上部(上死点)にきたときに、上にできる容積)[mm³]

例 3-16

すきま容積が 40×10^3 mm³、行程容積 300×10^3 mm³ のガソリン機関の圧縮比はいくらになりますか。

解答

$$\text{圧縮比}\,\varepsilon = \frac{V_S + V_C}{V_C} = \frac{300 \times 10^3 + 40 \times 10^3}{40 \times 10^3} = \frac{340}{40} = 8.5$$

定容サイクル

ガソリン機関の理論サイクルを**定容サイクル**(または**オットーサイクル**)といいます。

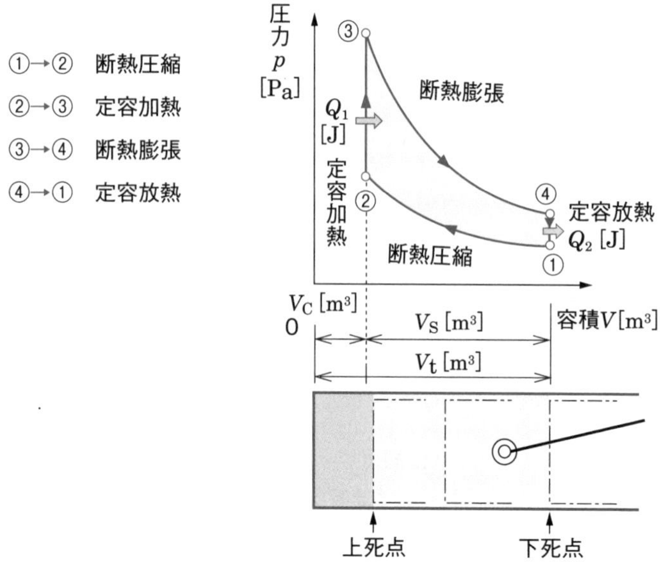

図3-14　定容サイクル

このサイクルでは、まず①から②が圧縮行程になり、②で圧縮が終了します。②の時点で混合気は高温・高圧の状態になります。

②から③の間で定容の元、熱量Q_1が加えられ、点火が行われます。

点火後の混合気は③から④の間に膨張し、ここで燃焼によって生じた熱エネルギーが機械的仕事に変えられることになります。

膨張行程は④で終了し、④から①の間にQ_2の熱が外部に放出されます。これで1サイクルが完了します。

次に、この定容サイクルの動作で出入りする熱量を中心に考えてみます。

まず、②から③の間で加えられる熱量Q_1 [J] は作動流体の質量をm [kg]、定容比熱をC_V [J/(kg·K)] とすると、次式で表されます。ここでT_1～T_4は、①～④点の温度を示します。

$$Q_1 = mC_V(T_3 - T_2) \quad [\mathrm{J}]$$

また、④から①の間に外部に放出される熱量Q_2は次式で表されます。

$$Q_2 = mC_V\,(T_4 - T_1)\quad [\mathrm{J}]$$

よって、この間の仕事は、$W = Q_1 - Q_2$ より、

$$W = mC_V\,[(T_3 - T_2) - (T_4 - T_1)]\quad [\mathrm{J}]$$

で与えられます。

断熱変化の関係を用いると、各点の温度の間には以下のような関係があります。

$$T_2 = T_1\left(\frac{V_1}{V_2}\right)^{\kappa-1} = T_1\varepsilon^{\kappa-1}$$

$$T_3 = T_4\left(\frac{V_4}{V_3}\right)^{\kappa-1} = T_4\left(\frac{V_1}{V_2}\right)^{\kappa-1} = T_4\varepsilon^{\kappa-1}$$

$$\therefore\ \frac{T_4}{T_3} = \frac{T_1}{T_2} = \frac{T_4 - T_1}{T_3 - T_2} = \left(\frac{1}{\varepsilon}\right)^{\kappa-1}$$

ここでκ《カッパ》は比熱比$\left(\kappa = \dfrac{\text{定圧モル比熱}\,C_p}{\text{定積モル比熱}\,C_V}\right)$、$\varepsilon$ は圧縮比を表します。

この関係を用いると、定容サイクルの理論熱効率η《イータ》は、

$\eta = \dfrac{Q_1 - Q_2}{Q_1} \times 100$ より、

$Q_1 = mC_V(T_3 - T_2)$ と、$Q_2 = mC_V(T_4 - T_1)$ を代入して、

$$\eta = \frac{Q_1 - Q_2}{Q_1} \times 100 = \frac{mC_V\,[(T_3 - T_2) - (T_4 - T_1)]}{mC_V(T_3 - T_2)} \times 100$$

$$= \frac{(T_3 - T_2) - (T_4 - T_1)}{T_3 - T_2} \times 100$$

$$= \left(1 - \frac{T_4 - T_1}{T_3 - T_2}\right) \times 100$$

よって、

$$\eta = \left(1 - \left(\frac{1}{\varepsilon}\right)^{\kappa-1}\right) \times 100 \qquad \text{(定容サイクルの熱効率)}$$

すなわち、定容サイクルの熱効率は圧縮比εと比熱比κだけで表されることになります。これは、熱効率が圧縮行程だけで定まり、最高圧力や仕事量には関係がないことや、圧縮比εや比熱比κを大きくすると熱効率が高まることを示しています。

これはあくまでも作動流体を理想気体とみなした場合の説明であり、実際の機関とは多少異なります。

❷ ディーゼル・エンジン

ディーゼル・エンジンは、吸気弁から空気のみを燃焼室内に吸入し、ピストンで高温高圧に圧縮された空気に噴射ポンプで加圧した軽油を噴射ノズルから燃焼室内に噴射して燃焼させる熱機関です。

噴射された燃料は空気と混合し蒸発して自己着火するため、電気による点火プラグや気化器（キャブレター）を必要としません。

また、ディーゼル機関はガソリン機関より圧縮比が大きくなるため、熱効率も高くなることや、低速回転でのトルクが比較的大きく回転数によるトルクの変動が少ないこと、燃料にはガソリンではなく軽油を用いることなどの特徴もあります。

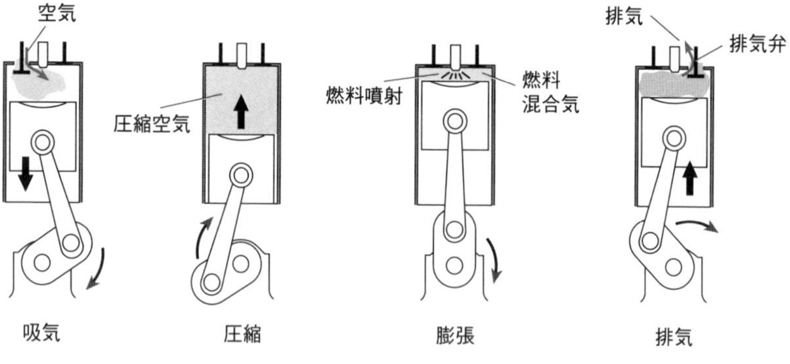

図3-15　ディーゼル・エンジン

定圧サイクル

ディーゼル機関の理論サイクルを定圧サイクル（またはディーゼルサイクル）といいます。

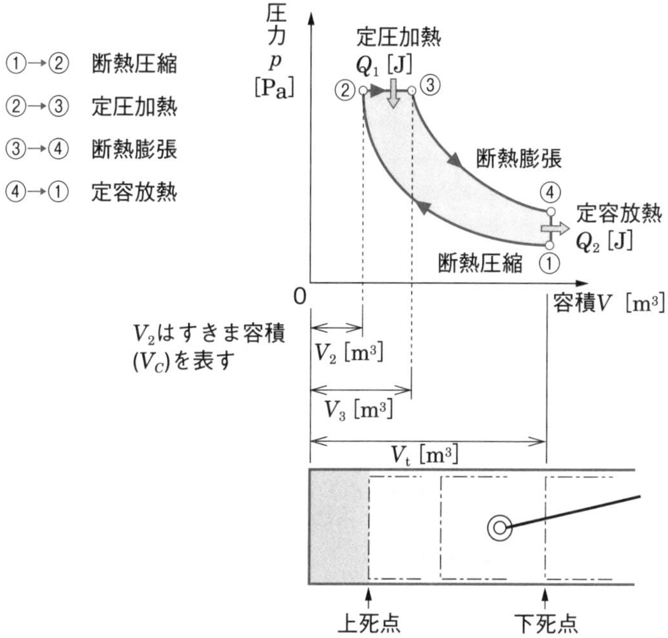

図3-16　定圧サイクル

まず、①から②で圧縮が行われ、②では自然発火できるまで温度が上昇します。

②で点火が行われ、③まで熱量Q_1が加えられます。この間は燃料が徐々に燃焼を続け、等圧が保たれます。

③から④までが膨張行程であり、燃焼によって生じた熱エネルギーが機械的仕事に変えられます。

④から①では定容のままQ_2を放熱し、圧力と温度は低下して元の状態に戻ります。

次に、この定圧サイクルの動作で出入りする熱量を考えてみましょう。

まず、加えられる熱量Q_1は、作動流体の質量をm [kg]、定圧比熱をC_p [J/(kg·K)] とすると、次式で表されます。

$$\boldsymbol{Q_1 = mC_p(T_3 - T_2) = m\kappa C_V(T_3 - T_2)} \quad \textbf{[J]}$$

また、外部に放出される熱量Q_2は次式で表されます。

$$\boldsymbol{Q_2 = mC_V(T_4 - T_1)} \quad \textbf{[J]}$$

よって、この間の仕事は、$W = Q_1 - Q_2$より、次式で表されます。

$$\boldsymbol{W = mC_V[\kappa(T_3 - T_2) - (T_4 - T_1)]} \quad \textbf{[J]}$$

また、この定圧サイクルの理論熱効率ηは、

$$\eta = \frac{Q_1 - Q_2}{Q_1} \times 100 = \frac{mC_V\,[\kappa(T_3 - T_2) - (T_4 - T_1)]}{mC_V\kappa(T_3 - T_2)} \times 100$$

$$= \left(1 - \frac{T_4 - T_1}{\kappa(T_3 - T_2)}\right) \times 100$$

これを断熱変化の式を用いて書き換えると次式に変形できます。導くのはかなり複雑になりますので省略します。

$$\boldsymbol{\eta = \left(1 - \frac{1}{\varepsilon^{\kappa-1}} \cdot \frac{\sigma^{\kappa}}{\kappa(\sigma - 1)}\right) \times 100} \ \textbf{[\%]} \quad \textbf{(定圧サイクルの熱効率)}$$

ここで、$\sigma = \dfrac{V_3}{V_2}$ を**締切比**といいます。

この式から、定圧サイクルの熱効率は圧縮比εと比熱比κ、締切比σで表されることになります。これは、圧縮比εと比熱比κは大きいほど、締切比σは小さいほど熱効率が高くなることを示しています。

❸ 2サイクル・ガソリンエンジン

2サイクル・ガソリンエンジンは、ピストンの上昇行程と下降行程で1サイクルを完了するエンジンです。このエンジンは吸気弁や排気弁を持たないため構造が簡単であり、クランクの1回転ごとに1回の爆発が行われるため、コンパクトで馬力があります。

しかし、混合気の吸入と排気ガスの排出が同時に行われるため、燃焼がうまく行われないことや振動や騒音も多いことなどの欠点があります。なお、2サイクル・ガソリンエンジンでは、ガソリンとエンジンオイルを共に燃やすため、エンジンオイルを定期的に補充する必要があります。

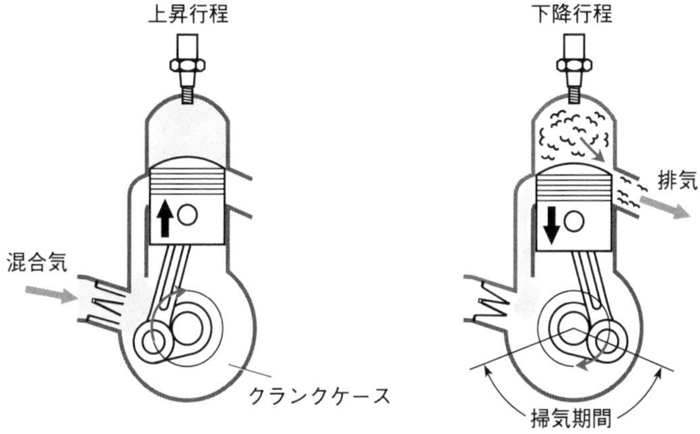

図3-17　2サイクル・ガソリンエンジン

(1) 上昇行程：ピストンが上がるとき、混合気を圧縮します。

(2) 下降行程：ピストンが下がるとき、混合気の爆発と排気ガスの排出を行うと同時に他方では新しい混合気を吸い込みます。この排気ガスの排出を行う2サイクル特有の働きを**掃気**といいます。

かつては軽自動車にも使われていましたが、排気ガス対策が難しかったこともあり、4輪車だけでなく、2輪のオートバイにも使われなくなっています。

❹ ハイブリッドカー

電気自動車はガソリンエンジンの代わりに電気モータを用い、ガソリン燃料の入ったタンクを電池に置き換えた自動車です。電気自動車は直接的には排気ガスを出すことがなく、クリーンであることや低騒音であることなどから注目されています。

しかし、間接的には火力や原子力によって発電された電気を使用しているため、エネルギー問題の抜本的な解決にはなりません。また、電池であるバッテリーが重いことや、充電に時間がかかることなどの問題がありました。

ハイブリッドカー（HV；Hybrid Vehicle）は、ガソリン自動車と電気自動車の両者の機能を兼ね備えた自動車です。ハイブリッド方式は効率良く運転できる中・高負荷の回転域だけに内燃機関を使用し、低速・低負荷域では主に電気モータの力で走行します。ハイブリッド式では、走行中の運動エネルギーを、減速時にブレーキの熱として無駄に捨てることなく、電気エネルギーとして再び電池に回収します。

トヨタが1997年12月に215万円で発売を始めた電気＋ガソリンのハイブリッドカーであるプリウスは、低速時は電気モータで走行し、スピードが20～35 km/hになると自動的にエンジンが動き出します。また、走行中に発電した電力を電気モータに供給して走るため、充電の必要はありません。

この自動車は燃費を約2倍にしながらも、排気ガスの3つの有害物質（一酸化炭素、炭化水素、窒素酸化物）の排出量を、規制値の約10分の1に減らして注目を集めています。図3-18にハイブリッドカーのしくみを示します。発進時は、ガソリンの効率が悪いため、エンジンは使わず、バッテリーの電力を使ってモータの動力で走ります。また、通常走行のときは、エンジンの動力を半分ずつに分け、半分は走るために使い、残りの半分で発電機を回します。この発電された電気を使ってモータを動かし走行を助けます。

その後、ハイブリッドカーは各社とも開発するようになり、新車の約40 %を占めています。ただし、ハイブリッドカーはエンジンとモータという2つの動力源を持つため、将来的には電気のみを動力源とするEV（Electric Vehicle）の方向に向かうのではという見方もあります。

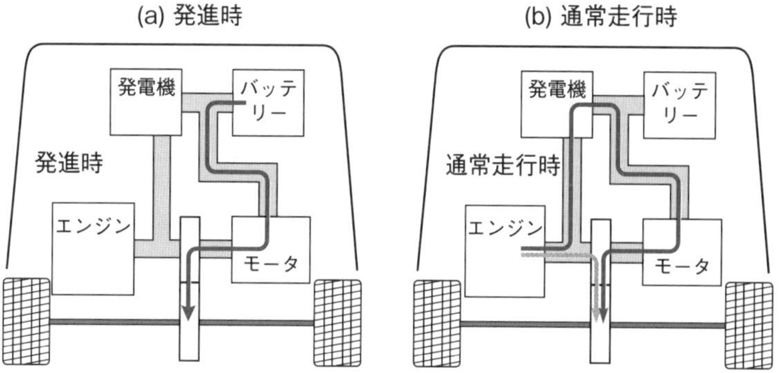

図3-18　ハイブリッドカー

❺ 未来の自動車

ソーラーカー

ソーラーカーは太陽電池で発電した電気でモータを回すという作動原理の自動車です。太陽電池は太陽光を受けるだけで直接発電ができるため、火力や原子力による発電が不要という大きなメリットを持っています。

現段階では、天候に左右されることや発電効率が悪いことなどの問題点を抱えていますが、太陽電池の性能向上とバッテリーの充電の問題などが少しずつ解決されてくれば将来が期待できる自動車です。

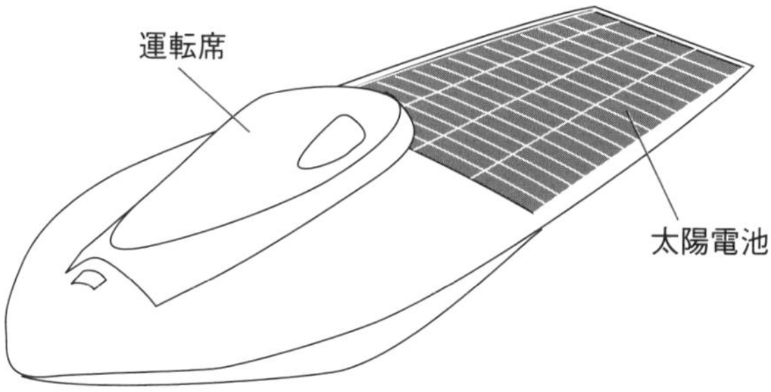

図3-19　ソーラーカー

燃料電池自動車

燃料電池自動車（FCV；Fuel Cell Vehicle）は、酸素と水素の反応時に発生する電気エネルギーを電池として用いる燃料電池を用いたものです。この自動車は排出されるのが水（水蒸気）だけであり、低騒音という特徴があります。

これまでは、水素の扱い（気体のままでは爆発の危険がある）において問題を抱えていました。後に、多量の水素を合金の中に吸収させることができる**水素吸蔵合金**の性能向上など注目された時期がありましたが、合金が重いことなどあり現在では車載には適さないと見なされています。そのため、近年は燃料電池自動車の普及促進のため、水素ステーションなどのインフラ整備が進められています。

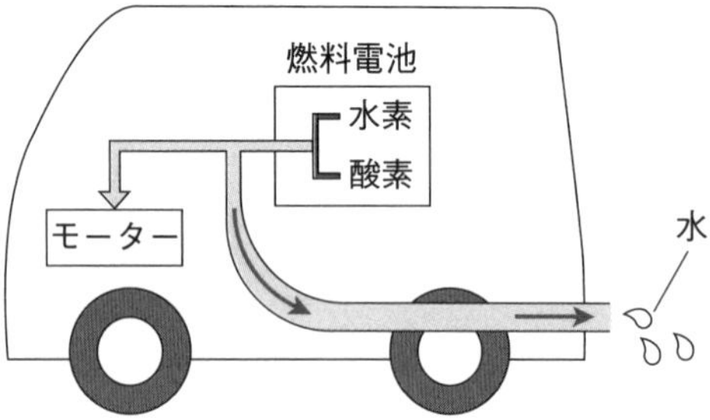

図3-20　燃料電池自動車

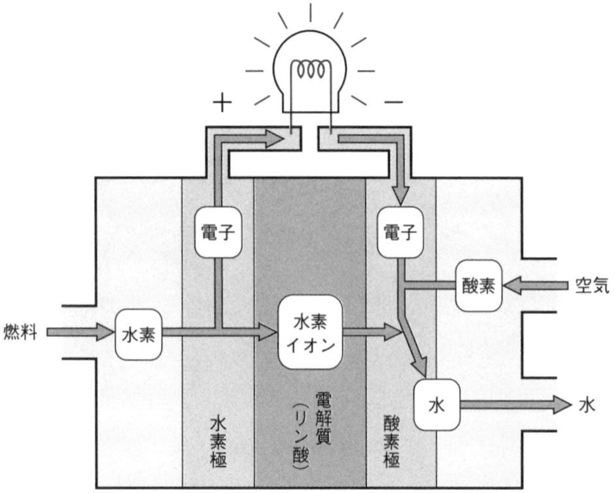

図3-21　燃料電池のしくみ

2 蒸気原動機

❶ 蒸気の性質

やかんでお湯を沸かすと蒸気が発生します。この蒸気を作動流体として動力を発生させることができます。蒸気は液体と気体との中間的な性質を持ち、極めて複雑な変化をするため、気体の状態方程式などを用いて表すことは困難です。そのため、各種の蒸気に対して行った実験結果に基づいて作成した蒸気表や蒸気線図を利用しています。

例 3-17

やかんでお湯を沸かしたときに発生する蒸気の温度は何℃でしょうか。

解答

標準1気圧では、蒸気の温度は100℃です。

しかし、高山で調理をするときは、100℃以下でお湯が沸いてしまい、うまくご飯が炊けないことがあります。

液体を加熱していったとき、ある一定の温度t_S［℃］（**飽和温度**）以上にはなりません。また、この温度は液体に加わる圧力p［Pa］（**飽和圧力**）により定まります。標高が高い山では大気圧が下がるため、飽和圧力も低くなり、飽和温度が100℃以下になるのです。一方、圧力釜で水を沸騰させると、沸点は100℃以上になります。

飽和温度、飽和圧力にある水を**飽和水**といいます。飽和水をさらに加熱すると、その一部が同温同圧の気体に変わり、容積が急に増大します。このように液体が気体に変わることを**蒸発**といいます。また、加熱が急なときには、液体の表面からの蒸発だけでなく、液体の内部でも蒸発して気泡が発生します。この現象を**沸騰**といいます。

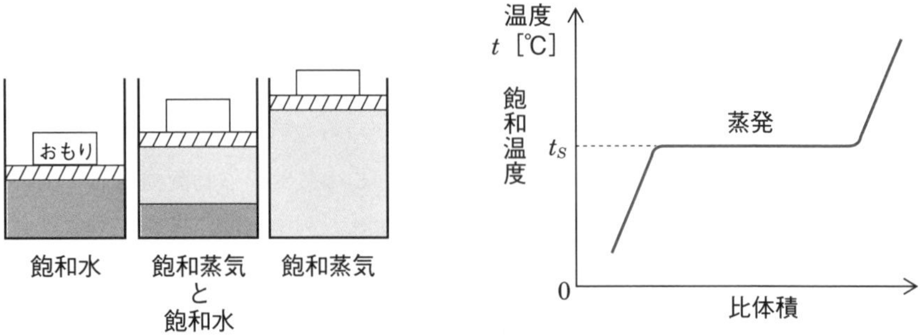

図3-22　蒸気の性質

蒸気の温度は、液体が完全に蒸発し終わるまで飽和温度に保たれます。液体のすべてが蒸発し水分をまったく含まない蒸気を**乾き飽和蒸気**といい、液体を含む蒸気を**湿り飽和蒸気**といいます。湿り飽和蒸気1 kgのうち、x [kg] が飽和蒸気で $(1-x)$ [kg] が飽和水であるとき、このxの値を**乾き度**、$1-x$を**湿り度**といいます。

例 3-18

10 kgの湿り蒸気の中に8.0 kgの飽和蒸気が含まれています。このとき、湿り蒸気の乾き度・湿り度は、それぞれいくらになりますか。また、このときの飽和水は何 kgになりますか。

解答

乾き度　$x=\dfrac{8.0}{10}=0.80$　(湿り飽和蒸気1 kg中の飽和蒸気)

湿り度　$1-x=1-0.80=0.20$

飽和水の量　$10-8.0=2.0$ [kg]

蒸気の熱的性質はとても複雑なため、さまざまな実測結果に基づいた**蒸気表**や**蒸気線図**が作成されています。蒸気表は、飽和蒸気表と過熱蒸気表から成り立っています。飽和蒸気表には、飽和水と飽和蒸気の飽和温度、飽和圧力、比体積、比エンタルピー、比エントロピーなどが示されており、温度を基準にしたものと圧力を基準にしたものがあります。

過熱蒸気表は、それぞれの圧力に対して温度を基準として比容積、比エンタルピー、比エントロピーなどが示されています。

温度 t [℃]	飽和圧力 P_s [MPa]	比体積×10^{-3} [m^3/kg]		比エンタルピー [kJ/kg]			比エントロピー [kJ/(kg・K)]	
		飽和水 v'	飽和蒸気 v''	飽和水 h'	飽和蒸気 h''	$r=h'-h''$	飽和水 s'	飽和蒸気 s''
0.00	0.0006108	1.00022	206305	−0.042	2501.6	2501.6	−0.00015	9.15773
0.01	0.0006112	1.00022	206163	0.001	2501.6	2501.6	0.0000	9.15746
2	0.0007055	1.00009	179923	8.387	2505.2	2496.8	0.03059	9.10467
4	0.0008129	1.00003	157272	16.803	2508.9	2492.1	0.06106	9.05258
6	0.0009345	1.00004	137779	25.208	2512.6	2487.4	0.09128	9.00145
8	0.0010720	1.00012	120966	33.605	2516.2	2482.6	0.12126	8.95125
10	0.0012270	1.00025	106430	41.994	2519.9	2477.9	0.15099	8.90196
12	0.0014014	1.00044	93835.4	50.377	2523.6	2473.2	0.18049	8.85355
14	0.0015973	1.00069	82899.7	58.754	2527.2	2468.5	0.20976	8.80602
16	0.0018168	1.00099	73384.2	67.127	2530.9	2463.8	0.23882	8.75933
18	0.0020624	1.00133	65078.3	75.496	2534.5	2459.0	0.26766	8.71346
20	0.0023366	1.00172	57838.3	83.862	2538.2	2454.3	0.29630	8.66840
22	0.0026422	1.00216	51492.3	92.225	2541.8	2449.6	0.32473	8.62413
24	0.0029821	1.00264	45926.0	100.587	2545.5	2444.9	0.35296	8.58062
26	0.0033597	1.00316	41034.3	108.947	2549.1	2440.2	0.38100	8.53787
28	0.0037782	1.00371	36727.6	117.305	2552.7	2435.4	0.40885	8.49586
30	0.0042415	1.00431	32928.9	125.664	2556.4	2430.7	0.43651	8.45456
32	0.0047534	1.00494	29572.4	134.021	2560.0	2425.9	0.46399	8.41396
34	0.0053180	1.00561	26601.3	142.379	2563.6	2421.2	0.49128	8.37405
36	0.0059400	1.00631	23967.1	150.736	2567.2	2416.4	0.51840	8.33480
38	0.0066240	1.00704	21627.5	159.094	2570.8	2411.7	0.54535	8.29621
40	0.0073750	1.00781	19546.1	167.452	2574.4	2406.9	0.57212	8.25826
42	0.0081985	1.00861	17691.5	175.811	2577.9	2402.1	0.59873	8.22093
44	0.0091001	1.00944	16036.5	184.171	2581.5	2397.3	0.62517	8.15421
46	0.010086	1.01030	14557.2	192.531	2585.1	2392.5	0.65144	8.14809
48	0.011162	1.01119	13232.9	200.893	2588.6	2387.7	0.67756	8.11255
50	0.012335	1.01211	12045.7	209.256	2592.2	2382.9	0.70351	8.07757
60	0.019920	1.01714	7678.53	251.091	2609.7	2358.6	0.83099	7.91081
70	0.031162	1.02285	5046.27	292.972	2626.9	2334.0	0.95482	7.75647
80	0.047360	1.02919	3409.09	334.916	2643.8	2308.8	1.07325	7.61322
90	0.070109	1.03615	2361.30	376.939	2660.1	2283.2	1.19253	7.47987
100	0.101325	1.04371	1673.00	419.064	2676.0	2256.9	1.30687	7.35538

表3-1　飽和蒸気表（1）　温度基準

圧力 P [MPa]	飽和温度 t_s [℃]	比体積×10^{-3} [m^3/kg] 飽和水 v'	飽和蒸気 v''	比エンタルピー [kJ/kg] 飽和水 h'	飽和蒸気 h''	$r=h'-h''$	比エントロピー [kJ/(kg・K)] 飽和水 s'	飽和蒸気 s''
0.002	17.513	1.00124	670061	73.457	2533.6	2460.2	0.26065	8.72456
0.004	28.983	1.00400	34802.2	121.412	2554.5	2433.1	0.42246	8.47548
0.006	36.18	1.00637	23741.0	151.502	2567.5	2416.0	0.52088	8.33124
0.008	41.53	1.00842	18104.6	173.865	2577.1	2403.2	0.59255	8.22956
0.010	45.83	1.01023	14674.6	191.832	2584.8	2392.9	0.64925	8.15108
0.012	49.45	1.01186	12361.9	206.938	2591.2	2384.3	0.69634	8.08721
0.014	52.57	1.01334	10694.2	220.022	2596.7	2376.7	0.73669	8.03338
0.016	55.34	1.01471	9433.14	231.595	2601.6	2370.0	0.77207	7.98687
0.018	57.83	1.01599	8445.21	241.994	2605.9	2363.9	0.80360	7.94595
0.020	60.09	1.01719	7649.77	251.453	2609.9	2358.4	0.83207	7.90943
0.03	69.12	1.02232	5229.30	289.302	2625.4	2336.1	0.94411	7.76953
0.04	75.89	1.02651	3993.42	317.650	2636.9	2319.2	1.02610	7.67089
0.05	81.35	1.03009	3240.22	340.564	2646.0	2305.4	1.09121	7.59472
0.06	85.96	1.03326	2731.75	359.925	2653.6	2293.6	1.14544	7.53270
0.07	89.96	1.03612	2364.73	376.768	2660.1	2283.3	1.19205	7.48040
0.08	93.51	1.03874	2086.96	391.722	2665.8	2274.0	1.23301	7.43519
0.09	96.71	1.04116	1869.19	405.207	2670.9	2265.6	1.26960	7.39538
0.1	99.63	1.04342	1693.73	417.510	2675.4	2257.9	1.30271	7.35982
0.101325	100.00	1.04371	1673.00	419.064	2676.0	2256.9	1.30687	7.35538
0.11	102.32	1.04554	1549.24	428.843	2679.6	2250.8	1.33297	7.32769
0.12	104.81	1.04755	1428.13	439.362	2683.4	2244.1	1.36087	7.29839
0.14	109.32	1.05129	1236.33	458.417	2690.3	2231.9	1.41093	7.24655
0.16	113.32	1.05471	1091.11	475.375	2696.2	2220.9	1.45498	7.20169
0.18	116.93	1.05788	977.227	490.696	2701.5	2210.8	1.49439	7.16217
0.2	120.23	1.06048	885.441	504.700	2706.3	2201.6	1.53008	7.12683
0.3	133.54	1.07350	605.652	561.429	2724.7	2163.2	1.67164	6.99090
0.4	143.62	1.08387	462.224	604.670	2737.6	2133.0	1.77640	6.89433
0.5	151.84	1.09284	374.676	640.115	2747.5	2107.4	1.86036	6.81919
0.6	158.84	1.10086	315.474	670.422	2755.5	2085.0	1.93083	6.75754
0.7	164.96	1.10819	272.681	697.061	2762.0	2064.9	1.99181	6.70518
0.8	170.41	1.11498	240.257	720.935	2767.5	2046.5	2.04572	6.65960

表3-2　飽和蒸気表（2）　圧力基準

❷ ボイラーの構成と種類

（1） ボイラーの働き

ボイラーは、容器内の水を外部から加熱して蒸気を得る装置で、**炉**と**ボイラー本体**、その他の付属装置からなります。炉は燃料を燃焼させるところで、**燃焼装置**と**燃焼室**とからなります。

燃料装置は、固体燃料には火格子、気体燃料にはバーナを使用します。燃焼室は、燃料を十分に空気と接触させてよく燃焼させるための装置です。

ボイラー本体は、円筒形のボイラー胴や数多くの水管からなり、炉で発生した熱を受けて蒸気をつくりだします。

ボイラーは2/3から4/5が水で満たされており、水がある部分を**水部**、蒸気がある部分を**蒸気部**といいます。水部と蒸気部および水面の大きさは、ボイラーの特性に大きな関係を持ちます。

例えば、水部が大きいとなかなかお湯が沸きませんが、使用蒸気量の変化による圧力変動が少なくなります。また、蒸気部が大きいとすぐにお湯が沸き、始動がはやいという特徴があります。

ボイラーから発生する蒸気は、暖房用には乾き度が1に近いものが用いられます。これは、暖房が蒸気の持つ温度を利用するため、特に圧力を上げる必要がないためです。これに対して、動力発生用には**過熱器**を使用して、温度だけでなく圧力も上がった**過熱蒸気**が用いられます。

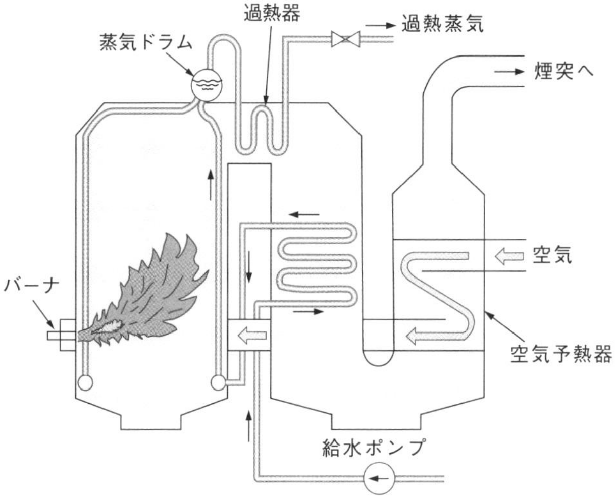

図3-23　ボイラーの構造

(2) ボイラーの種類

◆丸ボイラー

丸ボイラーは、簡単にいえば、大きなやかんです。本体は直径の大きな耐圧容器であるボイラー胴からなりますが、普通のやかんとは異なり、その内部に伝熱面を増すための構造を持っています。

丸ボイラーは、後述する水管ボイラーと比較して、構造が簡単で設備費が安く、取り扱いも容易であることや、蒸気の使用量や燃焼状況の変化による蒸気圧力の変動がゆるやかなどの長所があります。しかし、構造上大容量のものや高圧蒸気の発生には適さないことや、蒸気発生までに時間がかかることなどがあります。

丸ボイラーの種類では、**炉筒煙管ボイラー**が広く普及しています。これは炉筒と煙管群を組み合わせて設けたものであり、大きさの割に伝熱面積が広くとれ、ボイラー効率も88～90 %と高くなっています。

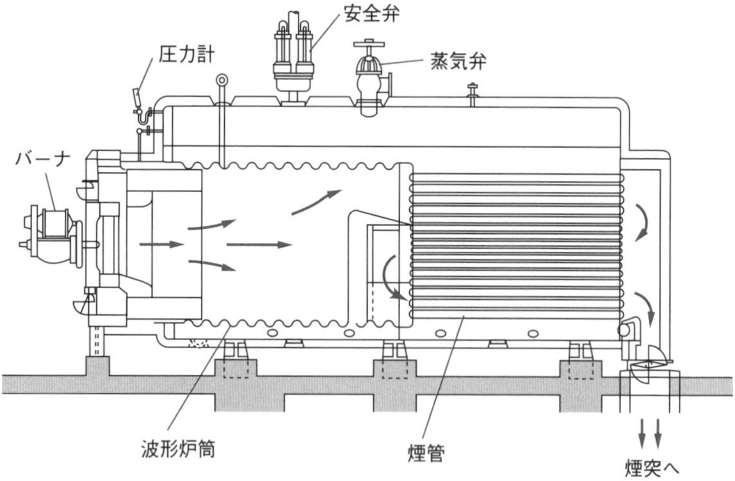

図3-24　炉筒煙管ボイラー

◆水管ボイラー

水管ボイラーは、家庭の湯沸かし器のような構造をしており、比較的小径のボイラー胴と細い水管を組み合わせたボイラーです。伝熱面が多数の細い水管によって構成されているので、伝熱面積が広くなり高温高圧の蒸気が得られるため、大容量に適しています。

また、丸ボイラーよりもドラムの径が小さく水管も細いため、高温、高圧にも耐えることができます。しかし、水量が少ないため、急激な負荷変動による圧力や水位の変化が大きいという短所があります。

水管ボイラーにおける水の循環には、水と蒸気の比重差を利用する自然循環式と、ポンプ等を使って水を強制的に循環させる強制循環式があります。

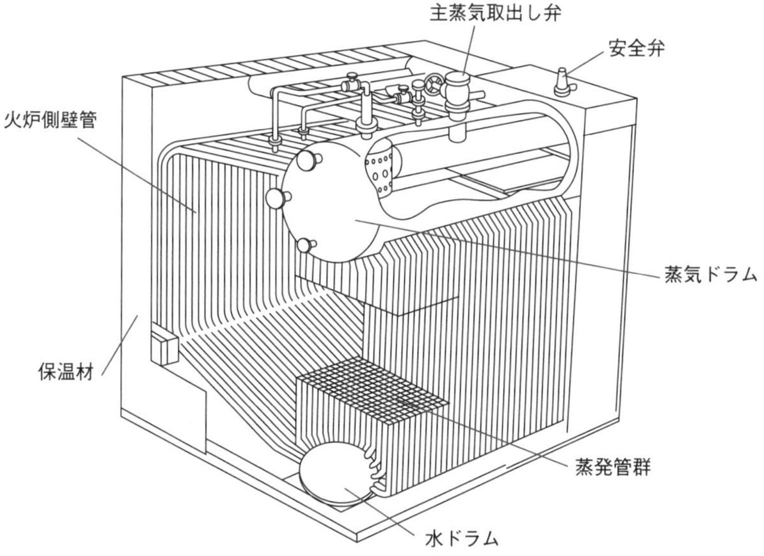

図3-25　曲がり管式水管ボイラー

〈ボイラー技師について〉

ボイラーを取り扱うためには、国家資格であるボイラー技師免許を取得する必要があります。

③ 蒸気機関

蒸気機関は、ボイラーで発生させた高温高圧の蒸気が持っている熱エネルギーを機械的エネルギーに変換する原動機です。メカニズムには、往復スライダクランク機構が多く用いられています。また、蒸気機関は熱機関の中でもっとも歴史の古いものです。18世紀にT・ニューコメンが発明し、J・ワットが改良した蒸気機関は鉱山の地下水くみ上げなどに多く用いられ、産業革命の原動力になりました。

T・ニューコメン機関

実用的な最初の蒸気機関は1712年にイギリスのT・ニューコメンが製作したもので、次のような原理で動きました。図のように、ボイラーをシリンダから離し、ピストンが上昇すればボイラーからの蒸気が入ります。ピストンが最高点に達すると、蒸気弁を閉じ、シリンダの下に冷たい水を吹き込みます。すると蒸気が冷やされ、水になるとシリンダー内は真空状態になり、ピストンの下の圧力が急に小さくなるため、大気圧に押されてピストンは下降します。これにより、シーソーの反対側が上昇し、水をくみ上げるしくみです。この機関は大気圧を利用しているために、大気圧蒸気機関ともよばれます。

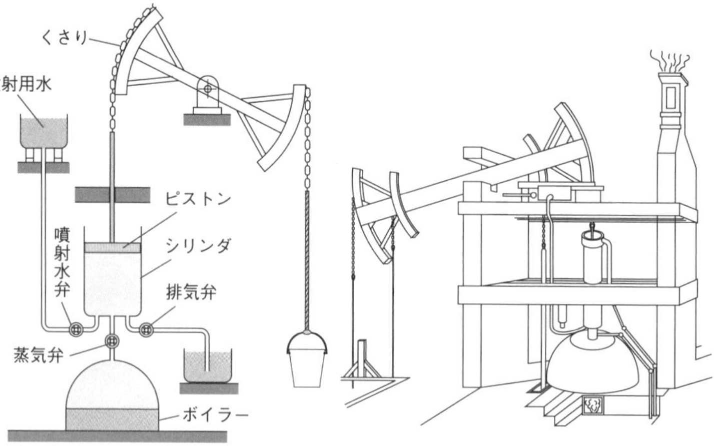

図3-26　ニューコメンの大気圧蒸気機関

J・ワット

ニューコメンの蒸気機関の模型を修理していたJ・ワットは、シリンダとは別の部分に蒸気を液化する装置である復水器を取り付けた蒸気機関を1769年に完成させました。図中右上の蒸気弁を開くと、ボイラーからの蒸気が入り、ピストンを下に押し下げます。ニューコメン機関ではピストンのあるシリンダ部分を直接冷却していましたが、ワットは復水器を別の場所に設け、ここで冷却することにより、熱機関の効率を上げることに成功しました。

この蒸気機関には、ピストンの上下運動を回転運動に変えるための周転円伝動装置（太陽と惑星の機構）や、回転速度を一定に保つための遠心調速器など、さまざまな工夫も見られました。

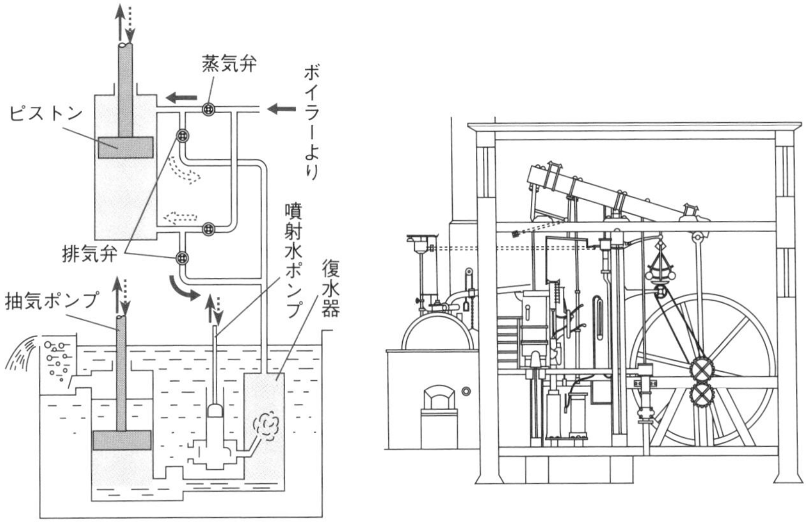

図3-27　ワットの蒸気機関

蒸気機関は、信頼度が高くて、耐久性が大きいことや始動回転力が大きいことなどの長所があります。しかし、他の熱機関と比較して、熱効率が低いことや出力あたりの重量が大きいという短所があるため、利用範囲はしだいに狭くなります。

❹ 蒸気タービン

蒸気タービンは、蒸気の持つ熱エネルギーを受けて、速度エネルギーや回転エネルギーに変換させて機械的な仕事を行う原動機です。蒸気タービンの歴史は古く、紀元前120年頃にエジプトのヘロンが考案した蒸気球の記録が残っています。

蒸気タービンが蒸気機関と大きく異なる点は、蒸気の高速流を回転羽根に作用させて直接回転運動を得ることです。そのため、高速回転・大出力に適し、熱効率も高くなります。蒸気タービンは、船舶や発電所などの動力源として用いられています。

図3-28　ヘロンの考案した蒸気球

実験3-2

蒸気タービンの製作と性能試験

ここで、ヘロンの蒸気球をヒントにした蒸気タービンを実際につくってみます。

用意するものは、スプレーの空き缶と銅パイプです。銅パイプは90度に曲げて、ロウ付けという溶接、もしくはハンダ付けで接合します。

蒸気タービンが完成したら、パイプから適当な量の水を入れ、ガスバーナを点火します。パイプから蒸気が出てきたら、しばらくして蒸気タービンは回転を始めます。このとき、タービンの回転数が1分間に何回転なのかを測定してみましょう。

また、腕の長さの異なる蒸気タービンを用意して、回転数を比較してみるのもおもしろいでしょう。くれぐれも火傷には注意をしてください。

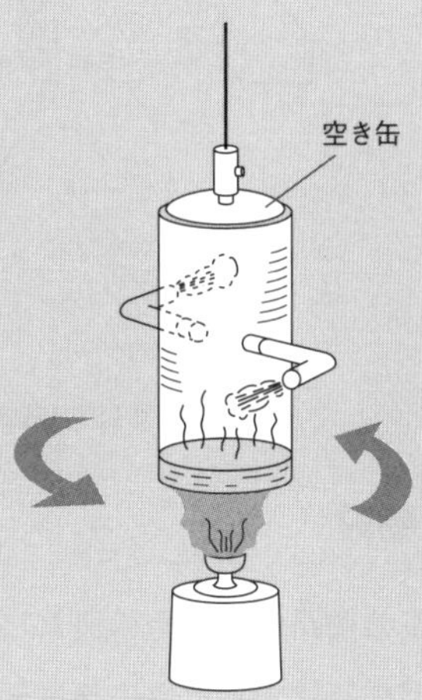

図3-29　蒸気タービンの製作

次に実際の蒸気タービンの説明に入ります。

ノズルは固定羽根ともよばれており、蒸気を膨張させて運動エネルギーに変換する部分です。ここでつくられる蒸気の流れによって、羽根車を回転させて動力を取り出します。

蒸気タービンでは、この蒸気の持つ熱エネルギーを運動エネルギーに変換する**ノズル**（**静翼**）と蒸気の運動エネルギーを機械的仕事に変換する**羽根**（**動翼**）との組み合わせが基本的な要素になっており、これを段といいます。段には、噴流を直接あてて動く**衝動段**と噴射の反作用を利用する**反動段**があります。

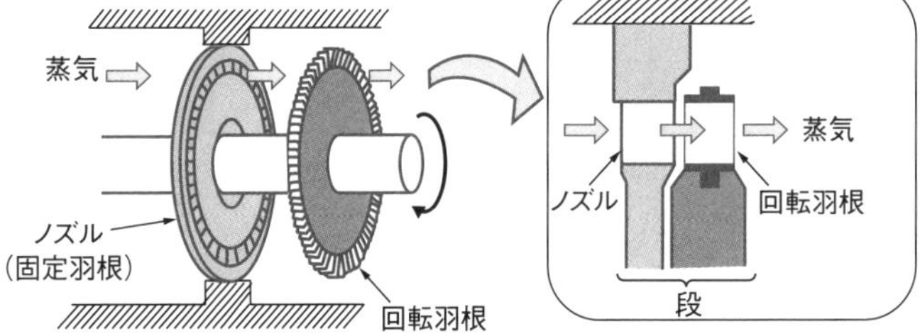

図3-30　蒸気タービンのしくみ

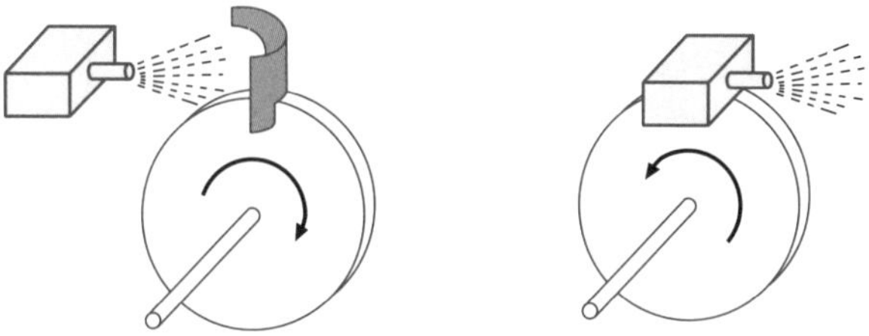

(a) 衝動タービン　　(b) 反動タービン

図3-31　蒸気タービンの動作原理と蒸気の流れ

衝動段

蒸気の通路面積がその流れに沿って一定となるような回転羽根を用いたもので、羽根に対する蒸気の速度変化はありません。蒸気の圧力降下はノズル部分だけで行われます。

反動段

蒸気の通路面積が出口では入口よりも狭くなるような回転羽根を用いたもので、蒸気の速度は入口よりも出口のほうが大きくなります。蒸気の圧力降下はノズルと回転羽根の両方で行われます。

衝動段と反動段における速度cと圧力pの関係は、次の表で示されます。

	速度 c		圧力 p	
衝動段	ノズル 上　昇	回転羽根 降　下	ノズル 降　下	回転羽根 一　定
反動段	固定羽根 上　昇	回転羽根 降　下	固定羽根 降　下	回転羽根 降　下

表3-3　衝動段と反動段の速度と圧力の関係

単式衝動タービン

単式衝動タービンは、1883年にドラバルによって発明された1列のノズルと1列の回転羽根からなる簡単な構造のタービンです。

このタービンはノズルで蒸気の熱エネルギーを速度エネルギーに変換して、回転羽根で速度エネルギーを仕事に変えています。羽根の周速度が遠心力の大きさなどに制限されるため、あまり大きくできません。そのため、小型のタービンに用いられます。

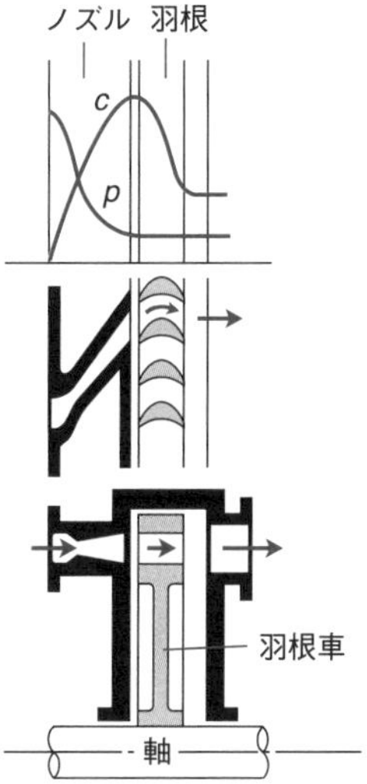

図3-32　単式衝動タービン

速度複式タービン

速度複式タービンは、1886年にカーチスにより発明された、1列のノズルと2列以上の回転羽根からなるタービンです。

このタービンでは、蒸気の熱エネルギーから速度エネルギーへの変換は、一列のノズルによって行われますが、速度エネルギーから仕事への変換は2列以上の回転羽根によって何回かに分けて行われます。単式タービンより高い効率を示すことが多く、他の形式のタービンと組み合わせて、高圧部の段として使用されています。

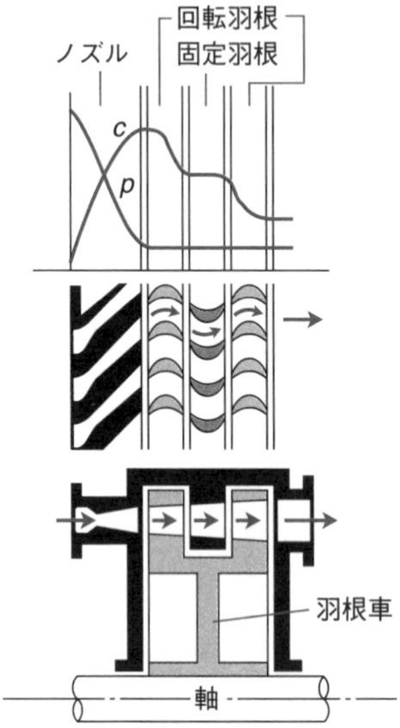

図3-33　速度複式タービン

反動タービン

反動タービンは、固定羽根と回転羽根とが交互に設けられたタービンで、1884年にパーソンスにより発明されました。

このタービンでは、蒸気は固定羽根で膨張するだけでなく、回転羽根でも膨張するため、回転羽根は衝動力とともに回転羽根内の膨張による蒸気速度の増加による反動力を受けて動力を発生することになります。

効率を上げるためには多数の段が必要になりますが、蒸気速度や回転速度の変動による効率の低下が少ないため、大型のタービンに使用されています。

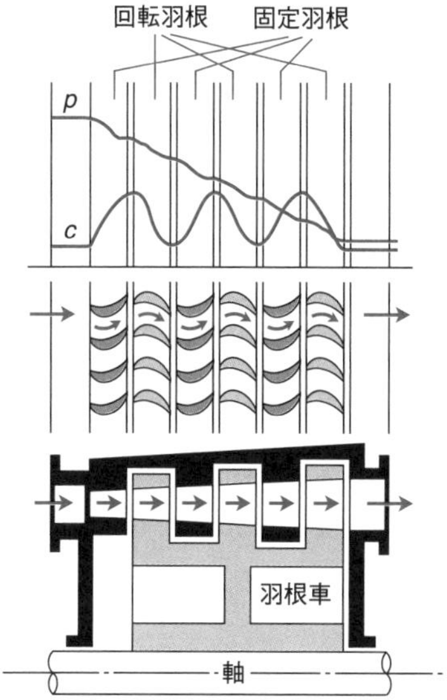

回転羽根でも膨張する

図3-34　反動タービン

3 ガスタービン

❶ ガスタービン

ガスタービンは、空気を圧縮機で圧縮して燃焼器に導き、圧縮された空気で燃焼器の中に噴射された燃料を燃焼させて高温高圧のガスをつくり、このガスをタービン羽根に当てて軸動力を得る原動機です。得られた動力の一部は圧縮機のためにも使われます。

ガスタービンの特徴は小型軽量で大出力が得られることや保守管理が容易なこと、多用な燃料に対応できること、騒音や振動が少ないこと、起動停止が容易なことなどがあげられます。

熱効率は30 %を超えるものもあり、出力が数 MWから100 MW以上のガスタービンが発電用、船舶用、車両用、航空機用などの各分野で幅広く使用されています。

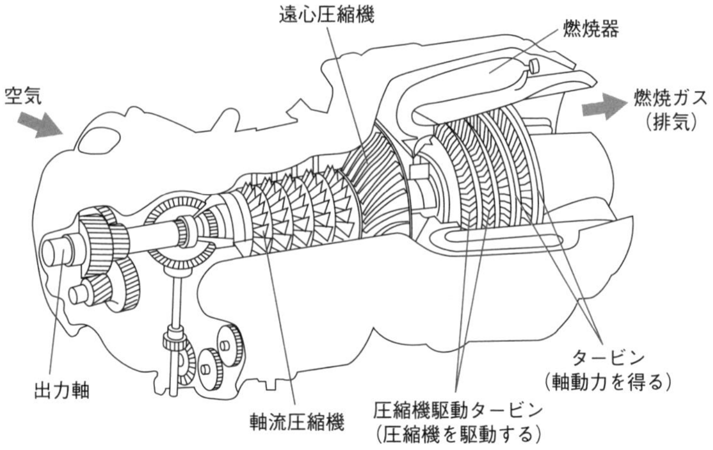

図3-35　ガスタービン

ブレイトンサイクル

ガスタービンの理論サイクルを**ブレイトンサイクル**といいます。

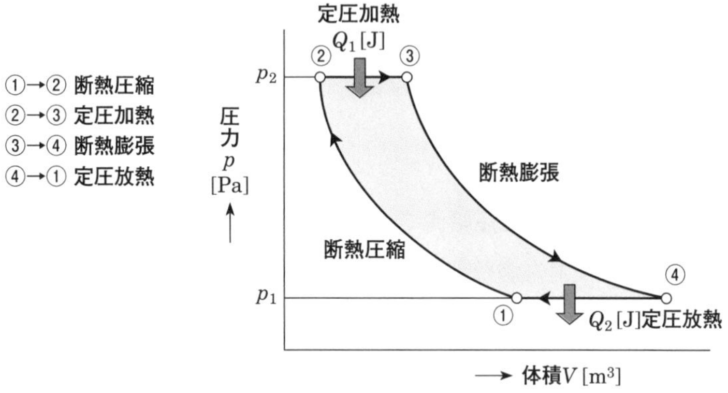

図3-36　ブレイトンサイクル

まず、①から②で空気の圧縮が行われ、②から③で定圧のまま圧縮空気が燃焼室に送り込まれます。ここで噴射された燃料は燃焼室内で燃焼し、定圧のまま熱量Q_1が加えられます。

③から④までが膨張行程で、タービンから仕事が取り出されます。

④から①で定圧のまま熱量Q_2を放熱します。

次にこのブレイトンサイクルの動作で出入りする熱量を考えてみましょう。

まず、加えられる熱量Q_1は作動流体の質量をm [kg]、定圧比熱をC_p [J/(kg·K)] とすると、次式で表されます。

$$Q_1 = mC_P\,(T_3 - T_2)\quad [\mathrm{J}]$$

また、外部に放出される熱量Q_2は次式で表されます。

$$Q_2 = mC_P\,(T_4 - T_1)\quad [\mathrm{J}]$$

よって、この間の仕事は、$W = Q_1 - Q_2$ より

$$W = mC_p\,[(T_3 - T_2) - (T_4 - T_1)]\quad [\mathrm{J}]$$

となります。また、このサイクルの理論上の熱効率ηは、

$$\eta = \frac{Q_1 - Q_2}{Q_1} \times 100 = \frac{mC_\mathrm{P}\,[(T_3 - T_2) - (T_4 - T_1)]}{mC_\mathrm{P}(T_3 - T_2)} \times 100$$

これを断熱変化の式を用いて書き換えると、次式に変形できます。

ブレイトンサイクルの熱効率　$\eta = 1 - \left(\frac{1}{\rho}\right)^{\frac{\kappa-1}{\kappa}}$

すなわち、ブレイトンサイクルの熱効率は、圧力比ρ($= \frac{p_2}{p_1}$)と比熱比κだけで表されることになります。そして、圧力比ρや比熱比κを大きくすると、熱効率が高まることを示しています。

ガスタービンの構成と構造

◆圧縮機

圧縮機は、吸入空気を圧縮して高圧空気を得るための回転機械です。

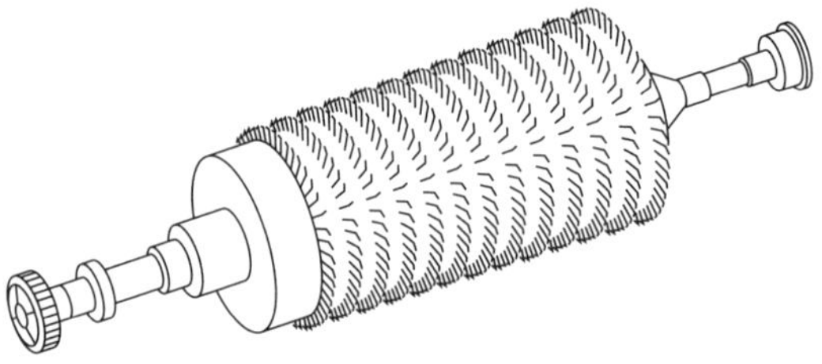

図3-37　多段式軸流圧縮機の羽根車

◆燃焼器

燃焼器は、高圧空気中に燃料を噴射して燃焼させて高温ガスを発生させる装置です。

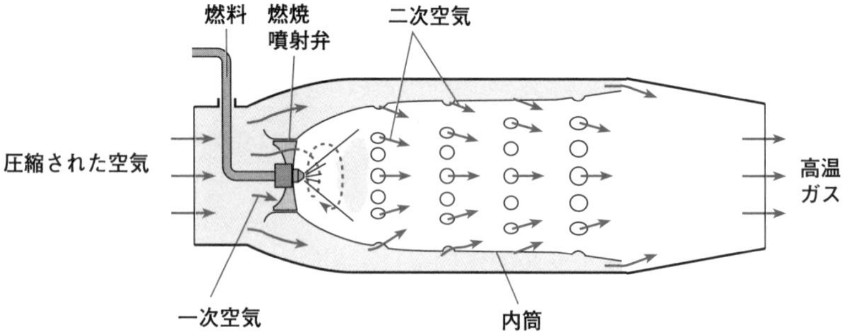

図3-38　燃焼器

◆タービン

燃焼室を出た高温高圧ガスを膨張させてその熱エネルギーを圧縮機やファンなどで取り出す回転機械です。

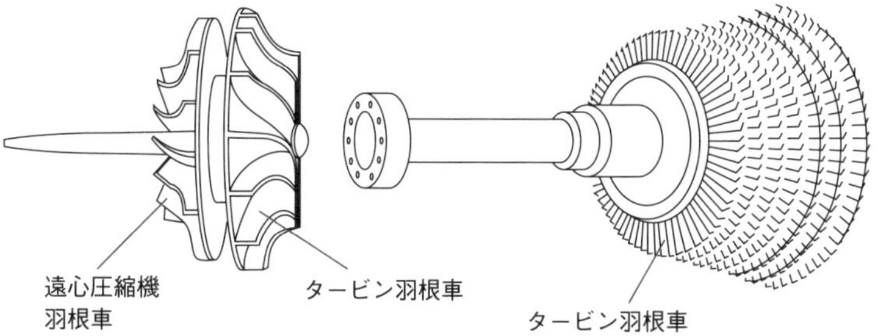

(a) 半径流形　　(b) 軸流形

図3-39　タービン

❷ 航空用ジェットエンジン

ジェット推進の基本は**作用反作用の法則**です。これは、風船を膨らましてから空気を抜いていくと、空気が噴出する勢いで風船が動くという原理です。

人類最初のジェット推進による飛行は、1939年にドイツ・ハインケル社のHe178型機により行われました。その後、1940年代前半までに、イギリス、アメリカでもジェットエンジンを搭載した航空機が次々に開発されます。

ターボジェットエンジン

ターボジェットエンジンは、タービンが圧縮機を駆動するのに使用され、高温・高圧の燃焼ガスを噴流として後方に噴出させ、その反動で直接推力を得る方式です。

この方式では、エンジン出力の100 %を排気ガスの噴流として取り出しています。噴流速度が大きいため、高速（マッハ0.8～3.0）の航空機用原動機として優れていますが、燃料消費率が高く、騒音が大きいという欠点があります。そのため現在、用途は主に軍用機に限られています。

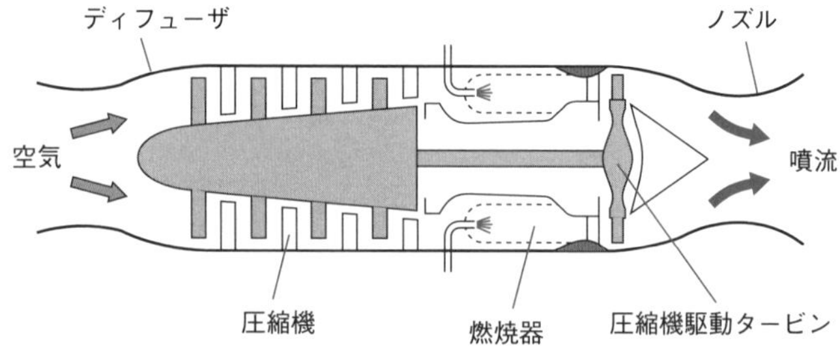

図3-40　ターボジェットエンジン

ターボファンエンジン

ターボファンエンジンは、圧縮機駆動タービンとは別にファン駆動タービンを設け、吸い込み空気の一部をファンで圧縮しただけで後方へ噴出し、燃焼ガスの噴流と一体にして推進力を得る方式です。ターボジェットエンジンに比べて、燃料消費率や騒音が大きく改善され、マッハ0.7～0.9の大型旅客機などに広く用いられています。

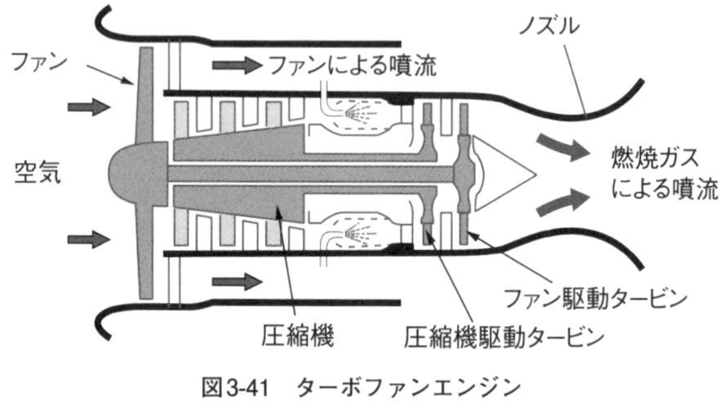

図3-41　ターボファンエンジン

ターボプロップエンジン

ターボプロップエンジンは、ガスタービンによりプロペラを回して推力を発生させるとともに、タービンを回した後の燃焼ガスを後方に噴出させ、その噴流（ジェット）による推力も利用する方式です。中速度・中高度の飛行をする航空機に適しています。

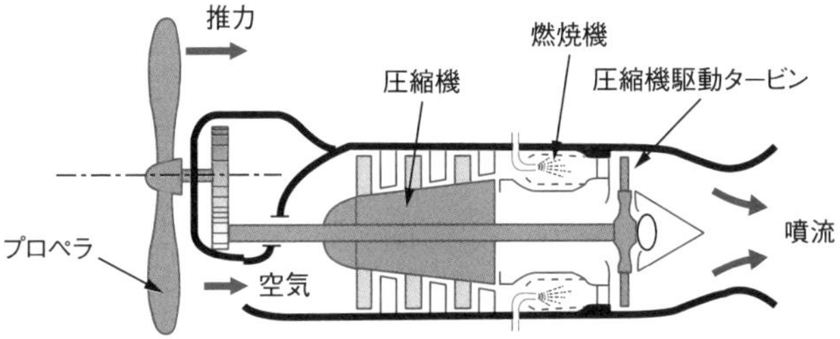

図3-42　ターボプロップエンジン

ターボシャフトエンジン

ターボシャフトエンジンは、ガスタービンの軸出力を100 %回転軸出力として取り出す方式であり、主にヘリコプタの動力に用いられています。

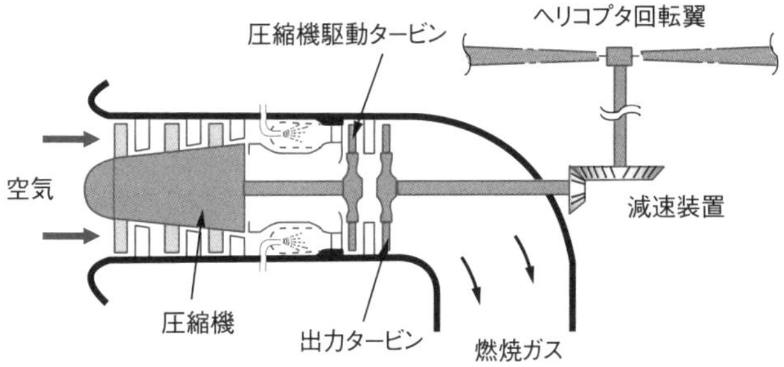

図3-43　ターボシャフトエンジン

ラムジェットエンジン

ラムジェットエンジンは、圧縮過程に機械をまったく使わず、流入する空気自身の運動エネルギーにより直接に圧縮し、これに燃料を噴射して燃焼させて、後部に噴出させて推力を発生するものです。マッハ3以上の高速の飛行に適しており、航空機のように滑走路に水平に着陸する形式の機体であるスペースプレーンのエンジンとして期待されています。

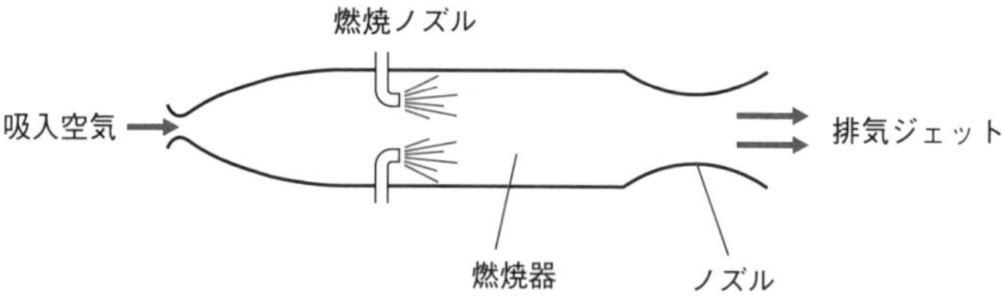

図3-44　ラムジェットエンジン

❸ ロケットエンジン

ロケットエンジンは、空気を利用したジェットエンジンとは異なり、すべての燃焼を自ら積み込んだ燃料によって行い、高温高圧のガスを噴出する反動により、推進力を発生する熱機関です。

燃料と酸素源とをあわせて携帯するため、その推力は空気密度に関係なく、数10 km以上の高空や大気圏外の宇宙飛行も可能になります。

燃料の形態は、低温の液化ガスを用いる液体燃料と固体燃料を用いる場合があります。

我が国では1994年、すべてを国産の自主技術で開発したH-Ⅱロケット第1号機の打ち上げに成功しました。この二段式ロケットには、第一段エンジンにLE-7、第二段エンジンにLE-5Aが使われています。どちらのエンジンも液体水素と液体酸素を燃料としています。

液体燃料ロケットは、エンジンの始動・停止が自在にできることや推進効率が高いなどの利点が多く、宇宙ロケットには最適なシステムです。

H-ⅡロケットでFで培われた技術はその後、H-ⅡAロケットに引き継がれて、2001年の打ち上げ以来、40回の打ち上げに成功しています。2020年以降には静止軌道打ち上げ能力の増強や打ち上げ時の安全性の向上、打ち上げ費用の削減を達成した新型のH3ロケットの打ち上げが予定されています。

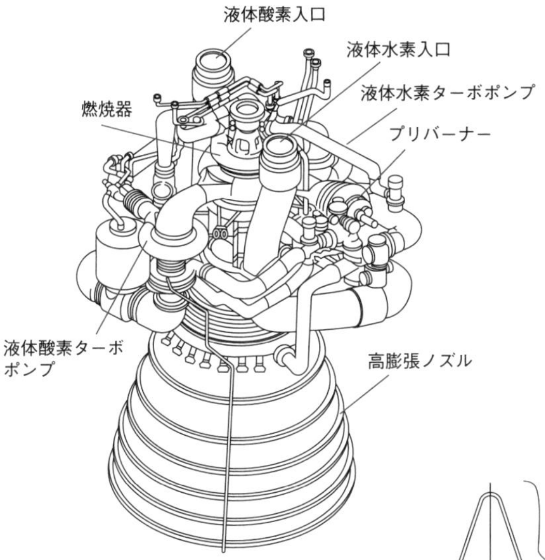

図3-45　第一段エンジンLE－7

ロケットの重さの比率は約90％以上が推進剤であり、残りの約10％を機体が占めています。ペイロードとよばれる人工衛星などの打ち上げ荷物はわずか1％にすぎません。

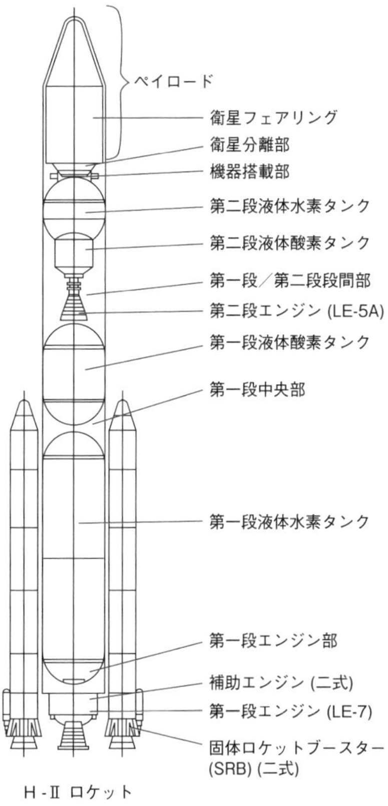

図3-46　H-Ⅱロケット

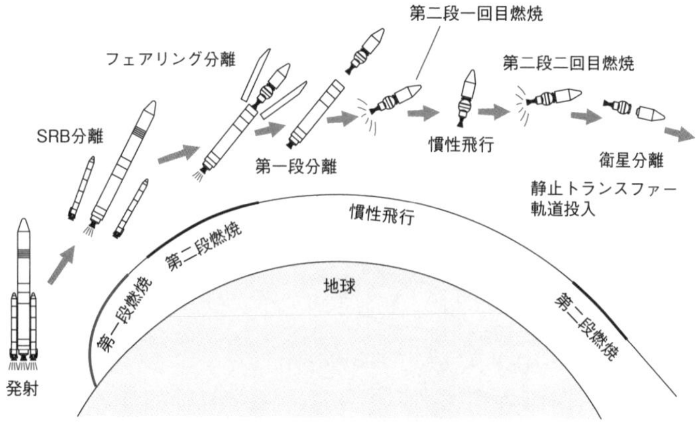

図3-47　二段式ロケットの燃焼順序

実験3-3

ペットボトルロケット

ペットボトルを利用したロケットをつくり、飛ばしてみましょう。ジェットエンジンはついていなくても、作用反作用によりロケットが飛ぶことは理解できると思います。

(順序)

(1) ペットボトルの中に空気を入れて飛ばす。

(2) ペットボトルの中に水を満杯にして入れる。

(3) ペットボトルの中にある程度の水を入れて飛ばす。

ロケットを高くまで飛ばすためには、大きな推進力が必要です。ペットボトルロケットは、閉じこめられた空気圧と噴出する水の質量で運動量をつくりだしているのです。

そのため、空気だけよりも一定量の水を入れたほうが大きな運動量を取り出すことができます。しかし、すべてを水で満たしてもなかなかうまくいきません。これは、空気と水の圧縮性に関係してきます。どのくらいの水の量のときに最も高くまでロケットを飛ばすことができるのかを調べ、なぜ水がその量のときに最も高くまで飛ぶのかを考察してください。

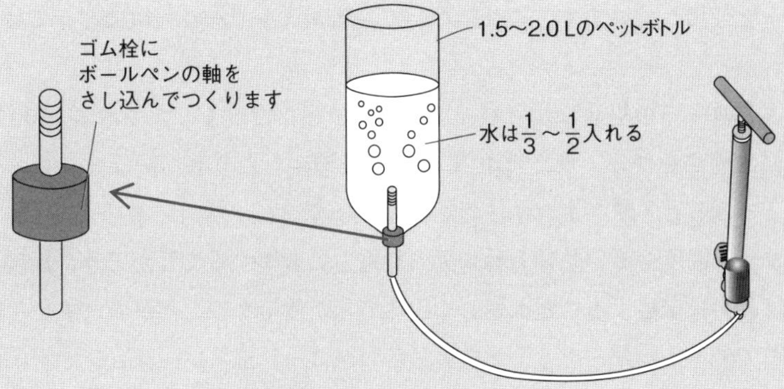

図3-48　ペットボトルロケット

図　3-49　製作したペットボトルロケット発射台

④ コージェネレーション

ガスタービンは航空宇宙分野だけに用いられているのではなく、私たちの身近なところでも活躍をしています。そして、熱エネルギーの流れをよく考えると省エネルギーにもつながるのです。ここでは熱エネルギーの有効活用について考えてみましょう。

水力発電では山の上にダムをつくり、川の流れに沿って水の落差の持つエネルギーを使用しています。これに対して、熱エネルギーの利用はどうでしょうか。

熱エネルギーの場合には、バーナーやストーブでつくりだされる1500℃以上の高温の熱を使い、例えば40℃の風呂を沸かしたりしています。これはよく考えてみると、熱エネルギーの無駄使いなのです。

つまり、温度の高い熱は容易に動力や電力に変換することができ、温度の低い熱は動力に変換することは難しく、熱でしか使用することができません。

そこで省エネルギーを考えて登場したのが**コージェネレーション**です。

コージェネレーションとは熱エネルギーと電気エネルギーを同時に発生させるシステムのことであり、**熱電併給**ともいわれます。

コージェネレーションでは、燃料に火をつけたら、まず熱機関で動力に変換します。そこで、発電をして動力を取り出すのです。

次に残った排熱で暖房や給湯を行えば、熱エネルギーを有効に活用できることになります。

ガスタービンと蒸気タービンを組み合わせた発電を**コンバインドサイクル発電**といい、CO_2の排出量が少ないすぐれた発電方法です。

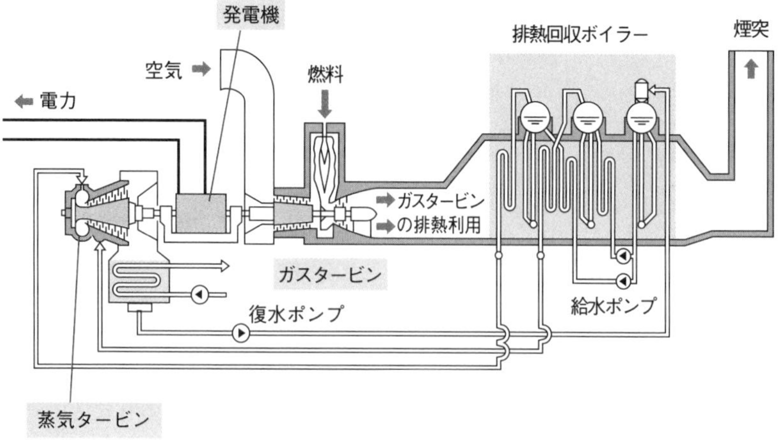

図3-50　コンバインドサイクル発電

コンバインドサイクル発電によるコージェネレーションの実用例として、コンバインドサイクル発電で発生する蒸気を近隣コンビナート内にある複数の工場に供給するものがあります。また、工業団地内にコンバインドサイクル発電を設置して、工業団地内の企業が利用するエネルギーを安価かつ安定的に供給している事例もあります。さらには、廃棄物処理施設のごみ焼却プラントにおいて発生する熱回収を行い、地域にある施設の暖房や温水プールの加熱などに利用する事例も各地で見られます。今後はスマートコミュニティ（スマートシティ）においてコージェネレーションによって発生する熱と電気を活用する取り組みなども期待されています。

Column 火星探査

1996年8月6日、NASAは1984年に南極大陸で採集された火星が起源とされる隕石の中から、原始生命が存在した痕跡を発見したと発表しました。地球以外の惑星に生命がいるかもしれないというニュースが火星探査への興味を増加させたのです。

1997年7月4日、米航空宇宙局（NASA）の火星探査機マーズ・パス・ファインダーが火星に着陸し、エアバッグを利用したユニークな着陸方法や、小型探査車ソジャーナーが予想以上に活躍したことなどが世界の注目を集めました。

そして、無人火星探査機マーズ・グローバル・サーベイヤーからは、さまざまな画像情報が地球に届きました。

火星は気圧が地球の100分の1、平均気温は－60℃、大気は95.3％がCO_2という過酷な環境にあります。それなのに、なぜ人類は火星探査を行うのでしょうか　もちろん、生命の存在を探ることもその大きな理由です。地球以外の惑星に生命が存在していた、もしくは存在していることがわかったら、私たちの生命に対する認識は大きく変化することでしょう。

また、将来火星へ基地を建設して、人類を居住させようとする計画も本格的に進められています。人類は酸素と水がなければ生きてゆけません。そのための酸素は火星大気中のCO_2から抽出します。

水はCO_2と地球から持参した水素と反応させることにより得ることができます。このとき発生したメタンを分解すると、再び水素が取り出せます。

さらに、火星には鉄鋼石やアルミニウムなどの資源が豊富に存在しています。それらの採取も将来的には必要となるかもしれません。

その後、2003年に打ち上げられた小惑星探査機はやぶさが、2005年に小惑星イトカワに到達し、2010年には世界で初めてのサンプルリターンに成功するという大きな出来事がありました。2020年以降にはいよいよ火星表面からのサンプルリターンに挑む火星探査機の打ち上げが計画されています。

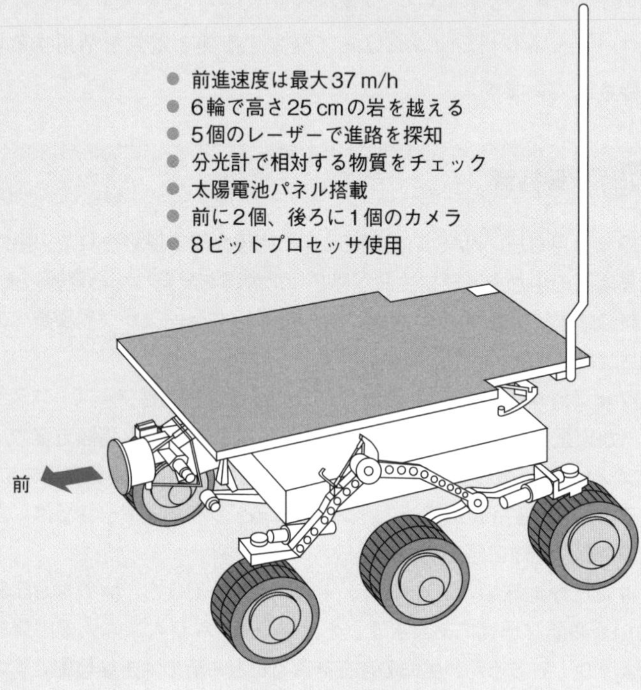

図3-51 火星探査車

Chapter

4

機構と制御

私たちの周りには、ロボットや自動車など複雑な動きをするさまざまな機械が存在しています。しかし、複雑に見えるこれらの機械も、その動きを一つ一つ分析してみると、案外簡単な機構（メカニズム）の組み合わせで成り立っていることがわかります。複雑に見えるのは、いくつかの基本的な機構が巧妙に結びついているためであり、そこに機械設計者の豊かな発想が注がれるのです。

そのため、機械設計を行うときには、運動の大きさや方向を変えるためのリンク装置やカム装置などの基本となる動きを、正しく理解しておく必要があります。また、機械に必要な動きをさせるためには、電気回路に関する基礎的な事項を正しく理解し、正確な制御を行う必要があります。

本章では、機構と機械部品などのメカニズムと制御に関する基礎事項を学び、どのようにして実際の機械設計にそれを生かしていくのかについて理解を深めたいと思います。

4-1 機構

1 リンク

機械の運動にはさまざまな種類がありますが、その基本は**直線運動**と**円運動**です。または**往復運動**と**回転運動**ともいえます。特に機械の動力源では、熱機関でも電気モータでも、元は滑らかな高速回転運動であることが多くあります。

この元となる回転運動を往復運動や揺動運動、曲線運動へと運動の変換をしたり、同じ種類の運動でも、その速度や力の大きさを拡大・縮小しながら伝達するものが機構（メカニズム）です。

代表的な機構に**リンク装置**（リンク機構）があります。リンク装置は、細い棒である4本のリンクを4つのピンで結合させてつくられるため、4節回転機構とも呼ばれます。

機構設計では、それぞれのリンクをどのような長さにし、どのリンクを固定して、どのリンクを回転させるのかなどを決めて行くことになります。

まず、基本的なリンク装置について説明していきます。

❶ てこクランク機構

てこクランク機構は、図4-1のように4本のリンク（A、B、C、D）のうち、最短リンクBと隣り合うリンクAまたはリンクCを固定した機構です。図のようにリンクAを固定してリンクBを回転させると、リンクDは行ったり来たりの**揺動運動**を行います。この機構は電気モータの回転運動で最短リンクBを回転させることにより、リンクDから揺動運動を取り出す機構として用いられます。

このように、固定したリンクのピンのまわりで揺動運動をするものを**てこ**といい、回転運動をするものを**クランク**といいます。図の場合、リンクBはクランク、リンクDはてことなります。

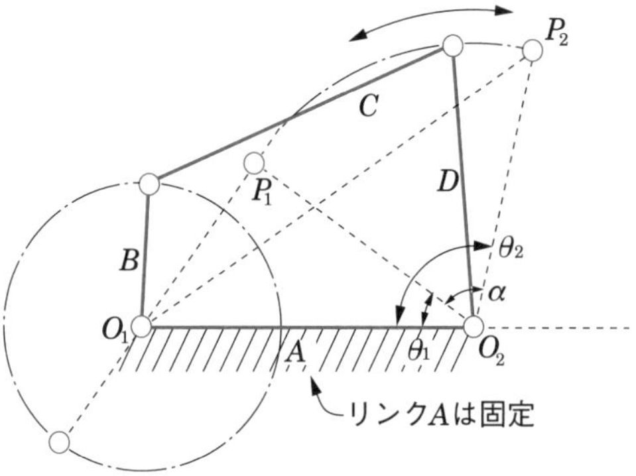

図4-1　てこクランク機構

ここで、てこクランク機構の成立条件は、次の不等式が成立するときに限ります。

◆グラスホフの定理

$$\boldsymbol{B+A<C+D}$$

$$\boldsymbol{B+C<A+D}$$

$$\boldsymbol{B+D<A+C}$$

すなわち、最短リンク（B）とそれ以外のどれかのリンクの長さを足し合わせたものは、残りの二つのリンクの長さを足し合わせたものよりも小さくなります。この成立条件のことを**グラスホフの定理**といいます。

例えば、リンクDをショベルとして利用することを考えると、そのふれ角が重要となります。ここでは、てこの働きをするリンクDの振れ角αを求めてみます。

てこDはある決められた角度αの範囲内を動き、最も右に傾いたとき（△$O_1O_2P_2$）と、最も左に傾いたとき（△$O_1O_2P_1$）に、2種類の三角形ができます。

余弦定理より、三角形の三辺の長さがそれぞれわかっていれば、三角形の三つの角度は次式で求められます。

◆余弦定理

$$a^2 = b^2 + c^2 - 2bc\cos A$$

$$b^2 = c^2 + a^2 - 2ca\cos B$$

$$c^2 = a^2 + b^2 - 2ab\cos C$$

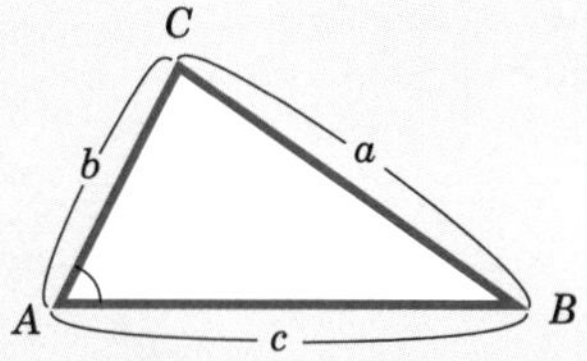

図4-2　余弦定理

例 4-1

リンクAを固定したてこクランク機構があります。各リンクの長さを、$A=60$、$B=20$、$C=50$、$D=45$とするとき、両端でそれ以上動かなくなる死点の位置θ_1、θ_2を求め、てこDが揺動する角度αを求めなさい。

解　答

まず、てこが最も左に傾いたとき（$\triangle O_1O_2P_1$）の角度θ_1を求めます。$\triangle O_1O_2P_1$に余弦定理をあてはめます。

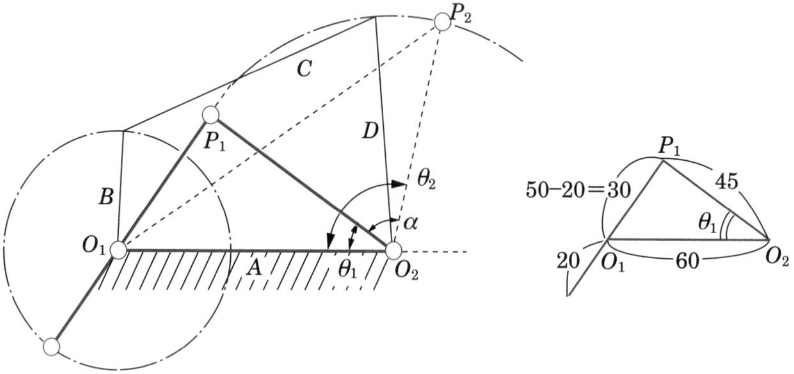

図4-3　てこが左端

$$(O_1P_1)^2 = (O_1O_2)^2 + (O_2P_1)^2 - 2(O_1O_2)(O_2P_1)\cos\theta_1$$

$30^2 = 45^2 + 60^2 - 2 \times 45 \times 60 \times \cos\theta_1$ より、

$\cos\theta_1 = 0.875$　より

$\therefore \theta_1 = 29.0°$

次に、てこが最も右に傾いたとき（$\triangle O_1O_2P_2$）の角度θ_2を求め、$\theta_2 -\theta_1$よりαが求まります。

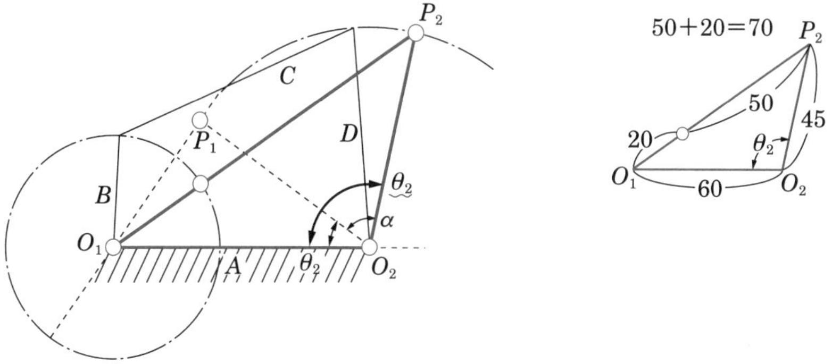

図4-4　てこが右端

$$70^2 = 45^2 + 60^2 - 2 \times 45 \times 60 \times \cos\theta_2 \text{より、}$$

$$\cos\theta_2 = 0.134 \text{ より、}$$

$$\therefore \theta_2 = 82.3^\circ$$

$$\alpha = \theta_2 - \theta_1 \text{より、}$$

$$\alpha = 82.3^\circ - 29.0^\circ = 53.3^\circ$$

❷ 両クランク機構

両クランク機構は最短リンクBを固定したときにできる機構です。二つのリンクAとCはクランクとして回転します。

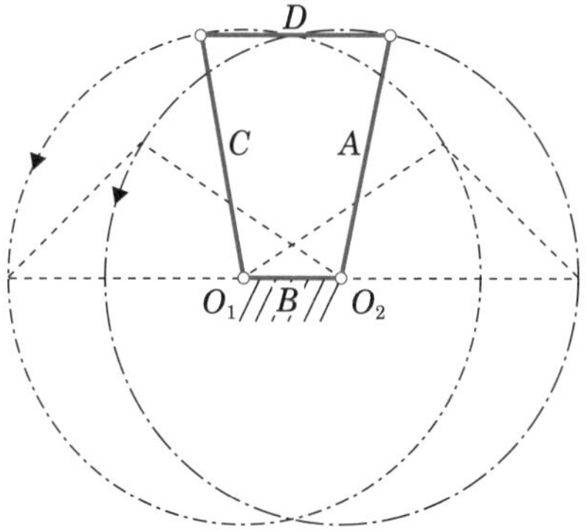

図4-5　両クランク機構

❸ 両てこ機構

両てこ機構は最短リンクBに向かい合ったリンクDを固定したときにできる機構です。二つのリンクAとCはてこの動きをします。

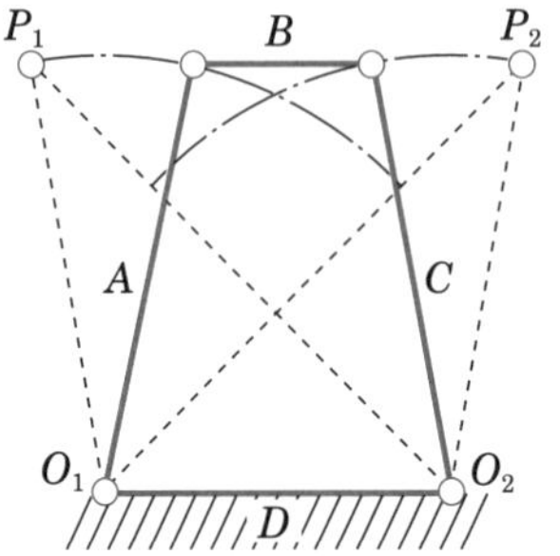

図4-6　両てこ機構

❹ 往復スライダクランク機構

往復スライダクランク機構は往復運動と回転運動の変換を行う代表的な機構です。てこクランク機構の最短リンクBを限りなく短くして、固定リンクの上を沿わせた特殊なリンク装置です。そのため、リンクの本数は4本より少なく見えます。

運動の伝達を考えるときには、最初にエネルギーを受け入れる部分である**原動節**と原動節の動きを必要な動きに変換する**従動節**とがあります。

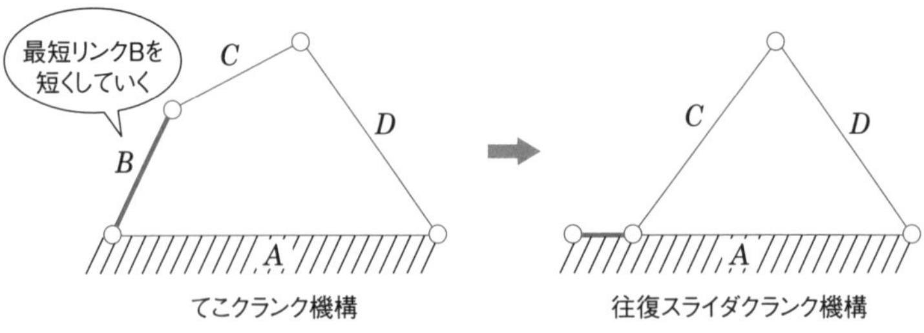

図4-7　往復スライダクランク機構の考え方

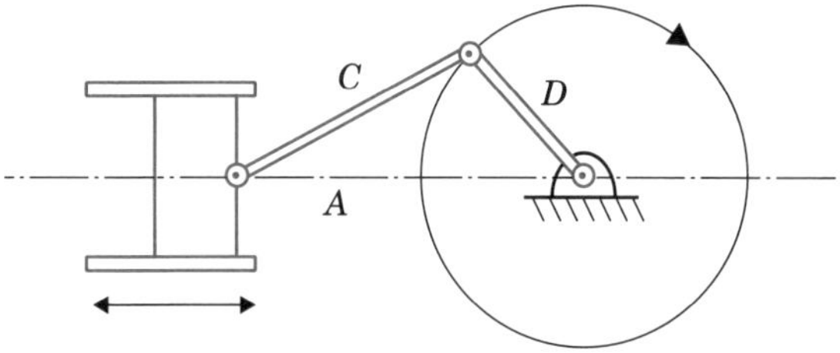

図4-8　往復スライダクランク機構

例 4-2

往復スライダクランク機構を製作してみましょう。

まず最初に各部の名称を確認しておきます。図4-10で、往復運動を行う円筒形の部分をピストン、回転運動を行う円板をつり合いおもり、この二つの部品をつないでいる棒を連接棒といいます。

また、連接棒として使われる丸棒は回転運動を行うためピンで結合され、接着はされていません。このような動きをする部分のことを回り対偶といいます。対偶とは2つの機械要素が相互に運動しているとき、その結びつきのことをいいます。

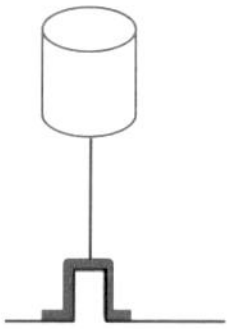

図4-9　クランク

機構的には下部のコの字形の曲がっている部分が重要であり、これをクランクといいます。

ここでは、次のような設計仕様で往復スライダクランク機構の立体模型をつくってみましょう。

・設計仕様：行程容積　50～60 cm^3

・使用する材料と工具：厚紙、丸棒（直径10 mm）、接着剤、はさみ、カッター、コンパス、のこぎり

行程容積とは、ピストンが最も上にきた位置（上死点）と最も下にきた位置（下死点）の間をピストン上部が動いたとき描く円筒形の軌跡のことです。

また、上死点と下死点の距離を行程（ストローク）といいます。

ここではまず、ピストンの直径を30、40、50 mmの中から選び、その断面積を求めてください。

次に自分で考えた行程容積になるようにストロークを決めてください。この二つの値から最終的な行程容積が求まるはずです。

後は図を見ながら各自で寸法を決めて、立体的な機構模型をつくってみましょう。

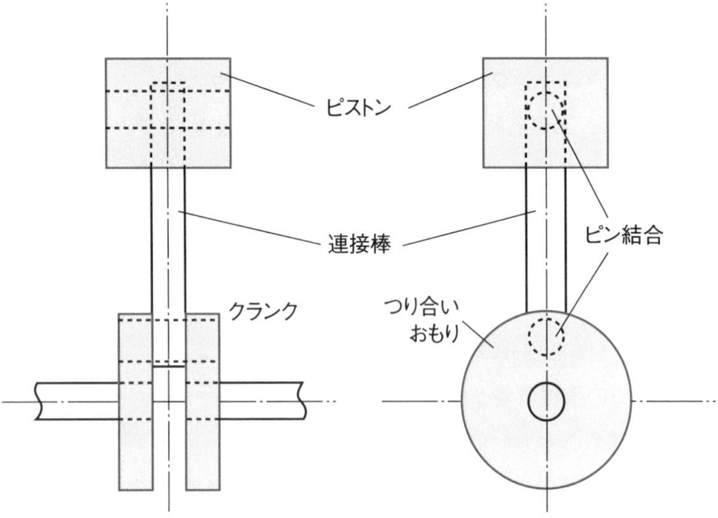

図4-10　往復スライダクランク機構の製作図

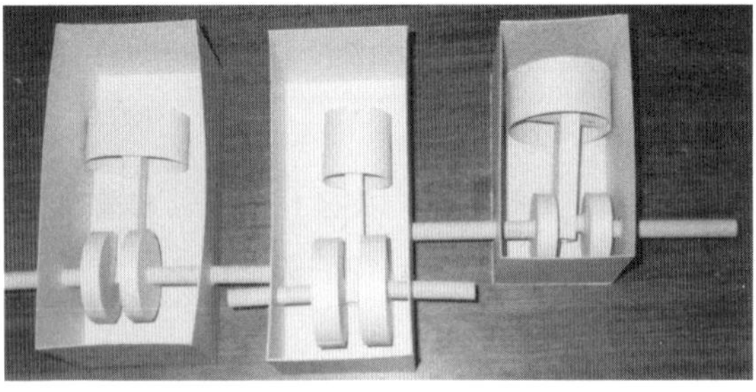

図4-11　完成した往復スライダクランク機構の模型

ピストン速度と加速度を求めよう（リンク装置の数理解析）

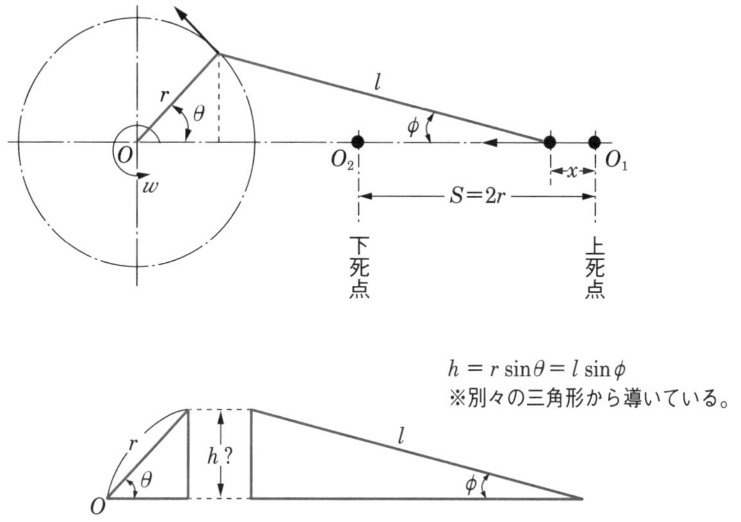

図4-12　リンク装置の数理解析

◆ピストンの移動距離

図において、上死点O_1、下死点O_2、連接棒の長さl、クランクの長さr、回転角度θ、行程Sを表します。このときのピストンの移動距離を求めます。

ピストンの上死点O_1からの移動距離xを、r、l、θ、ϕを用いて表すと、次のようになります。

$$O_1 \text{からの移動距離} \quad x = (r + l) - (r\cos\theta + l\cos\phi)$$
$$= r(1 - \cos\theta) + l(1 - \cos\phi) \quad \cdots\cdots(a)$$

また、図の三角形から、$l \sin\phi = r \sin\theta$ なので、

$$\sin\phi = \frac{r}{l}\sin\theta = \frac{\sin\theta}{n} \quad \cdots\cdots(b)$$

となります。ここで、$n = \dfrac{l}{r}$ とします。

$\sin^2\theta + \cos^2\theta = 1$の関係より、$\sin\theta$がわかれば、$\cos\theta$は、

$$\cos\theta = \sqrt{1 - \sin^2\theta} \quad \cdots\cdots(c)$$

となります。次に$\cos\phi$を求めてみましょう。

式 (c) に式 (b) を代入し、展開式を用いて高次の微小項を省略すると、

$$\cos\phi = \sqrt{1 - \sin^2\phi} = \sqrt{1 - \left(\frac{\sin\theta}{n}\right)^2} = 1 - \frac{\sin^2\theta}{2n^2} - \cancel{\frac{\sin^4\theta}{8n^4}} - \cdots\cdots$$

$$= 1 - \frac{\sin^2\theta}{2n^2} \quad \cdots\cdots(d)$$

となります。

式 (d) を式 (a) に代入して、xをr、θ、nを用いて表すと、

$$変位 x = r(1 - \cos\theta) + l\frac{\sin^2\theta}{2n^2}$$

$$= r(1 - \cos\theta) + nr\frac{\sin^2\theta}{2n^2} \quad (l = nr より)$$

$$= r(1 - \cos\theta) + \frac{r\sin^2\theta}{2n} \quad \cdots\cdots(e)$$

となります。この式は、連接棒の長さl、クランクの長さr、回転角度θがわかれば、そのときの変位xが導けることを表しています。

例 4-3

図4-12で、クランクrの長さが200 mm、連接棒lの長さが1200 mmで、$\theta = 60°$ のとき、スライダの変位xは何 mmになりますか。

解 答

$$n = \frac{l}{r} = \frac{1200}{200} = 6$$

式 (e) より，変位xは，

$$x = 200(1 - \cos60°) + 200 \times \frac{\sin^2 60°}{2 \times 6}$$

$$= 200(1 - 0.5) + 12.5$$

$$= 100 + 12.5$$

$$= 112.5[\mathrm{mm}]$$

◆ピストンの速度

次にピストンの速度vを求めてみましょう。

速度とは変位の時間変化のことを表しているため、変位xを時間tで微分すれば速度vが求まります。

$$\text{速度}\,v = \frac{dx}{dt} = \frac{dx}{d\theta} \cdot \frac{d\theta}{dt}$$

先に求めた(e)式と、$\dfrac{d\theta}{dt} = \omega$（$\omega$は角速度：単位時間の回転角度）より，

$$v = \frac{dx}{d\theta} \cdot \omega = \left(r\sin\theta + \frac{r}{n}\sin\theta\cos\theta \right) \cdot \omega$$

ここで、$\sin\theta\cos\theta = \dfrac{1}{2}\sin 2\theta$

$$\text{ピストンの速度}\quad v = r\omega\left(\sin\theta + \frac{\sin 2\theta}{2n} \right)$$

◆ピストンの加速度

次にピストンの加速度aを求めてみましょう。

加速度とは速度の時間変化のことを表しているため、速度vを時間tで微分すれば加速度aが求まります。

$$\text{加速度}\quad a = \frac{dv}{dt}$$

$$= \frac{dv}{d\theta} \cdot \frac{d\theta}{dt}$$

上で求めたvと$\dfrac{d\theta}{dt} = \omega$より、

$$a = \frac{dv}{d\theta} \cdot \omega = r\omega^2\left(\cos\theta + \frac{\cos 2\theta}{n} \right)$$

ここで、$\theta = 0°$または$180°$を代入すると、$\cos 0° = 1$、$\cos 180° = -1$より、

$$\text{ピストンの加速度}\quad a = r\omega^2\left(\pm 1 + \frac{1}{n} \right)$$

となります。

ここで、$+1$はO_1（上死点）、-1はO_2（下死点）による値です。

往復スライダクランク機構の応用例

◆魚ロボット

ここでは、往復スライダクランク機構の応用例として、魚ロボットを紹介します（2000年、東工大付「課題研究」より）。このロボットは魚の尾びれの動きを再現させて、実際に推進するロボットをつくることを目的としてつくりました。この魚ロボットは尾びれを動かすために、位相をずらした2つの往復スライダクランク機構を利用しています。それぞれのクランクはベルトで接続されており、1つのモータの回転運動で動きます。バッテリーも本体に搭載されており、無線のコントローラにより操縦を行います。実際にプールでとてもリアルな動きを再現できました。

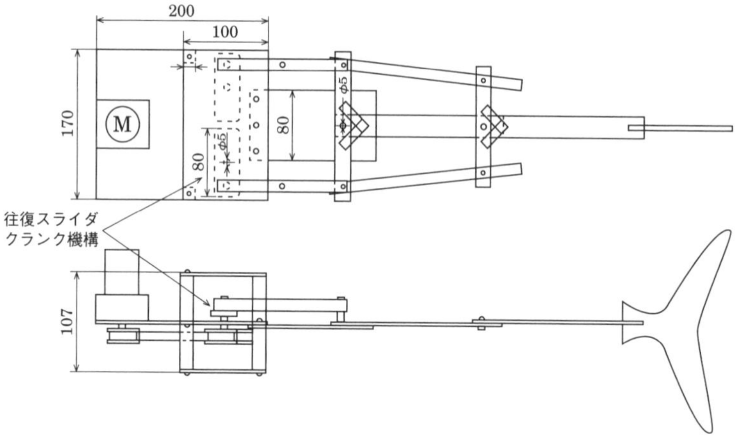

図4-13　魚ロボットの図面

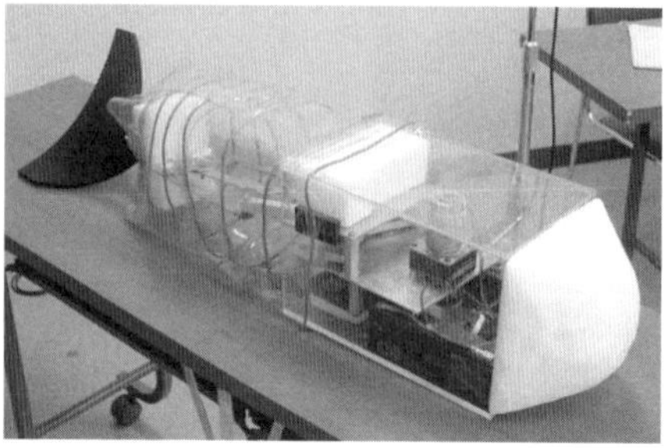

図4-14　魚ロボット

2 カム

特殊な形状を持つ**カム**という原動節に回転運動または直線運動を与えて、これと対偶をなす従動節に複雑な往復運動をさせる装置を**カム装置**といいます。

1 カムの種類

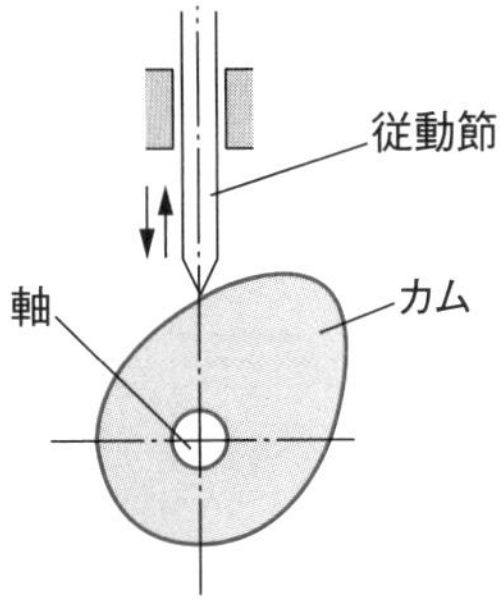

図4-15　カム装置

カムには大きく分けて、平面的な動きをする**平面カム**と立体的な動きをする**立体カム**があります。いくつかの例を以下に示します。

◆平面カム

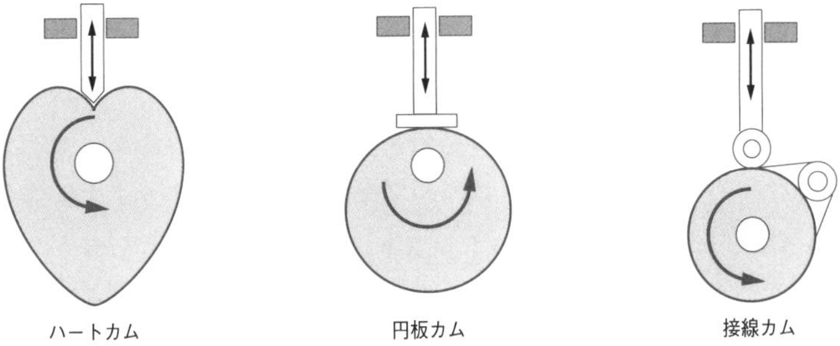

図4-16　平面カム（1）

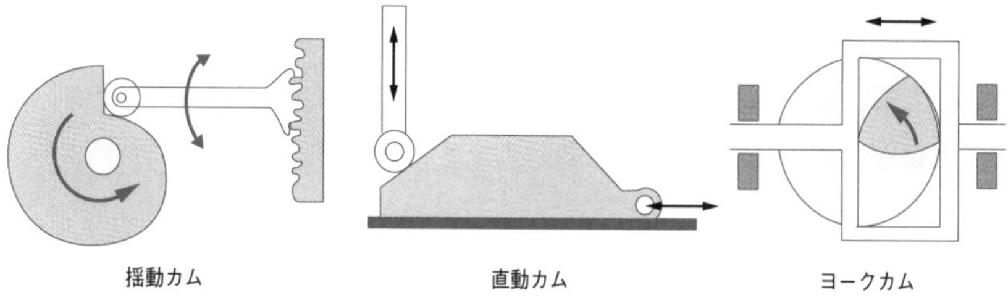

図4-17　平面カム (2)

◆立体カム

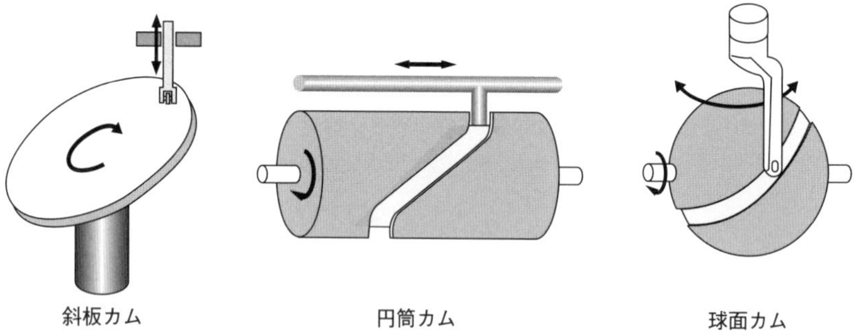

図4-18　立体カム

◆自動車のカム

自動車のバルブシステムにもカムが用いられています。

ここでのカムには燃焼室に空気とガソリンの混合気を送り込む**吸気バルブ**と燃焼後のガスを排気する**排気バルブ**があります。

また、バルブの配置には図のようにいくつかの種類があります。

OHV（オーバーヘッドバルブ）はバルブ機構をシリンダヘッド上に備えた形式です。OHC（オーバヘッドカムシャフト）はカムシャフトがピストンの頭上にある形式であり、OHVより小型軽量で高出力を得やすいという特徴があります。DOHC（ダブルオーバーヘッドカムシャフト）はOHCの吸気バルブと排気バルブに別々のカムシャフトを持つ形式であり、燃費性能と出力性能を両立できるため、多くの自動車に普及しています。なお、カムが2個あることから、これをツインカムともよばれます。

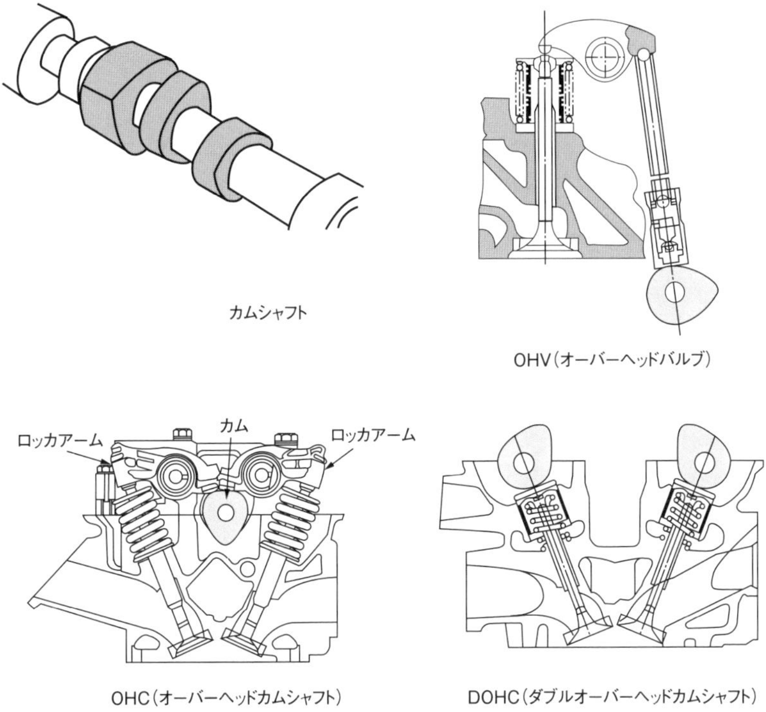

図4-19　自動車のバルブで使われるカム

❷ カム変位線図

機械設計において、動くしくみとなる機構にカムを使用することにしたら、カムから出力される運動の詳細を決定した後、カムの形状を設計していくことになります。

カム装置における従動節の運動は、カムの輪郭の形状によって決まります。カムの輪郭を決めるときには、カムの回転角（移動量）と従動節の変位の関係を知る必要があります。この関係を表した線図を**カム変位線図**といい、この図に示された曲線を**変位曲線**といいます。

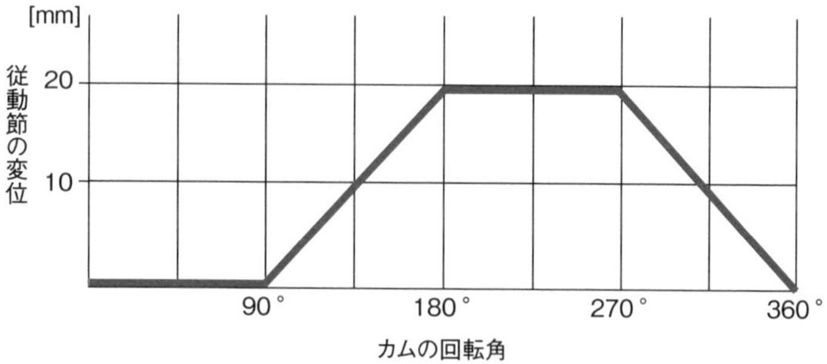

図4-20　カム変位線図

図で、はじめの90°は静止、次の90°は等速度で20 mm上昇、次の90°は静止、次の90°は等速度で下降します。このときカムは反時計回りに回転しています。

上図からカムの輪郭を求めると、次のようになります。

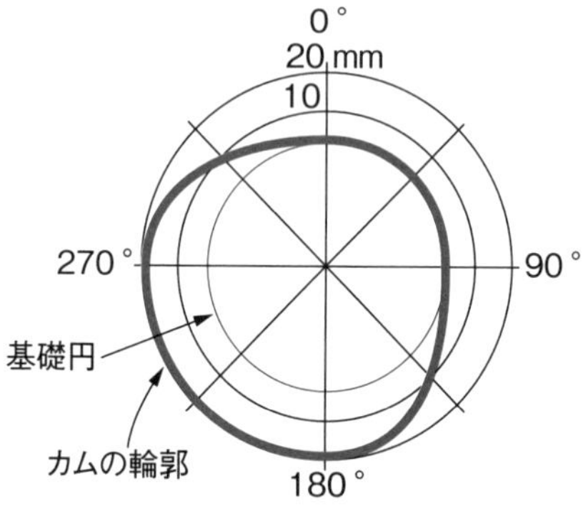

図4-21　カムの輪郭

ここで、カムの輪郭の最小半径の点を通る円を**基礎円**といいます。

従動節がカムに作用する力の方向と、カムが回転することによって従動節に及ぼす力の方向がつくる角度を圧力角といいます。カムの直径が小さすぎると圧力角が大きくなり機構に無理な力がかかることになるため、機械全体の中においてできるだけ大きくとるとよいです。

カムはコンピュータ制御をしなくても複雑なタイミングでの動きを生み出すことができるという特徴があります。

❸ カムの数理解析

図のような円板カムにおける従動節の変位x、速度v、加速度aを求めてみましょう。

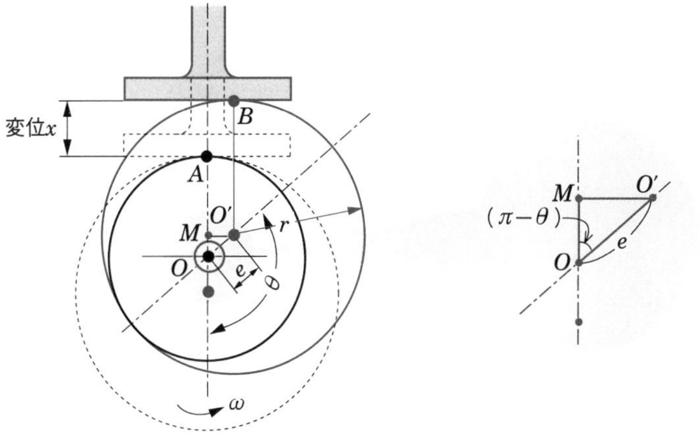

図4-22　カムの数理解析

上図でeを偏心といいます。図より変位xは次のように求まります。

$$x = \overline{OM} + \overline{O'B} - \overline{OA}$$
$$= e\cos(\pi - \theta) + r - (r - e)$$
$$= e(1 - \cos\theta)$$

次に、$\theta = \omega t$を代入して、求めた変位を時間tで微分すると、カムの速度vが求まります。

カムの速度　$v = \dfrac{dx}{dt} = e\omega\sin\theta$

速度vを時間tで微分すると、カムの加速度aが求まります。

カムの加速度　$a = \dfrac{dv}{dt} = e\omega^2\cos\theta$

Column 機械工学で使う微分

関数$f(x)$が与えられたとき、xの値がaから$a+h$に変わったときの関数の変化は、

$$f(a+h)-f(a)$$

となります。

このとき、この関数の値の変化$f(a+h)-f(a)$を、変数の値の変化hで割った商の極限値、すなわち、$\lim_{h\to 0} = \frac{f(a+h)-f(a)}{h}$を、$x=a$における$f(x)$の微分係数といい、これを$f'(a)$で表します。

$$f'(a) = \lim_{h\to 0} = \frac{f(a+h)-f(a)}{h}$$

また、図形的には、$x=x_1$における関数$f'(x)$の微分係数$f'(x_1)$は、$x=x_1$における$y=f(x)$上の点$(x_1、f(x_1))$におけるこの曲線の接線の傾きを表しています。

速度vは、ある時間tに移動した距離Sなので、$\lim_{\Delta t\to 0} = \frac{\Delta S}{\Delta t} = \frac{dS}{dt}$つまり、$v=\frac{dS}{dt}$と考えることができます。このことからも、速度は距離を時間で、微分したものであることがわかります。

また、加速度aは、ある時間tにおける速度の変化なので、$a=\frac{dv}{dt}$と考えることができます。ここで、加速度は速度（変化）を時間（変化）で微分したものであることもわかります。

また、カムの数理解析では、三角関数の微分として、以下の式を利用しました。

$f(x)=\sin\theta$を微分すると、$f'(x)=\cos\theta$
$f(x)=\cos\theta$を微分すると、$f'(x)=-\sin\theta$

機械工学では多くの場面で物体の運動を扱います。また、流体力学や熱力学でもミクロな粒子の運動を扱うことが多くあります。このような運動という物理現象を数式で表すときに登場するのが微分方程式です。

その際、変位（位置）を微分すると速度が求まり、速度を微分すると加速度が求まるという関係はたびたび活用します。

機械工学を学んでいくため、道具としての数学を身に付けることが立派なエンジニアになるための近道となります。

3 歯車

歯車は円筒や円すいの周縁に歯を刻んだものを対にしてかみ合わせることにより、回転運動を伝える機械要素です。機械の動きを生み出すのに歯車を使用しないものはないといえるくらい機械工学の基礎として重要な歯車について説明していきます。

❶ 歯車の種類

平歯車は歯すじが軸に対して平行で直線状の歯を持つ代表的な歯車であり、動力伝達用に幅広く使用されています。騒音や振動が問題になる場合には、より滑らかにかみ合う歯車を使用します。はすば歯車は歯すじが軸に対して一定の角度を持つ歯車です。歯が少しずつかみ合うため、平歯車よりも騒音や振動が小さくなります。

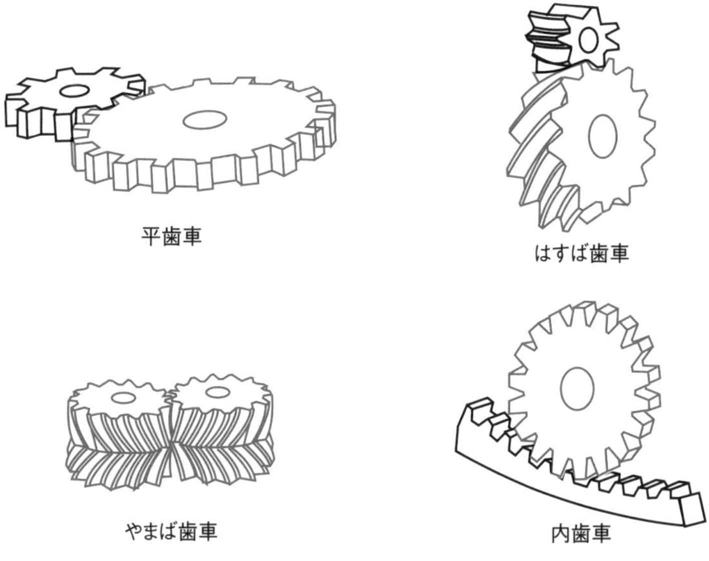

図4-23　2軸が平行な歯車

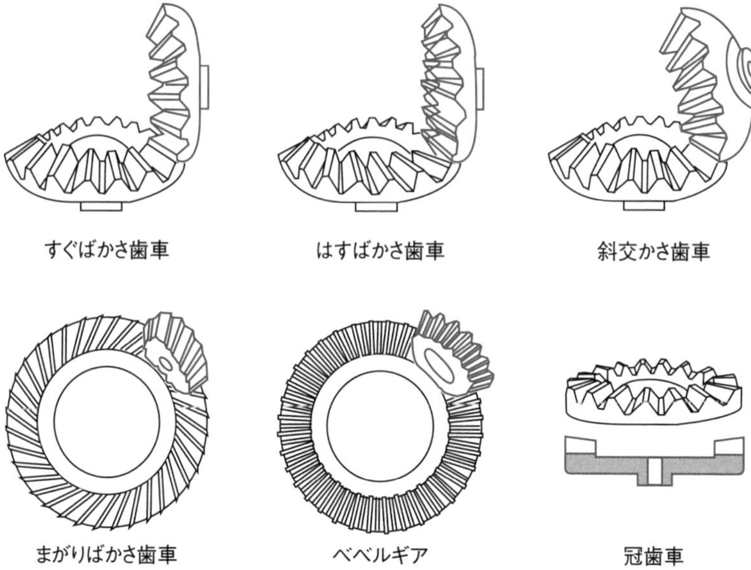

図4-24　2軸が交わる歯車

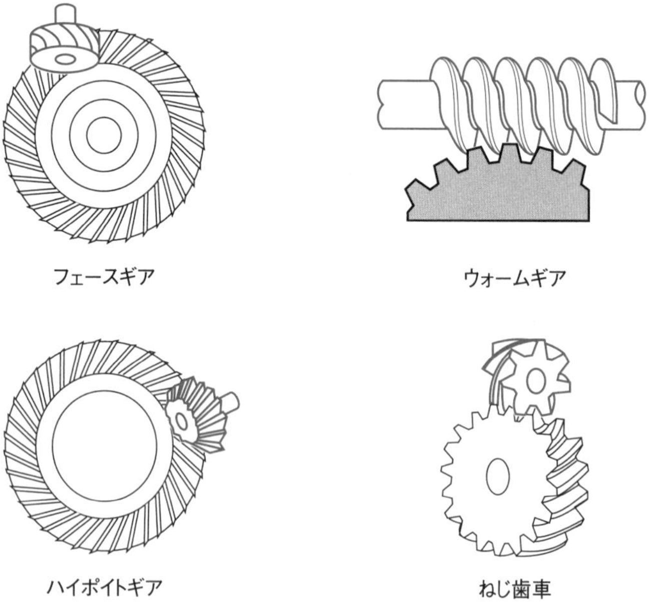

図4-25　その他の歯車

❷ 歯車各部の名称

歯車が正確にかみ合うためには、二枚の歯の大きさ（歯の間隔）が同じである必要があります。一対のかみ合う歯車は、互いに接している円筒に置き換えられ、2つの円筒のころがり運動として考えられます。この2つの円筒の断面円を**ピッチ円**といい、かみ合う歯のピッチ円どうしを結んだ接点を**ピッチ点**といいます。

また、ピッチ円上の歯の一点と隣りあう歯の一点との長さを**円ピッチ**といいます。その他、歯車には図のような各部名称がつけられています。

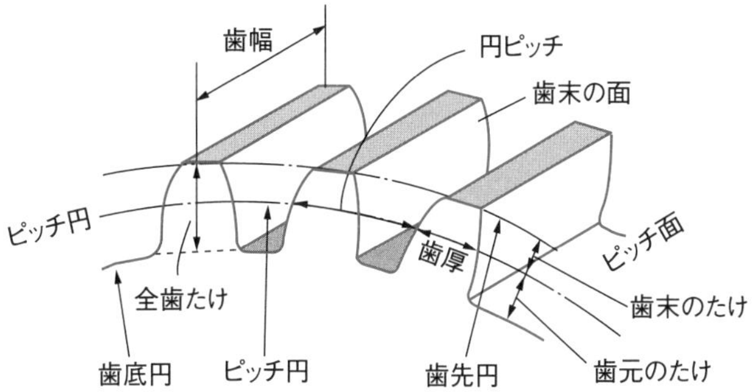

図4-26　歯車の各部名称（1）

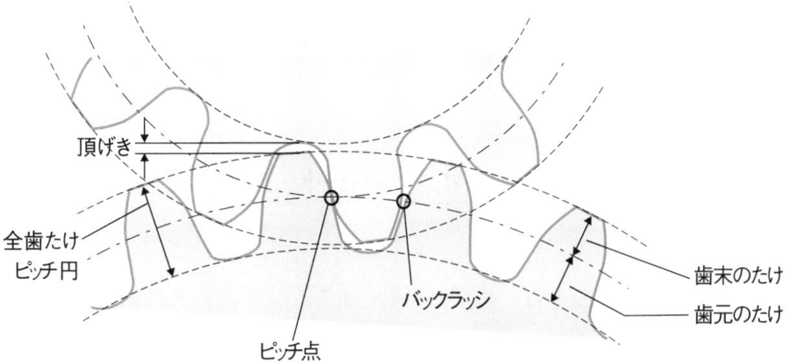

図4-27　歯車の各部名称（2）

ピッチ円の直径d [mm] を歯数zで割った値をモジュールm [mm] といい、次式で表されます。これは歯の大きさを表す尺度の一つで、値の大きいほど歯も大きくなります。

$$\text{モジュール}\ m[\text{mm}] = \frac{\text{ピッチ円の直径}}{\text{歯数}} = \frac{d}{z}$$

$$\text{または、}\quad d[\text{mm}] = mz$$

歯車の直径は、無理数πを含まない形である**モジュール**で表されます。互いにかみ合う歯車のモジュールは等しくなります。

歯の大きさを表すもう一つの尺度に円ピッチp [mm] があります。これは、次式で表されます。

$$\text{円ピッチ}\quad p[\text{mm}] = \pi \times \frac{\text{ピッチ円の直径}}{\text{歯数}} = \frac{\pi d}{z}$$

モジュールを円ピッチpを使って表すと、次式の関係も成り立ちます。

$$m[\text{mm}] = \frac{p}{\pi}$$

2つの歯車の**中心距離**c [mm] はそれぞれの歯車のピッチ円直径をd_1、d_2、歯数をz_1、z_2とすると、次式で表されます。

$$\text{中心距離}\quad c[\text{mm}] = \frac{d_1 + d_2}{2} = \frac{m(z_1 + z_2)}{2}$$

歯車の**バックラッシ**とは、歯車の回転を滑らかにするために歯と歯の間にある多少のあそびのことです。

例 4-4

モジュール10 mm、歯数50枚の平歯車のピッチ円直径は何 mmになりますか。

解　答

ピッチ円の直径　$d = mz = 10 \times 50 = 500\,[\mathrm{mm}]$

例 4-5

モジュール4 mm、歯数が35枚と75枚である平歯車のピッチ円直径の中心距離は何 mmになりますか。

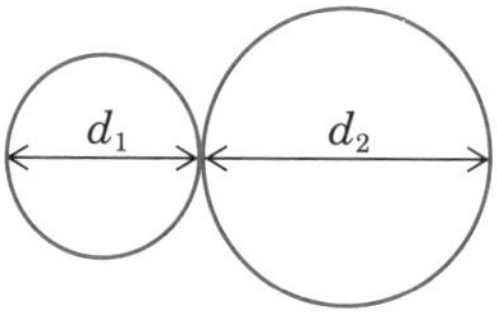

図4-28　中心距離を求める

解　答

まずピッチ円直径を求めます。互いにかみ合う歯車のモジュールは等しいので、

歯数35の直径は　$d_1 = mz_1 = 4 \times 35 = 140\,[\mathrm{mm}]$

歯数75の直径は　$d_2 = mz_2 = 4 \times 75 = 300\,[\mathrm{mm}]$

よって中心距離は　$c = \dfrac{d_1 + d_2}{2} = \dfrac{140 + 300}{2} = 220\,[\mathrm{mm}]$

③ 歯車伝動

速度伝達比

歯車の働きの一つに速度を変えることがあります。これを**速度伝達比**といい、次の関係式で表されます。

$$\text{速度伝達比}\,\boldsymbol{i}=\frac{\text{原動車の回転速度}\,\boldsymbol{n_1}}{\text{従動車の回転速度}\,\boldsymbol{n_2}}=\frac{\text{従動車の円直径}\,\boldsymbol{d_2}}{\text{原動車の円直径}\,\boldsymbol{d_1}}=\frac{\boldsymbol{mz_2}}{\boldsymbol{mz_1}}=\frac{\boldsymbol{z_2}}{\boldsymbol{z_1}}$$

ここでn_1は原動車の回転速度［min^{-1}］、n_2は従動車の回転速度［min^{-1}］、d_1は原動車のピッチ円直径［mm］、d_2は従動車のピッチ円直径［mm］、z_1は原動車の歯数、z_2は従動車の歯数、mはモジュールです。

また、式によって分子と分母の1と2の数字が逆になることにも注意しましょう。

例 4-6

従動車の歯数が60枚と原動車の歯数が20枚で伝動されている歯車の速度伝達比は、いくらになりますか。

解　答

速度伝達比の式に歯数$z_1=20$、$z_2=60$を代入すると、

$$\text{速度伝達比}\quad i=\frac{z_2}{z_1}=\frac{60}{20}=3$$

歯車の組み合わせは減速歯車装置として、回転速度を下げて回転力を上げる働きをさせるために多く使用されます。適切な速度伝達比を導けることは、機械設計において重要な事項です。

例 4-7

モジュール2 mm、中心距離40 mm、速度伝達比3の1組の平歯車の歯数はそれぞれいくらになりますか。

解　答

中間距離を求める式に与えられた数値、$m = 2$、$c = 40$を代入すると、

$$c = \frac{m(z_1 + z_2)}{2} \text{ より、} 40 = \frac{2(z_1 + z_2)}{2}$$

より、 $z_1 + z_2 = 40$ ……(a)

また、速度伝達比の式に$i = 3$を代入して、

$$i = \frac{z_2}{z_1} \text{ より、} 3 = \frac{z_2}{z_1}$$

$$\therefore z_2 = 3z_1 \quad \cdots\cdots \text{(b)}$$

(a) (b) の方程式を解くと、

$z_1 = 10$枚、$z_2 = 30$枚

歯車列

歯車は1組だけでなく、数組の歯車を組み合わせて用いることがあります。このようにして用いられる歯車を**歯車列**といいます。

図4-29の歯車列には①、②、③の3種類の歯車があり、それぞれの歯数をz_1、z_2、z_3 [枚]、回転速度をn_1、n_2、n_3 [min^{-1}] とします。

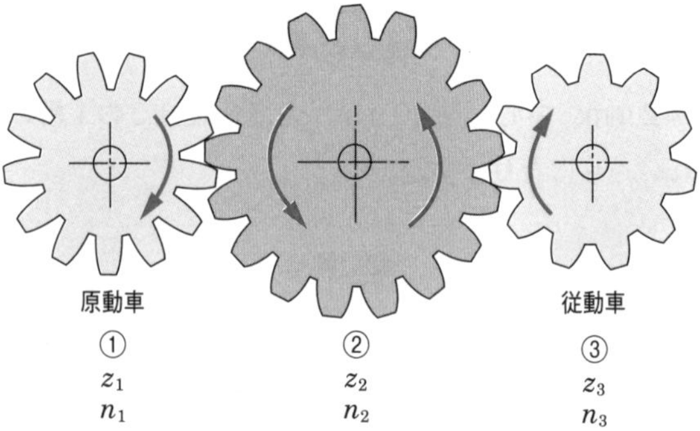

図4-29　歯車列

このとき、歯車①と歯車②の速度伝達比i_1は、

$$i_1 = \frac{n_1}{n_2} = \frac{z_2}{z_1}$$

また、歯車②と歯車③の速度伝達比i_2は、

$$i_2 = \frac{n_2}{n_3} = \frac{z_3}{z_2}$$

よって、歯車①と歯車③の速度伝達比iは、次式で表されます。

$$i = \frac{n_1}{n_3} = \frac{n_1}{n_2} \cdot \frac{n_2}{n_3} = \frac{z_2}{z_1} \cdot \frac{z_3}{z_2} = \frac{z_3}{z_1}$$

つまり、歯車の速度伝達比は入力軸である原動車の回転速度n_1と出力軸である従動車の回転速度n_3によって決まります。

ここで、真ん中にある歯車②は**遊び車**といいます。両端の歯車の回転方向は、遊び車が奇数個のときには同方向、偶数個のときには逆方向になります。

かみ合う2枚の歯車の速度伝達比が極端に異なる場合は安定した減速が難しくなることが知られています。実際の機械設計では速度伝達比は7以下とします。歯車を複数並べた多段式にすると横長になり、軸の数も増えるため、1本の軸に歯数が異なる2枚の歯車を取り付けてコンパクトにすることがあります。

二つの歯車を一軸に固定した場合

次の図の②と③の歯車のように、二つの歯車を一軸に固定したときの速度伝達比は次のように求められます。

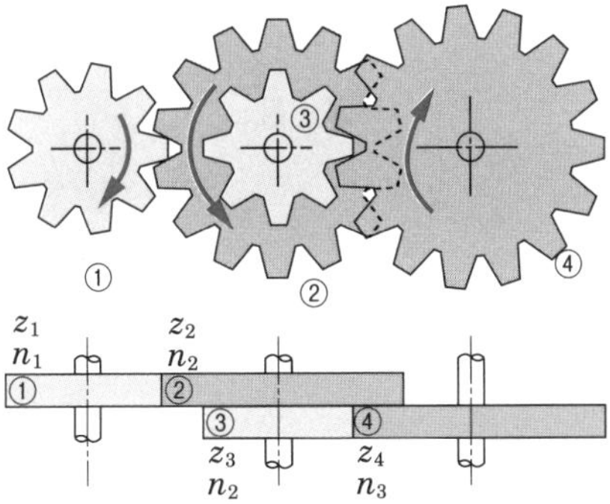

図4-30　歯車列

歯車①と歯車②の速度伝達比は、$i_1 = \dfrac{n_1}{n_2} = \dfrac{z_2}{z_1}$

歯車③と歯車④の速度伝達比は、$i_2 = \dfrac{n_2}{n_3} = \dfrac{z_4}{z_3}$

歯車①と歯車④の速度伝達比は、歯車②と歯車③の歯車の回転速度は同じなので、

$$i = \frac{n_1}{n_3} = \frac{n_1}{n_2} \cdot \frac{n_2}{n_3} = \frac{z_2}{z_1} \cdot \frac{z_4}{z_3}$$

つまり、

$$i = \frac{\text{原動車の歯数の積}}{\text{従動車の歯数の積}}$$

で表されることになります。これは歯数がさらに増えても同じです。

歯車列では常に同じ歯車がかみ合うと歯に変形などの問題があったときにそれが集中してしまうため、かみ合う歯車の歯数は「互いに異なる素数の歯数が望ましい」とされます。

例 4-8

図4-30のような歯車列において、歯数がそれぞれz_1＝14、z_2＝30、z_3＝18、z_4＝24とします。歯車①が1000 min^{-1}で回転しているとき、歯車④の回転速度は、何 min^{-1}になりますか。

解答

$$i = \frac{n_1}{n_3} = \frac{z_2}{z_1} \cdot \frac{z_4}{z_3}$$ より、

歯車④の回転速度　$n_3 = \dfrac{z_1}{z_2} \cdot \dfrac{z_3}{z_4} \cdot n_1 = \dfrac{14 \times 18}{30 \times 24} \times 1000$

$= 350\,[\mathrm{min}^{-1}]$

例 4-9

図4-31のような歯車列において、6つの歯車の歯数がそれぞれz_1＝40、z_2＝20、z_3＝27、z_4＝18、z_5＝35、z_6＝14とします。歯車①の回転数が200 min^{-1}のとき、歯車⑥の回転数は何 min^{-1}になりますか。

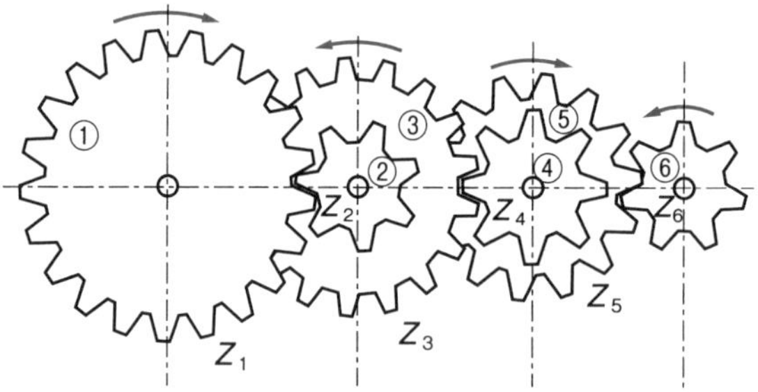

図4-31　歯車列

解答

速度伝達比　$i = \dfrac{n_1}{n_6} = \dfrac{z_2}{z_1} \times \dfrac{z_4}{z_3} \times \dfrac{z_6}{z_5}$ より、$n_6 = \dfrac{z_1 \times z_3 \times z_5}{z_2 \times z_4 \times z_6} \times n_1$

$= \dfrac{40 \times 27 \times 35}{20 \times 18 \times 14} \times 200 = 1500\,[\mathrm{min}^{-1}]$

標準平歯車

標準平歯車の寸法は次のように決められています。

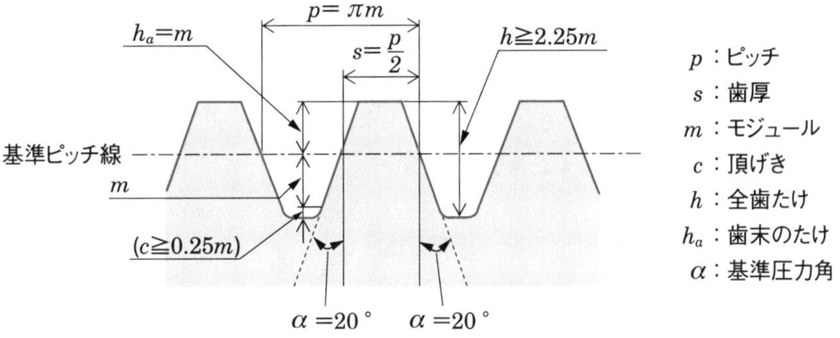

図4-32　標準ラック

ピッチ円直径	$d_1=mz_1,\ d_2=mz_2$
中心距離	$c=\dfrac{d_1+d_2}{2}=\dfrac{m(z_1+z_2)}{2}$
歯末のたけ	$h_a=m$
歯元のたけ	$h_f=h_a+c \geqq 1.25m$
頂げき	$c \geqq 0.25m$
全歯たけ	$h \geqq 2.25m$
歯先円直径（外径）	$\begin{cases} d_{a1}=d_1+2h_a=m(z_1+2) \\ d_{a2}=d_2+2h_a=m(z_2+2) \end{cases}$
円ピッチ	$p=\pi m$
円弧歯厚	$s=\dfrac{p}{2}=\dfrac{\pi m}{2}$

表4-1　標準平歯車の寸法

（注）回転体の回転速度は、単位時間当たりの回転数で表します。一般に回転速度は、1秒間に1回まわる回転数で表しますが、工学分野では、1分間の回転数 [min^{-1}] が使われます。

例 4-10

モジュール5 mm、中心距離160 mm、速度伝達比3の一組の標準平歯車があります。

(1) それぞれの歯車の歯数を求めなさい。

(2) 歯車各部の寸法（ピッチ円直径、歯先円直径、全歯たけ、円ピッチ、円弧歯厚）を求めなさい。

(3) 小歯車の図面を書きなさい。

解　答

歯数は中心距離を求める式から求めます。

(1) 中心距離 $c = \dfrac{d_1 + d_2}{2} = \dfrac{m(z_1 + z_2)}{2}$ より、

$160 = \dfrac{5(z_1 + z_2)}{2}$ 、よって　$64 = z_1 + z_2$　……(a)

速度比 $i = \dfrac{z_1}{z_2}$ より、$3 = \dfrac{z_1}{z_2}$ 、よって　$z_1 = 3z_2$　……(b)

(a) (b) から、$z_2 = 16$、$z_1 = 48$

よって、小歯車の歯数16枚、大歯車の歯数48枚

(2)〔表4-1標準平歯車の寸法表を参考にして値を求める〕

①ピッチ円直径

$d_2 = mz_2 = 5 \times 16 = 80$ [mm]

$d_1 = mz_1 = 5 \times 48 = 240$ [mm]

②歯先円直径（外径）

$d_{a2} = m\ (z_2 + 2) = 5 \times (16 + 2) = 90$ [mm]

$d_{a1} = m\ (z_1 + 2) = 5 \times (48 + 2) = 250$ [mm]

③全歯たけ

$\mathrm{h} \geqq 2.25m = 2.25 \times 5 = 11.25$ [mm]

④円ピッチ

$p = \pi m = 3.14 \times 5 = 15.7$ [mm]

⑤円弧歯厚

$$s = \frac{\pi m}{2} = \frac{15.7}{2} = 7.85[\mathrm{mm}]$$

(3) 小歯車の図面を描くと以下のようになります。

図4-33　完成図面

4 ベルト・チェーン

2軸間に回転を伝えるとき、軸間距離が大きくなると歯車よりもベルトやチェーンなどの巻き掛け伝動が用いられます。

これらは乗り物の動力や家電製品の駆動などに幅広く使用されています。また回転を伝えるだけでなく、貨物や食品など、物体の運搬にも使用されています。回転寿司のチェーンコンベアもその例です。

❶ ベルト伝動

ベルト伝動は**ベルト**と**プーリ**との間の摩擦力によって動力を伝えるものです。

平ベルトは長方形断面のベルトを円筒形をした**平プーリ**に巻き掛けて伝動を行います。**Vベルト**は台形断面のベルトをV型の溝を持つ円筒形をした**Vプーリ**に巻き掛けて伝動を行うものであり、平ベルトよりも大きな動力の伝達ができます。この他に、ベルトに歯車のような歯形がある**歯付ベルト**は滑りがなく、回転を確実に伝えることができます。

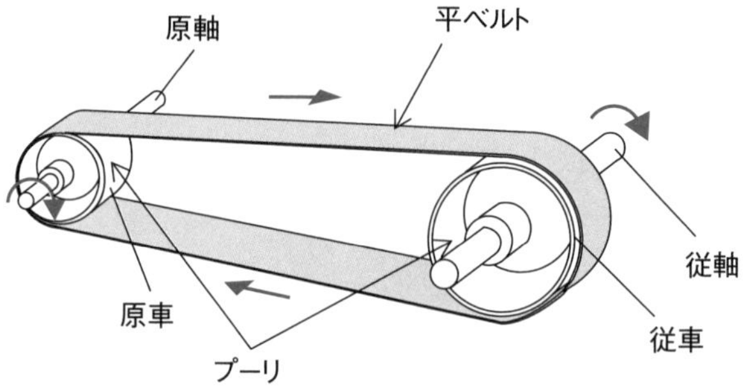

図4-34　平ベルト

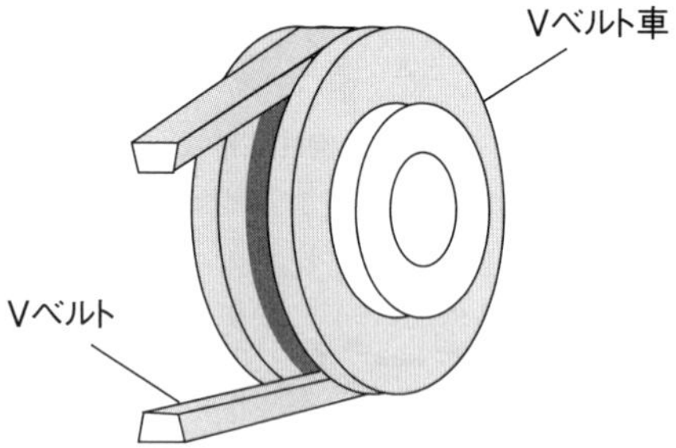

図4-35　Vベルト

ベルトのかけ方

ベルトの掛け方には両軸とも同じ方向に回転する**オープンベルト**と、逆の方向に回転する**クロスベルト**があります。

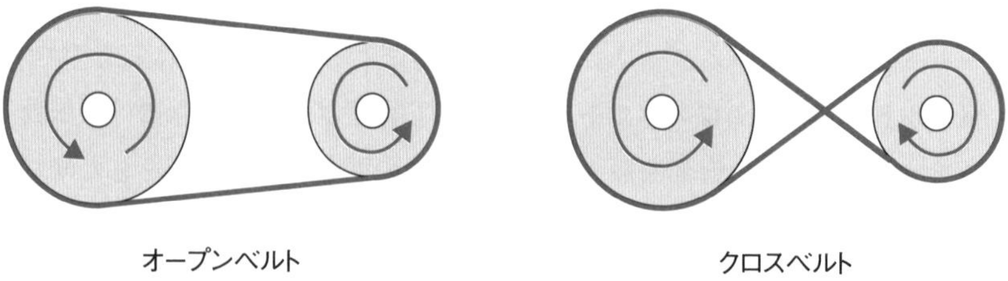

図4-36　ベルトのかけ方

ベルトの速度

ベルトの速度はプーリの円周速度vに等しいため、原動車と従動車の直径をd_1、d_2、回転速度をn_1、n_2とすると、

$$\text{ベルトの速度}\,v = \frac{\pi n_1 d_1}{60} = \frac{\pi n_2 d_2}{60}$$

よって、ベルト伝動の速度伝達比iは、

$$\text{ベルト伝動の速度伝達比}\,i = \frac{n_2}{n_1} = \frac{d_1}{d_2}$$

となり、プーリの直径に反比例します。

ベルトとプーリの間には摩擦があるため、実際の回転速度n_2は計算よりも1～2％ほど小さくなります。

例 4-11

原動車の直径が180 mm、従動車の直径が240 mmのベルト車があります。原動車が600 min^{-1}で回転しているとき、従動車の回転速度［min^{-1}］とベルトの速度［m/s］はいくらになりますか。

解　答

速度伝達比を求める式を変形することで、回転速度を求めることができます。

$$\text{従動車の回転数}\,n_2 = \frac{d_1}{d_2} \times n_1 = \frac{180}{240} \times 600 = 450[\mathrm{min}^{-1}]$$

ベルトの速度 $v = \dfrac{\pi n_1 d_1}{60}$ より、直径180 mmを0.18 mに単位を変換して値を代入すると

$$v = \frac{3.14 \times 600 \times 0.18}{60} = 5.65[\mathrm{m/s}]$$

❷ チェーン伝動

チェーン伝動はチェーンを**スプロケット**に巻き掛けて伝動するものであり、ベルトより確実に回転を伝えることができます。しかし、振動や騒音が生じやすいため、高速回転には適しません。

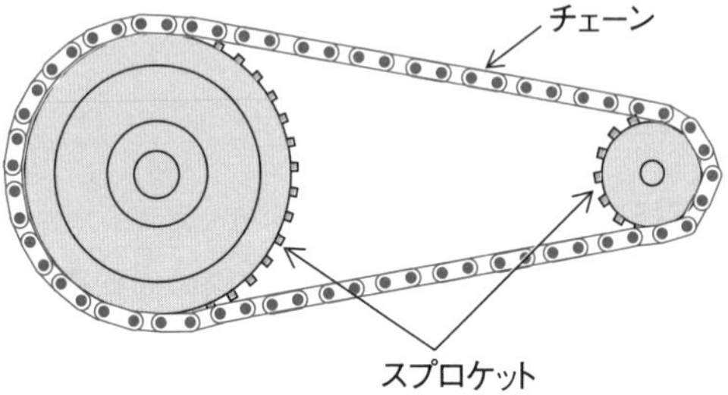

図4-37　チェーン伝動

ローラチェーンは自由に回転できるローラをはめたブッシュで固定されたローラリンクとピンを固定したピンリンクを交互に結合したものです。最もすぐれた構造を持ったチェーンとして、幅広く用いられています。

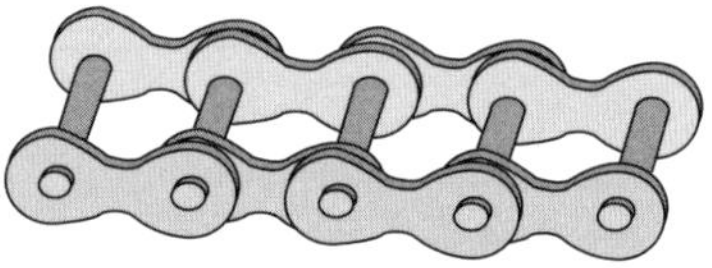

図4-38　ローラチェーン

サイレントチェーンは多数の鋼板製のリンクをピンで連結したもので、内向歯車のような形状をしており、高速回転でも静かに伝達ができるという特徴があります。

図4-39　サイレントチェーン

5 その他の機械部品

1 ねじ

ねじは部材の締結に使用される代表的な機械要素です。ねじには、**おねじ**と**めねじ**があり、その各部名称を図4-40に示します。ねじの太さのことを呼び径といい、太さ6 mmのメートルねじはM6と表記します。なお、おねじの外径はめねじの谷径と等しくなります。

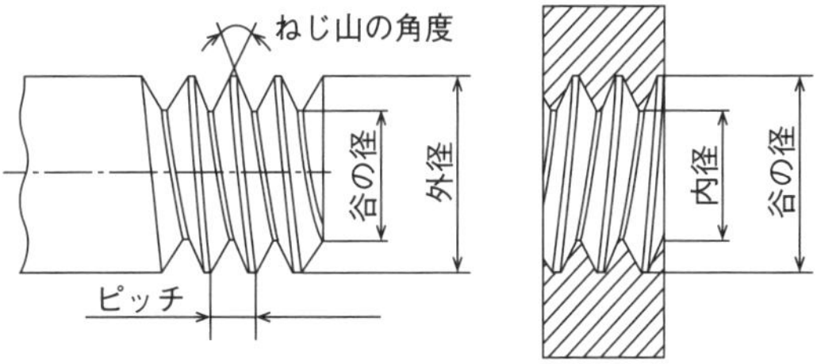

図4-40　ねじ各部の名称

隣り合うねじ山の距離をピッチ、ねじを1回転させてねじが軸方向へ動く距離を**リード**といいます。ねじにはつるまき線の巻かれる向きによって**右ねじ**と**左ねじ**があり、一般的に右ねじが用いられます。移動などに用いられる運動用には**台形ねじ**や**角ねじ**が用いられます。

ボールねじはねじ山の代わりに鋼球を用いたものであり、普通のねじに比べて摩擦が少なく、滑らかな回転をつくり出すことができます。

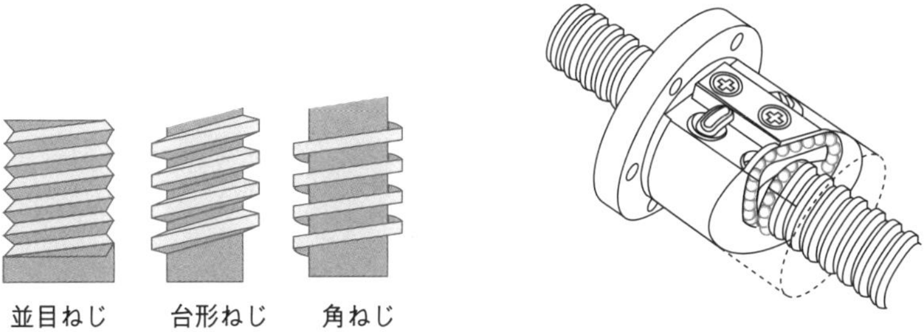

図4-41　ねじ山の種類

小ねじの頭部形状には、なべ、皿、丸皿のほか、トラス、バインド、チーズなどの種類があります。

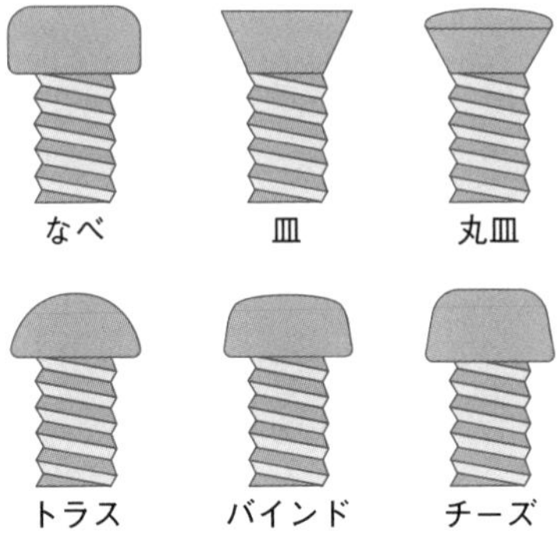

図4-42　小ねじの種類

❷ 軸・軸受

軸

軸は機械の回転運動を伝えるための重要な部品です。歯車やリンク、カムなどは、それらが軸に正しく固定されることにより、はじめてその働きをします。

そのため、軸に結合する部品とは曲げやねじりの力を受けても変形しないようにしておく必要があります。

◆キー

軸に歯車などを取り付けるのによく用いられるのは**キー**です。キーは軸とボスとの間にはめ合わせて用い、常にせん断力を受けます。

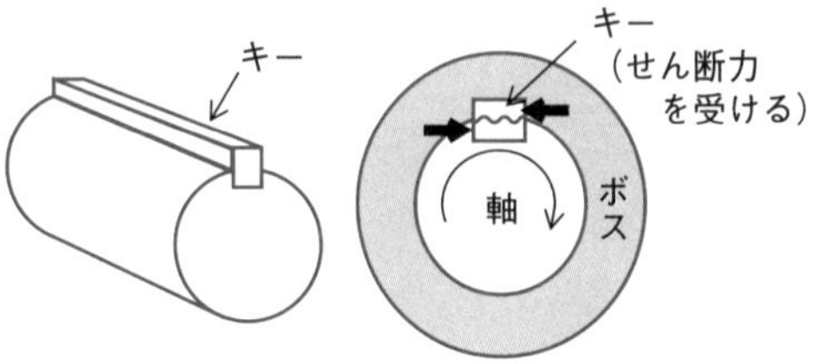

図4-43　キー

◆スプライン

軸のまわりに、キーのような歯をあらかじめ削りだしているものを**スプライン**といい、キーを使用した軸よりも大きな力を伝えることができます。

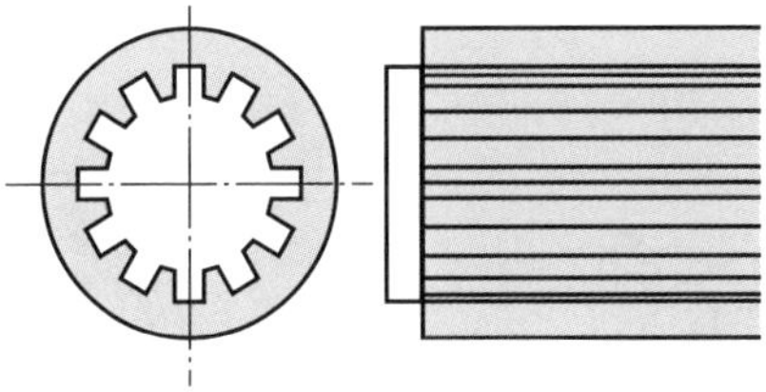

図4-44　スプライン

◆止めねじ

2～3 mmの細い軸には、止めねじとよばれる小さなねじで、軸と部品を固定します。いも虫のような形をしているため、いもねじと呼ばれることもあります。

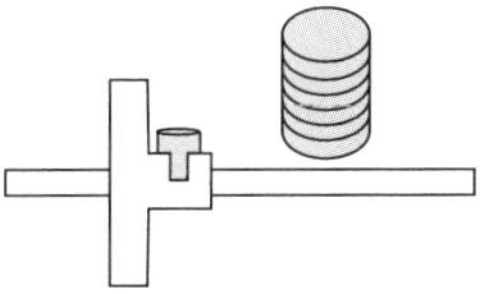

図4-45　止めねじ

軸受

軸受は軸を支える部品です。回転を支える部分には必ず摩擦が発生しますが、潤滑剤などを用いて滑らかな回転を保てるように工夫がされています。

滑り軸受は、軸受本体が軸受で包まれる軸の部品であるジャーナルを直接支えているものです。接触面には軸受メタルが取り付けられており、摩耗したときにはこの部分を取り替えます。

転がり軸受は接触面に**ベアリング**を入れて摩擦を少なくしたものです。これは滑り軸受よりも摩擦係数が小さく、動力損失も少ないという特徴があります。

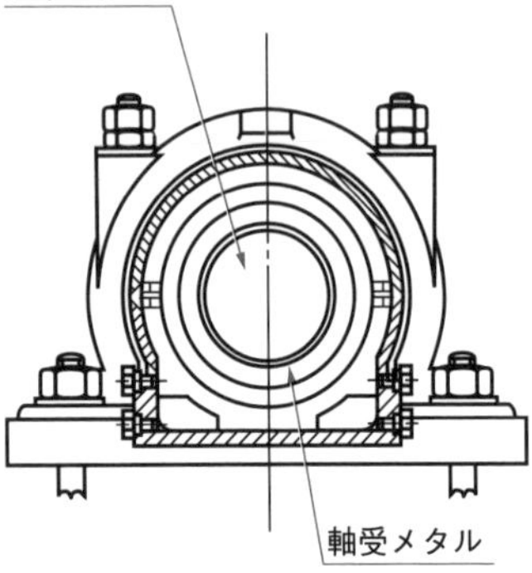

図4-46　滑り軸受

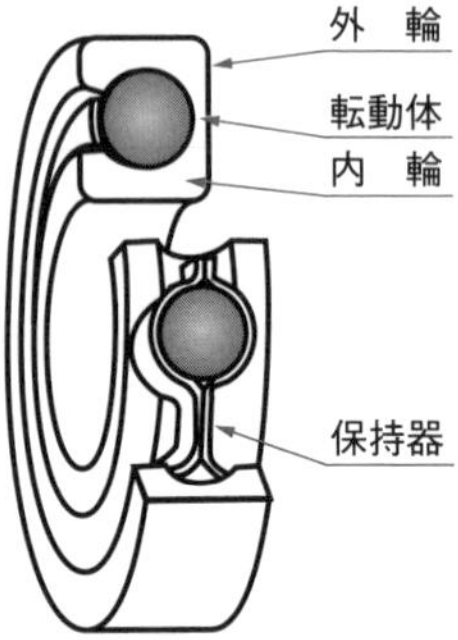

図4-47　転がり軸受

4-2 制御

機械は何らかのエネルギーを供給されることで動きます。

機械を動かすエネルギーには、これまで見てきたように、水や空気などの流体のエネルギーやガソリンや蒸気などの熱エネルギーに加えて、電気エネルギーもあります。例えば、電気モータによって機械を動かす場面は数多くあります。

また、電気は信号としても利用でき、機械を制御するために用いることもあります。特にプログラムを作成して自動的に機械を動かそう（制御しよう）というときなどには、電気の知識が欠かせません。

ここでは、機械工学を主として学ぶ者がモノづくりを行うために必要な電気や制御に関する事項を説明します。

1 電気回路

❶ 直流と交流

電気には、その流れる方向が＋極から－極へ一方向に流れる**直流**（DC）と、絶えずその方向を変えながら流れる**交流**（AC）とがあります。

例えば、乾電池は＋極から－極へ直流が流れており、家庭や工場の電源には交流が流れています。

また、交流はその流れの方向を**正弦波**（sin 曲線）で表し、その1回の変化を**1周期**（または1サイクル）といいます。

1周期にかかる時間の逆数を**周波数**といい、単位にはHz《ヘルツ》が用いられます。日本国内の周波数は、明治時代に電力会社が発電設備を輸入したときの関係で、静岡県の富士川を境に、関東側が50 Hz、関西側が60 Hzとされています。

ここでは、主に直流回路について説明します。

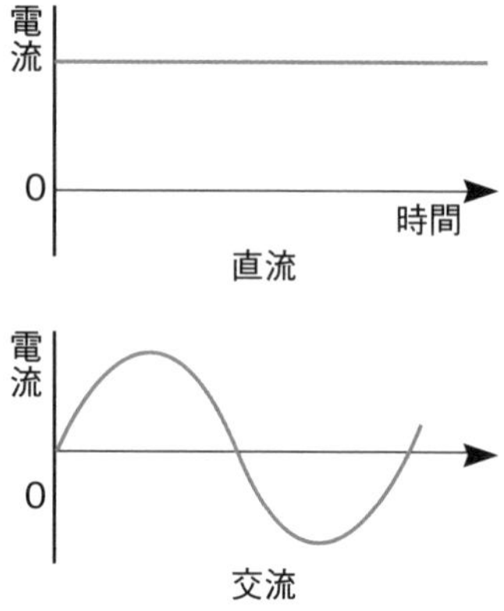

図4-48　直流と交流

❷ 電流と電圧、電力

電流

電流とは、導体中を流れる電荷（荷電粒子）の流れのことです。金属中を電荷が移動するとは、金属中にある**自由電子**が移動することです。

電子はマイナスの電荷を持つため、その流れは電流の向きとは逆です。電流の単位は**アンペア**[A]で表され、1Aとは1秒間に1C《クーロン》の電気量が流れるときの電流の強さのことです。

電圧

圧力差のあるところで圧力が生じたように、電圧も電界中の電位の差によって生じます。そのため、**電圧**は**電位差**ともいい、その単位は**ボルト**[V]で表されます。1Vとは、1Cの電気量を運ぶのに1Jの仕事が必要であるときの電圧の強さのことです。

電力

電流が流れるといろいろな仕事ができます。電流が単位時間にする仕事のことを**電力**といいます。電力の単位は**ワット**［W］であり、1 Wとは、1秒間に1 Jの仕事をするときの仕事率のことです。

❸ オームの法則

電圧（電位差）がV［V］のとき、流れる電流をI［A］とすれば、次のようなオームの法則が成り立ちます。これは電気工学でもっとも重要な関係式です。

$$\boldsymbol{V=I\cdot R}$$

ここでRを**抵抗**といい、電流の流れにくさを示します。抵抗の単位には**オーム**［Ω］が用いられます。1 Ωとは、電圧（電位差）1 Vを与えたとき、1 Aの電流が流れる導線の抵抗のことです。

抵抗の直列接続

抵抗を直列に接続したときには、電流は回路中のどこでも一定なので、各抵抗に等しい電流が流れます。また、このとき電圧は各抵抗に比例し、その和が全体の電圧になります。

図4-49において、R_1の抵抗にも、R_2の抵抗にも、同じIの電流が流れるため、オームの法則より、

$$V_1 = R_1 I、V_2 = R_2 I$$

また、$V = V_1 + V_2$の関係式に上式を代入すると

$$RI = R_1 I + R_2 I = (R_1 + R_2)\ I$$

よって、$R = R_1 + R_2$となります。

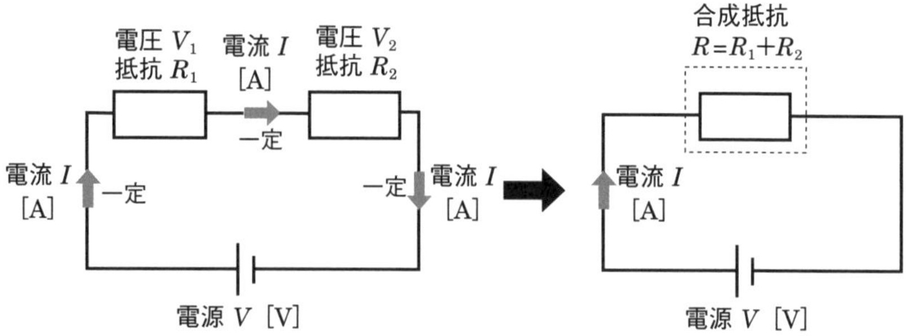

図4-49　抵抗の直列接続における合成抵抗

抵抗の並列接続

抵抗を並列に接続したときには、各抵抗の両端の電圧は等しくなります。また、このとき、電流は各抵抗に反比例し、その和が全体の電流になります。

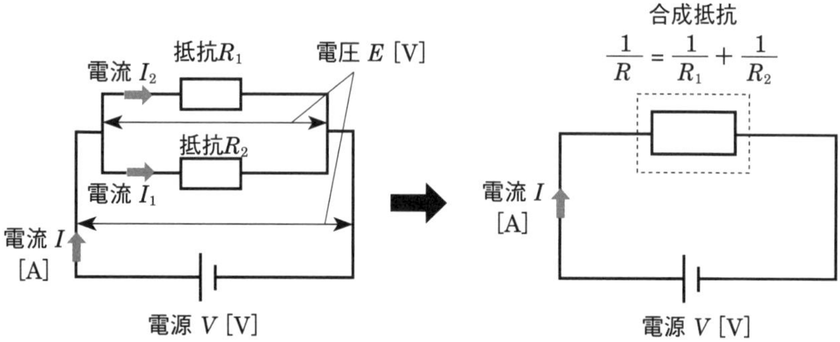

図4-50　抵抗の並列接続における合成抵抗

$I_1 = \frac{V}{R_1}$、$I_2 = \frac{V}{R_2}$　そして $I = I_1 + I_2$ の関係式より、

$\frac{V}{R} = \frac{V}{R_1} + \frac{V}{R_2}$、よって　$\frac{1}{R} = \frac{1}{R_1} + \frac{1}{R_2}$ となります。

例 4-12

電圧12 Vの電源に抵抗を接続したら0.2 Aの電流が流れました。このとき抵抗は何 Ωですか。また、抵抗に流れる電流を0.04 Aにするためには、何 Vの電源にすればよいですか。

解　答

$V = I \cdot R$ より、

抵抗　$R = \dfrac{V}{I} = \dfrac{12}{0.2} = 60 [\Omega]$

$V = I \cdot R$ より、

電圧　$V = 60 \times 0.04 = 2.4 \ [\mathrm{V}]$

例 4-13

図のような電気回路において、$E = 10$ [V]、$R_1 = 200$ [Ω]、$R_2 = 50$ [Ω] のとき、各抵抗端における電圧V_1、V_2 [V] を求めなさい。

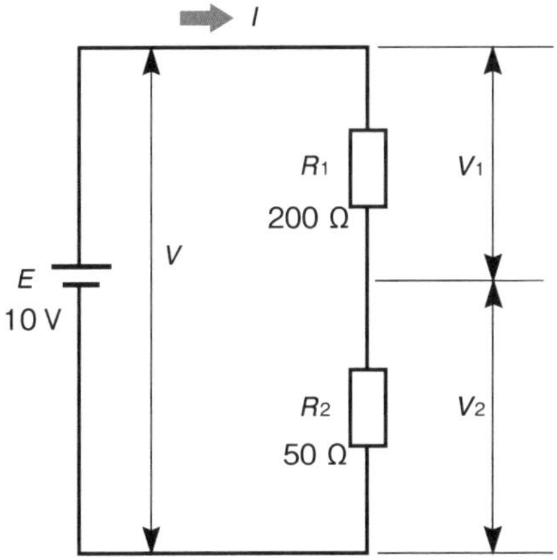

図4-51　各電圧を求める

解　答

回路の合成抵抗は直列接続で、$R = R_1 + R_2$より、

$$R = 200 + 25 = 250\,[\Omega]$$

回路を流れる電流はオームの法則より、

$$I = \frac{V}{R} = \frac{V}{250} = \frac{10}{250} = 0.04[\mathrm{A}]$$

よって、各抵抗端における電圧は、

$$V_1 = IR_1 = 0.04 \times 200 = 8\,[\mathrm{V}]$$

$$V_2 = IR_2 = 0.04 \times \ \ 50 = 2\,[\mathrm{V}]$$

例 4-14

図のような電気回路において、$E=6$ [V]、$R_1=100$ [Ω]、$R_2=50$ [Ω] のとき、各抵抗における電流I_1、I_2と合成電流I [A] を求めなさい。

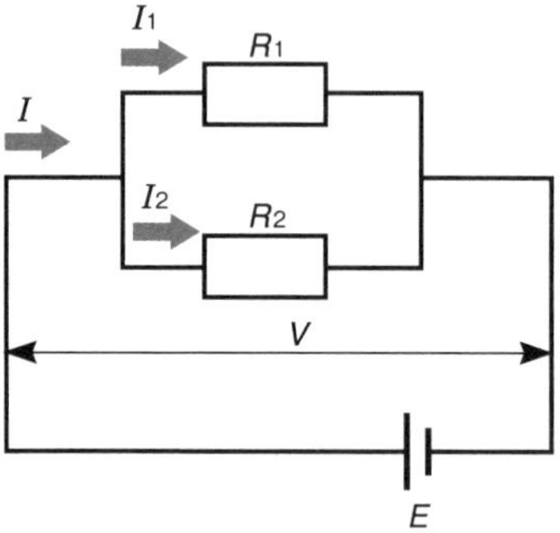

図4-52　各抵抗における電流と、合成電流を求める

解　答

まず、並列接続の合成抵抗を求めます。

$\frac{1}{R} = \frac{1}{R_1} + \frac{1}{R_2}$の両辺に$RR_1R_2$をかけて整理すると、

$$R_1R_2 = RR_2 + RR_1 = (R_1 + R_2)R$$

$$\therefore R = \frac{R_1 \times R_2}{R_1 + R_2}$$ …… 和分の積と覚えるとよい

合成電流Iは、オームの法則に上で求めた合成抵抗Rを代入して、

$$I = \frac{V}{R} = \frac{V}{\dfrac{R_1 \times R_2}{R_1 + R_2}} = \frac{R_1 + R_2}{R_1 \times R_2} \times V = \frac{100 + 50}{100 \times 50} \times 6 = 0.18[\mathrm{A}]$$

並列接続では電流は各抵抗に反比例し、その和が全体の電流になるから、

$$I_1 = \frac{R_2}{R_1 + R_2} \times I = \frac{50}{100 + 50} \times 0.18 = 0.06[\mathrm{A}]$$

$$I_2 = \frac{R_1}{R_1 + R_2} \times I = \frac{100}{100 + 50} \times 0.18 = 0.12[\mathrm{A}]$$

●別の求め方

抵抗の並列接続では、各抵抗に流れる電流の和が全体の電流Iになるから、

$$I = I_1 + I_2$$

各抵抗に加わる電圧Vはすべて同じだから、

$$I_1 = \frac{V}{R_1} \quad I_2 = \frac{V}{R_2}$$

$I = I_1 + I_2$ に代入すると、

$$\begin{aligned} I &= \frac{V}{R_1} + \frac{V}{R_2} \\ &= \frac{6}{100} + \frac{6}{50} \\ &= 0.06 + 0.12 = 0.18[\mathrm{A}] \end{aligned}$$

④ キルヒホッフの法則

回路が複雑になると、オームの法則に加えて、キルヒホッフの法則が用いられます。

◆キルヒホッフの第１法則

回路内の任意の点において、その点に流れ込む電流の総和とその点から流れ出す電流の総和は等しい。

このことは、流体で学んだ流れと同じように考えることができます。すなわち、水が流れる管路を細くしたり太くしたりしても、また分流したり寄せ集めたりしても、水がどこかに消えてしまうことはないので、ある点を出入りする水の量は等しくなります。

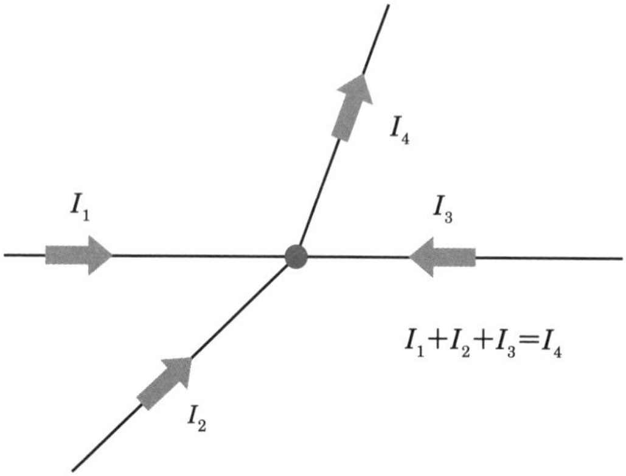

図4-53　流れ込む電流の和＝流れ出す電流の和

電流は見えないのでなかなかイメージしにくいのですが、流体力学を学んだ人なら、電気の流れも類推しながらイメージできるはずです。

◆キルヒホッフの第２法則

任意の閉回路に含まれる起電力の和は、その閉回路に生ずる電圧降下の和に等しい。

これは起電力をポンプと見なし、＋から－に流れ出た電力をポンプで再び汲み上げているというイメージで考えることができます。

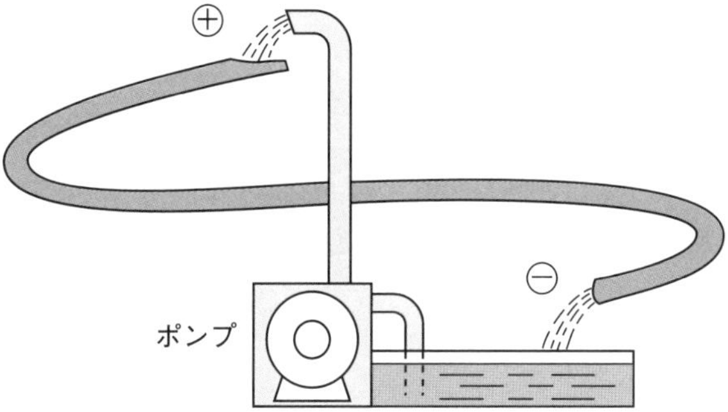

図4-54　起電力の和＝電圧降下の和

例 4-15

図の電気回路で、$V_1=20$ [V]、$V_2=12$ [V]、$R_1=16$ [Ω]、$R_2=60$ [Ω]、$R_3=80$ [Ω] のとき、各抵抗に流れる電流 [A] の大きさと向きを求めなさい。

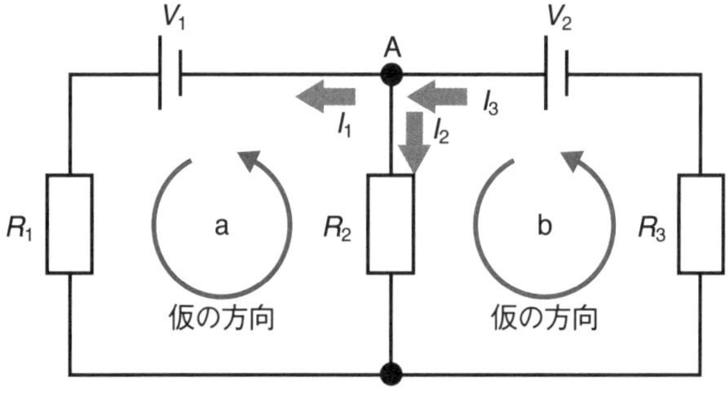

図4-55　各抵抗に流れる電流の大きさと向きを求める

解　答

回路を流れる電流の向きを、仮に図のI_1、I_2、I_3のように設定し、さらに計算のためにたどる方向を図のa、bのように設定します。このとき、

点Aにおいてキルヒホッフの第1法則を適用し、電流の合計を求めると、

$$I_1 + I_2 = I_3 \quad \cdots\cdots(a)$$

次に第2法則を適用し、電圧を求めます。

仮に設定したaの方向について考えると、

起電力の合計＝電圧降下の合計より、

$$V_1 = R_1 I_1 - R_2 I_2$$

上式で電流I_2の向きはaの方向とは逆であるから、「$-I_2$」になります。数値を代入して、

$$20 = 16I_1 - 60I_2 \quad \cdots\cdots(b)$$

同様にして、bの方向について考えると、

$$V_2 = R_2 I_2 + R_3 I_3$$

数値を代入して、

$$12 = 60I_2 + 80I_3 \quad \cdots\cdots(c)$$

(a) (b) (c) の式から、連立方程式を立てて解きます。

$I_1 = 0.50$ [A]、$I_2 = -0.20$ [A]、$I_3 = 0.30$ [A]

I_2の値が「－」になったので、図で仮定した電流I_2の方向は逆であったことになります。

よって、各抵抗に流れる電流の大きさと向きは、以下のようになります。

R_1：下向きに0.50 A、R_2：上向きに0.20 A、

R_3：上向きに0.30 A

オームの法則は1826年にドイツの物理学者であるゲオルク・オームによって公表されました。

キルヒホッフの法則は1845年にドイツの物理学者であるグスタフ・キルヒホッフによって発見されました。

❺ テスターの使い方

テスター(**回路計**)は、電気回路の各部分に流れている電流や電圧、抵抗などを測定するものです。テスターは**レンジ**を動かすことにより、直流(電圧、電流)だけでなく、交流(電圧)を測定することもできます。

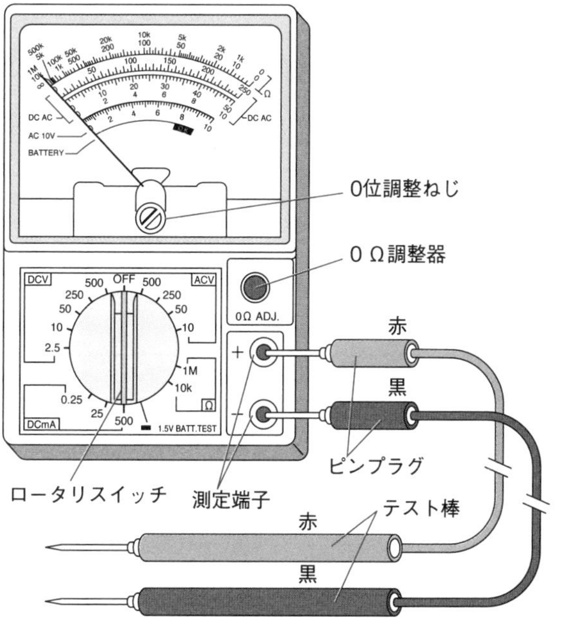

図4-56　テスター

測定方法

(1) 指針があらかじめ0を指しているかを確かめ、ずれていたら0位調整ねじで調整します。

(2) 自分が読みとりたいレンジに合わせます。目盛り板はいくつかの目盛りが重なっており、抵抗は目盛りの右側が0となっているため、読み間違えないように注意しましょう。また、適切なレンジがわからないときには、最も大きなレンジにして徐々に小さくしながら測定を行います。

(3) ピンプラグは、赤を＋端子、黒を－端子に接続して使用します。

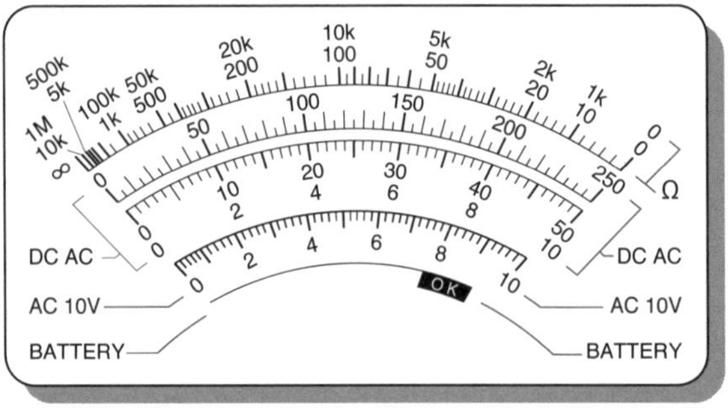

図4-57　目盛り板

抵抗［Ω］を測るときは、右側が0となるので注意しましょう。

なお、電流と電圧の測定では電池は不要です。

記号	読み方	意味	記号	読み方	意味
AC	エーシー	交流	∞	無限大	無限大
DC	ディーシー	直流	m	ミリ	1,000分の1
A	アンペア	電流の単位	k	キロ	1,000倍
V	ボルト	電圧の単位	M	メガ	1,000,000倍
Ω	オーム	抵抗の単位			

表4-2　目盛り板の記号の意味

テスターには机や作業台に置いて使用するベンチタイプと、携帯して使用するハンディタイプがあります。

また、テスターには指針の位置を読み取るアナログ式とデジタルで数値を表示するデジタル式があります。

アナログ式は指針の動きで素早く電気の変化を追うことができますが、測定レンジの切り替え等が必要です。デジタル式は指針よりはやや反応が鈍くなりますが、デジタルで細かい数値まで測定できます。

例 4-16

次の測定値を読み取りなさい。

(1) 直流電圧の測定

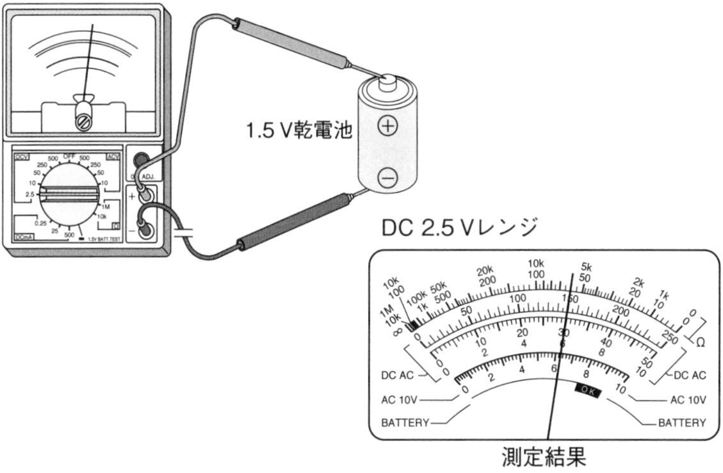

図4-58　直流電圧の測定

(2) 抵抗値の測定

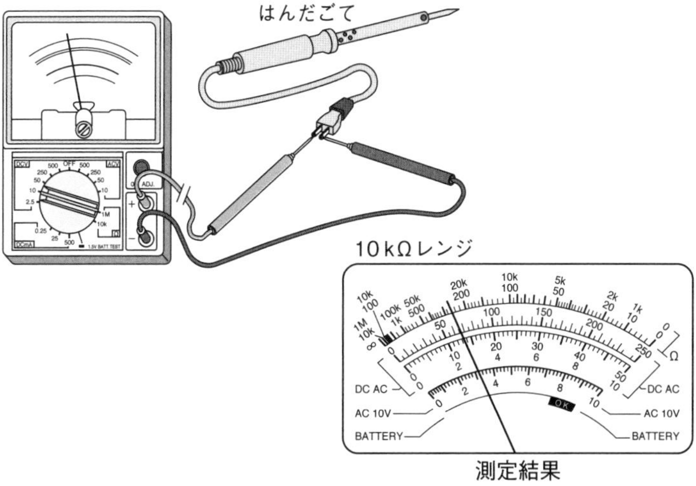

図4-59　抵抗値の測定

解　答

(1) 1.5 V

(2) 260 Ω

抵抗の目盛りは等間隔ではないので、特に注意します。

2 シーケンス制御

❶ 論理回路

コンピュータでは、「0」と「1」で表された2進数によって、命令が処理されています。この「0」と「1」を扱う回路を**論理回路**といいます。論理回路の基本は単純なものですが、これらを組み合わせることにより、複雑で高度な機能を持つ制御回路を作成できます。

AND回路

AND回路は、図のように、二つのスイッチをどちらもON（これを1とします）にしたときに、出力としてON（1）が取り出される回路です。

このような入出力の関係を表にしたものを**真理値表**といいます。また、この関係を**図記号**で表すこともできます。

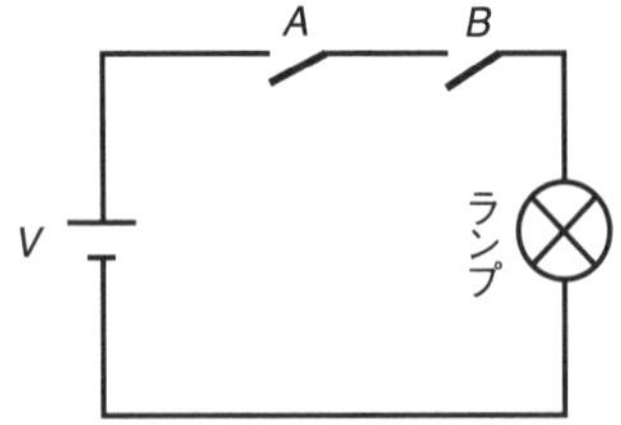

AND回路

入力		出力
A	B	X
0	0	0
0	1	0
1	0	0
1	1	1

真理値表

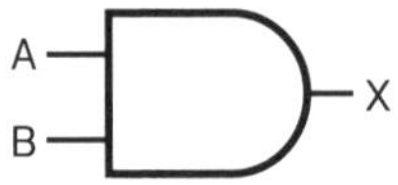

AND回路図記号

図4-60　AND回路

OR回路

OR回路は、図のように、二つのスイッチのどちらかをON（これを1とします）にしたときに、出力としてON（1）が取り出される回路です。

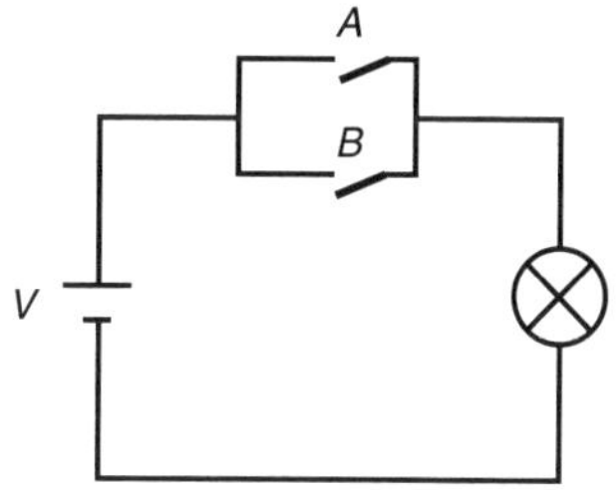

OR回路

入力		出力
A	B	X
0	0	0
0	1	1
1	0	1
1	1	1

真理値表

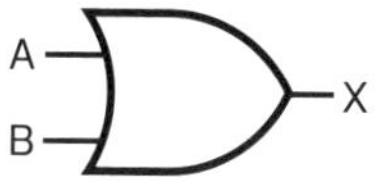

OR回路図記号

図4-61　OR回路

NOT回路

NOT回路は、以下の真理値表のように、入力が1ならば出力が0になり、入力が0ならば出力が1となるような回路です。

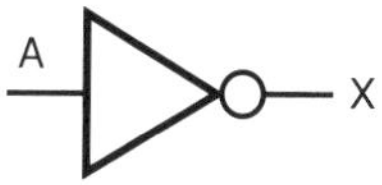

NOT回路図記号

入力	出力
A	X
0	1
1	0

真理値表

図4-62　NOT回路

NAND回路

NAND回路は、AND回路とNOT回路を組み合わせた回路です。

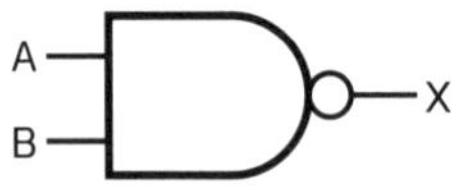

NAND回路図記号

入力		出力
A	B	X
0	0	1
0	1	1
1	0	1
1	1	0

真理値表

図4-63　NAND回路

NOR回路

NOR回路は、OR回路とNOT回路を組み合わせた回路です。

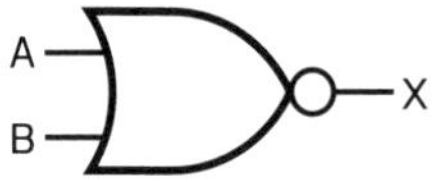

NOR回路図記号

入力		出力
A	B	X
0	0	1
0	1	0
1	0	0
1	1	0

真理値表

図4-64　NOR回路

例 4-17

図に示す論理回路の真理値表を書きなさい。

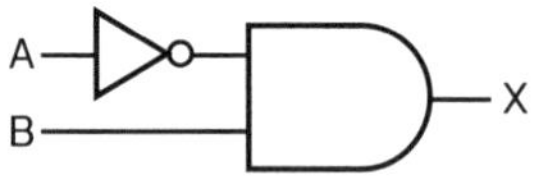

図4-65　真理値表を求める

解　答

A	B	$\overline{A}$	X
0	0	1	0
0	1	1	1
1	0	0	0
1	1	0	0

・$\overline{A}$はAのNOT(否定)を表しています.

図4-66　真理値表

例 4-18

図に示す論理回路の真理値表を書きなさい。

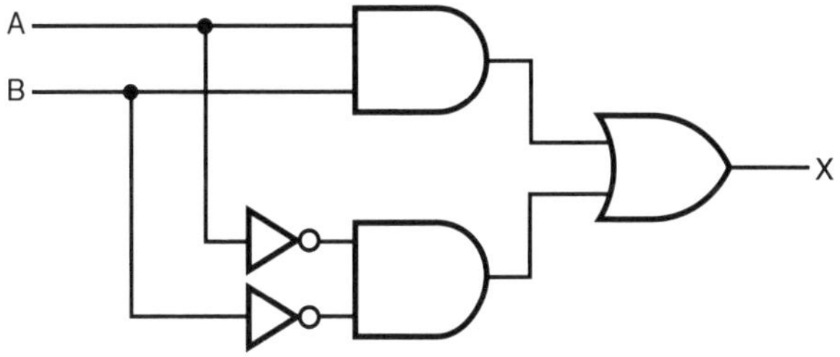

図4-67　真理値表を求める

解　答

A	B	$\overline{A}$	$\overline{B}$	A·B	$\overline{A}\cdot\overline{B}$	X
0	0	1	1	0	1	1
0	1	1	0	0	0	0
1	0	0	1	0	0	0
1	1	0	0	1	0	1

図4-68　真理値表

❷ 制御とは

制御とは、ある目的通りの結果や状態、経過を得るために、対象となるものに所要の操作を加えることです。制御には、人間がスイッチ等を操作して行う**手動制御**とコンピュータ等を用いて自動的に行う**自動制御**があります。

私たちがつくった機械もそのままでは動きません。そのため、何らかのエネルギーを加えて動かすことになります。その中でも、電気信号による制御は代表的なものです。

自動制御には、あらかじめ決められた順序や条件に従って、制御の各段階を逐次進めていく**シーケンス制御**と、結果である出力と目標値とを一致させるために比較検討を行い、その偏差に応じて機械自身に補正動作をさせる**フィードバック制御**があります。

例 4-19

次の制御をシーケンス制御かフィードバック制御に分類しなさい。

a. 交通信号　b. クーラー　c. エレベータ　d. 電気こたつ

解　答

シーケンス制御　……a、c

a：交通信号は、あらかじめ定められた時間によって点滅する時限制御、

c：エレベータは、あらかじめ定められた条件によって作動する条件制御が行われており、いずれもシーケンス制御です。

フィードバック制御　……b、d

クーラーも電気コタツも、設定された温度によりも高いか低いかを判断し、高ければ低く、低ければ高くするような動作を行うフィードバック制御です。

例 4-20

航空機の自動操縦装置における制御を考えなさい。

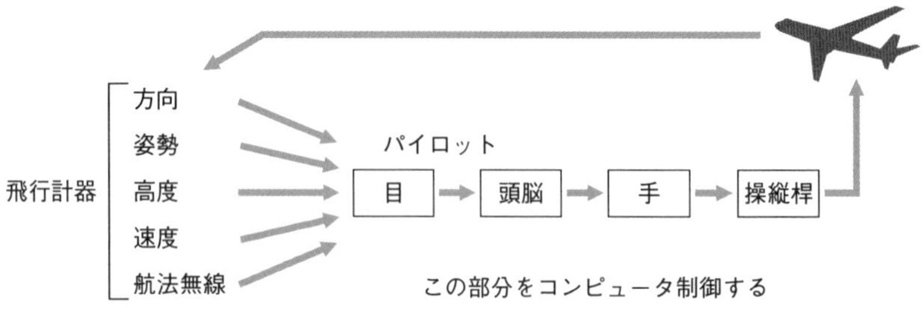

図4-69　航空機の制御

解 答

航空機はさまざまな飛行計器でその方向、姿勢、高度、速度などの計測を行っています。パイロットはこれらのさまざまな計器を読みとり、最適な操縦を行いますが、最近はここでのフィードバック制御の多くは自動的に行われています。すなわち、パイロットは制御のループの外にあって、飛行状態の監視のみの役割を果たし、直接飛行の制御には関与していないのです。

❸ シーケンス制御

シーケンス制御の基本は、先に学んだ論理回路です。2進数で表された「0」と「1」の判断を組み合わせることにより、様々な制御が可能になります。

ここでは、**AND回路**と**OR回路**を図4-70のように表すことから始めます。

このように表した図を**シーケンス図**といいます。図中のR、Tは**交流**、**直流**はP、Nで表されます。

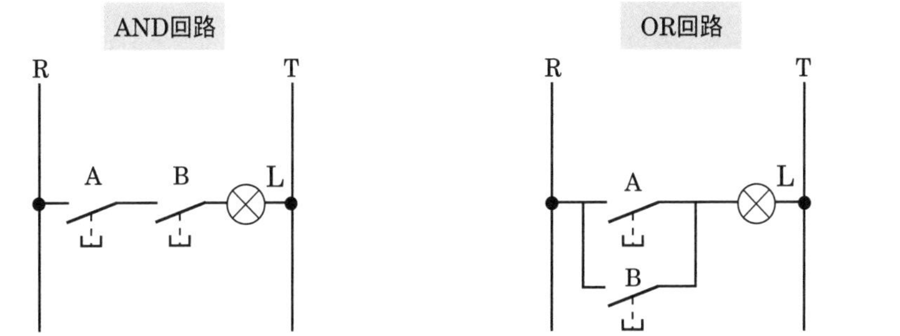

A、B両方のスイッチがONになるとランプ⊗が点灯します。

A、Bどちらかのスイッチが ONになるとランプ⊗が点灯します。

図4-70　シーケンス図

スイッチ

図4-70でAとBはスイッチを表しています。実際に何かを手動制御しようとするときには、必ずスイッチを使用します。

スイッチには、操作している間だけ接点が開閉し、手を離すと、操作部と接点は元の状態に戻る**手動操作自動復帰接点**（押しボタンスイッチ）や、操作後、手を離しても操作部分と接点はそのままの状態を保持し続ける**保持形接点**（トグルスイッチ）などの種類があります。

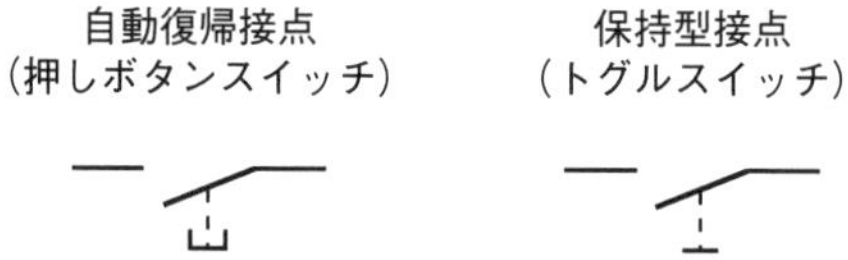

図4-71　スイッチの種類

手動操作ではないスイッチには、物体の力によって押されることにより接点が開閉する**リミットスイッチ**や、光を遮断することによって接点が開閉する**光電スイッチ**などがあります。

スイッチは何もしないと開いていて（OFF）、スイッチを入れると閉じる（ON）状態になるものが多く、これを**a接点**のスイッチといいます。これに対して、スイッチには、何もしないときに閉じていて（ON）、スイッチを入れると開く（OFF）ものもあり、これを**b接点**のスイッチといいます。

例えば、部屋の電気をつけるために押しボタンスイッチを使用すると、部屋にいる間ずっとスイッチを押していなければならないため、トグルスイッチを用います。

また、最近では省エネのためにドアにリミットスイッチや光電スイッチを取り付け、人のいない部屋の電気は自動的に切るものもあります。

手動操作スイッチ

	図記号		代表的なスイッチ
	a 接点	b 接点	
手動操作 自動復帰接点		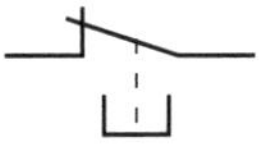	押しボタン スイッチ 
保持形 接点			トグル スイッチ 

検出スイッチ

	図記号		代表的なスイッチ
	a 接点	b 接点	
リミット スイッチ	LS 	LS 	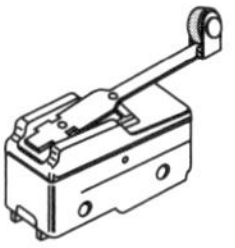
温度感知 スイッチ	θ 	θ 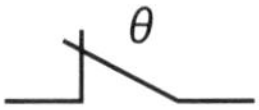	

表4-3　スイッチの図記号

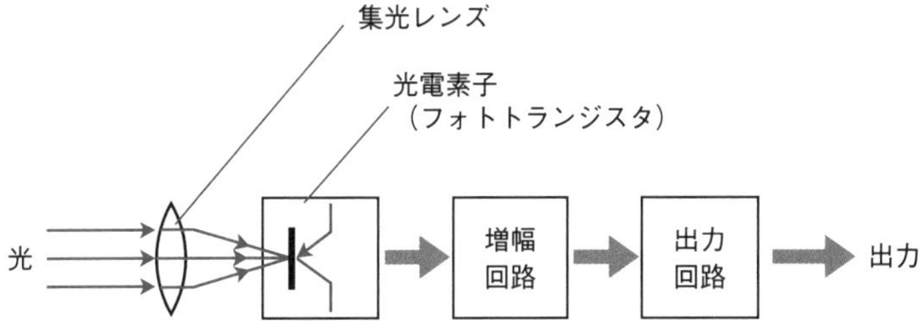

図4-72　光電スイッチのしくみ

リレー(電磁継電器)

リレーは論理回路を構成する制御機器の主役です。これは、電磁石の力を利用して接点を開閉するものであり、大小さまざまな種類があります。

リレーを用いると、リレーの接点を開閉するのに要する電圧、電流の値よりかなり大きな回路を開閉することや、一つの信号で複数の回路を同時に開閉することができます。

シーケンス図では、リレーはコイル部と接点部とに分けて表し、Rの記号で表します。

シーケンス制御の回路

シーケンス制御を考えるときには、シーケンス図と同時に、横軸に時間、縦軸にスイッチの開閉を表した**タイムチャート**が用いられます。

例 4-21

左側のシーケンス図で表された回路のスイッチS_1、S_2を、右側のタイムチャートのようにON、OFFしたとき、ランプLの動作をタイムチャートに表しなさい。

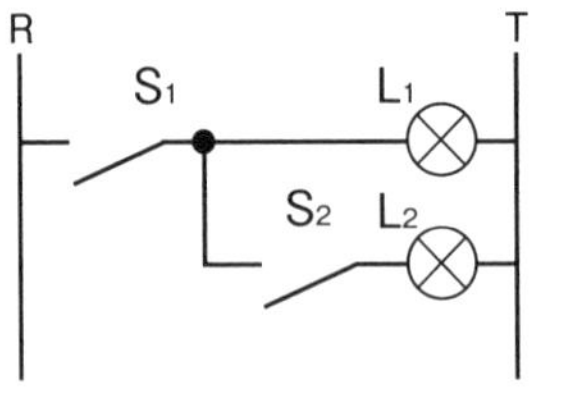

図4-73　シーケンス図

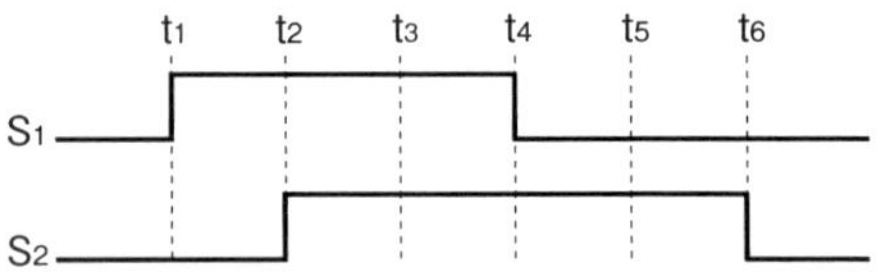

図4-74　タイムチャート

解答

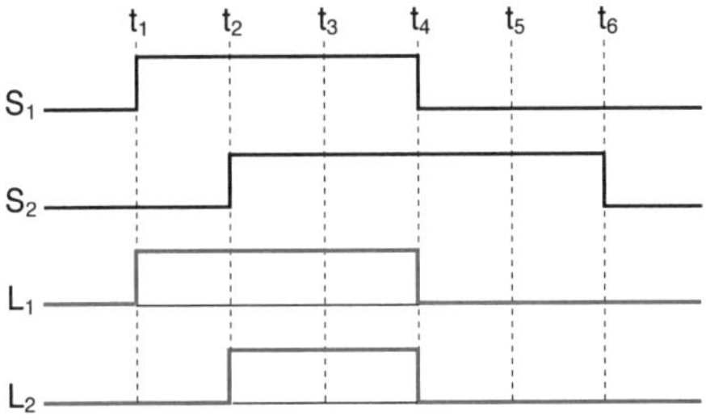

図4-75　タイムチャート

例 4-22

左側のシーケンス図で表された回路のスイッチPB_1、PB_2を、右側のタイムチャートのようにON、OFFしたとき、ランプLの動作をタイムチャートに表しなさい。

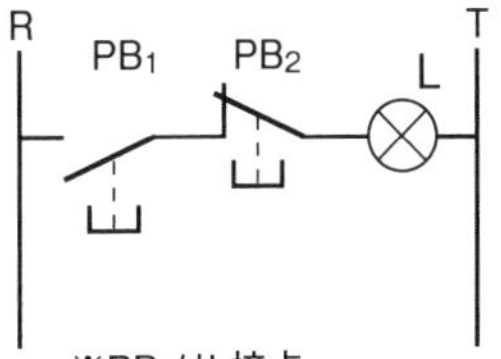

※PB_2はb接点

図4-76　シーケンス図

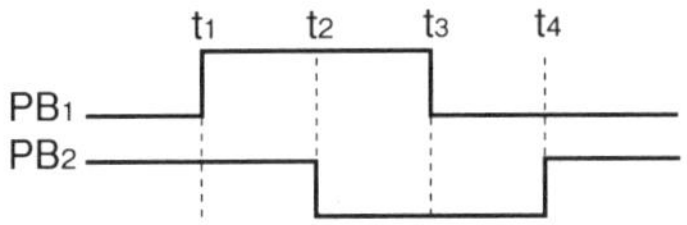

図4-77　タイムチャート

解答

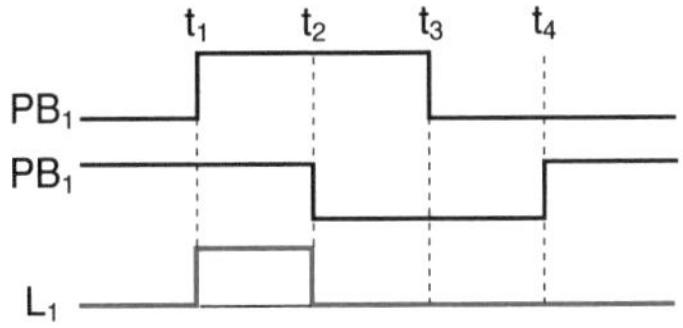

図4-78　タイムチャート

自己保持回路

図4-79のシーケンス図で表された回路のスイッチPB_1をONにすると、その後PB_1を離してもリレーは自己の接点Rを通して励磁（リレーがONしていること）を続けます。このような回路を**自己保持回路**といいます。自己保持を解除するためには、b接点を持ったスイッチPB_2を入れて開きます。

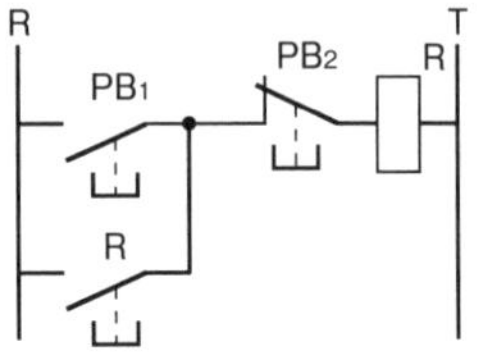

図4-79　シーケンス図

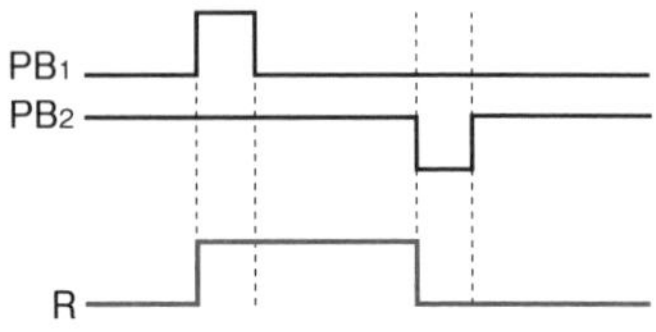

図4-80　タイムチャート

例 4-23

左側のシーケンス図で表された回路のスイッチPB、LSを、右側のタイムチャートのようにON、OFFしたとき、ランプLの動作をタイムチャートに表しなさい。

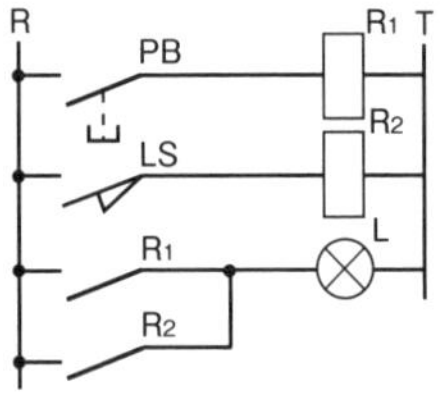

図4-81　シーケンス図

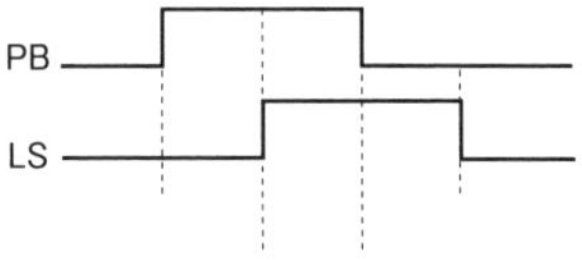

図4-82　タイムチャート

解　答

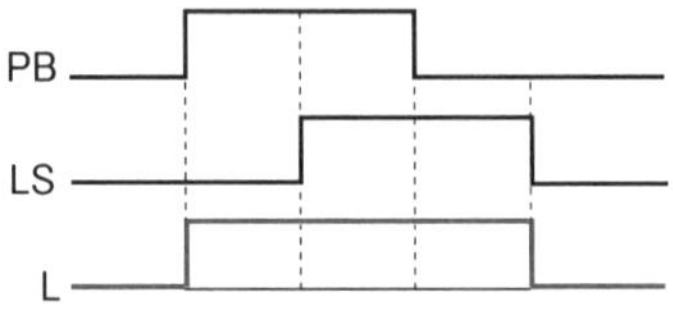

図4-83　タイムチャート

例 4-24

左側のシーケンス図で表された回路のスイッチPB、LSを、右側のタイムチャートのようにON、OFFしたとき、ランプLの動作をタイムチャートに表しなさい。

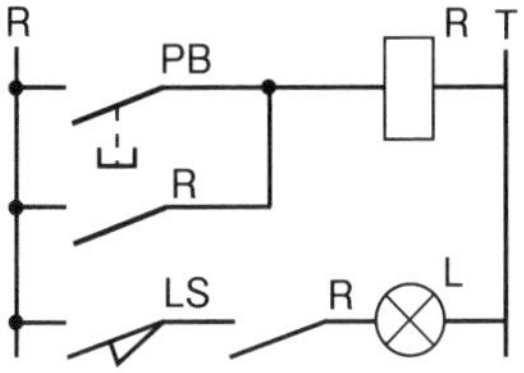

図4-84　シーケンス図

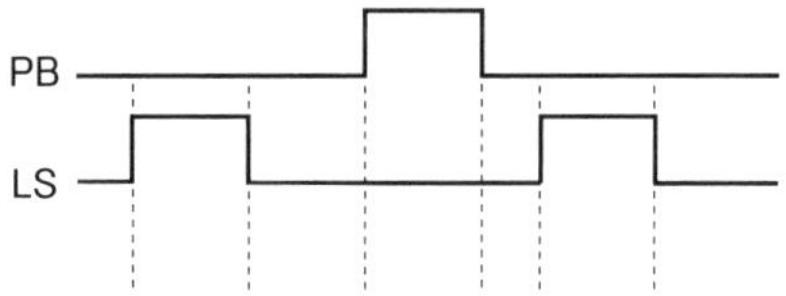

図4-85　タイムチャート

解答

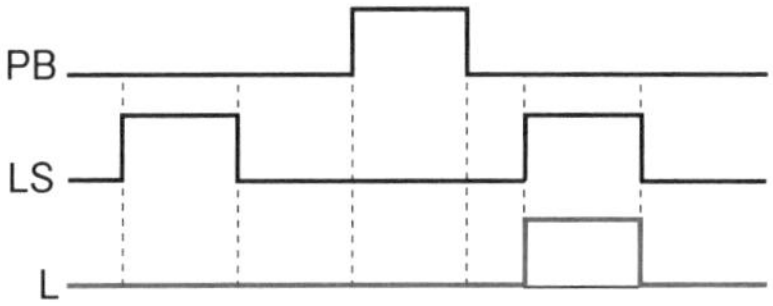

図4-86　タイムチャート

例 4-25

左側のシーケンス図で表された回路のスイッチPB、LSを、右側のタイムチャートのようにON、OFFしたとき、ランプLの動作をタイムチャートに表しなさい。

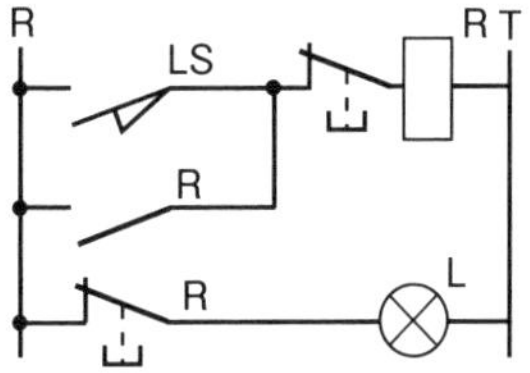

図4-87　シーケンス図

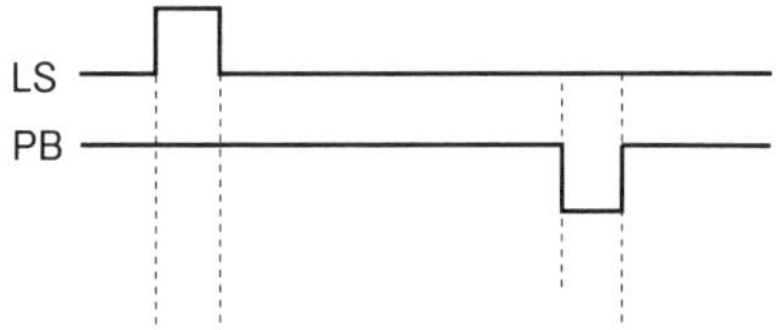

図4-88　タイムチャート

解　答

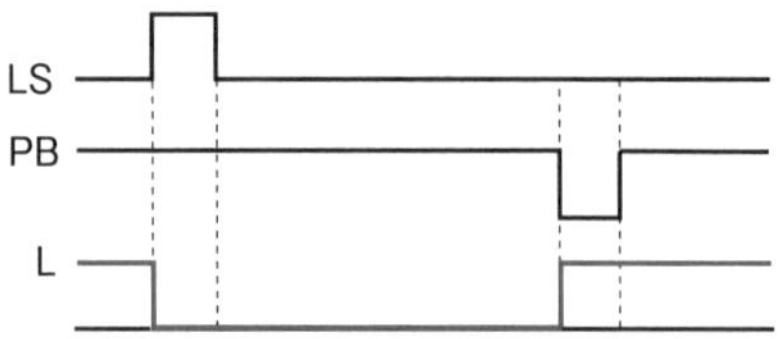

図4-89　タイムチャート

インターロック回路

いくつかのスイッチを開閉するとき、優先度の高いほうの回路をONにすると、他の回路が開いて、優先度の低い回路が作動できなくなるような回路を**インターロック回路**といいます。

例えば相反する動作を行う2つの機械があるとします。もし同時に2つの機械が動作すると、とても危険です。そこで同時に動作しないように、一方が動作しているときは、もう一方は動作できなくするためにインターロック回路を使います。図中のMCとは、機械を作動させるためのコイルです。

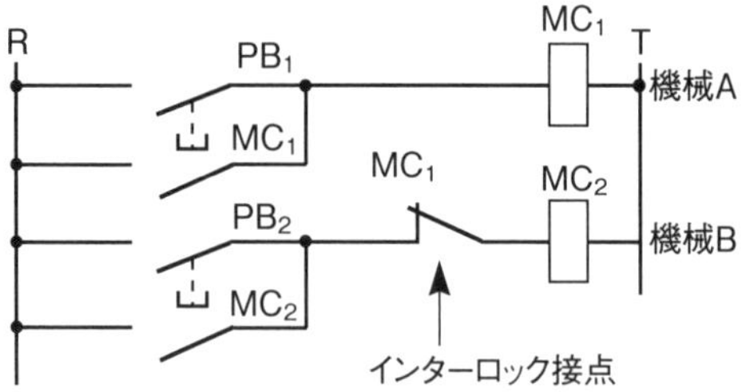

図4-90　シーケンス図

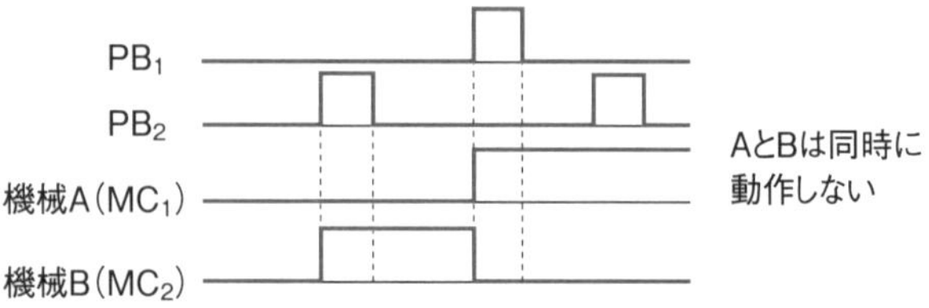

図4-91　タイムチャート

❹ シーケンサ

論理回路を基本として作成したシーケンス制御回路を実際に組み立てるときには、**シーケンサ**を用いると便利です。シーケンサは、別名**プログラマブルコントローラ**(PC)といい、「入出力部を介して各種装置を制御するものであり、プログラマブルな命令を記憶するためのメモリを内蔵した装置」と定義されています。

シーケンサを構成している要素の中心は、**入力リレー**と**出力リレー**です。入力部分にはトグルスイッチが複数並んでいますが、必要に応じて他の種類のスイッチを接続できます。

また、出力は送られてくる信号を小さなランプの点灯として確認することができますが、ここに電気モータや電磁弁などを取り付けることにより、さまざまな機器を制御できます。

何かを自動的に動かしたい場合には、それをどのような時間間隔で動かすのかを決めておく必要があります。シーケンサの要素には**タイマ**が入っており、これを用いると、交通信号機のランプのように接続した機器を時間制御で動かすことができます。

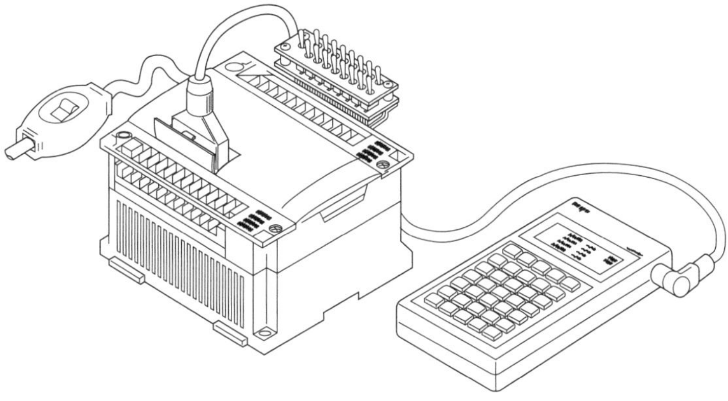

図4-92　プロクラマブルコントローラ

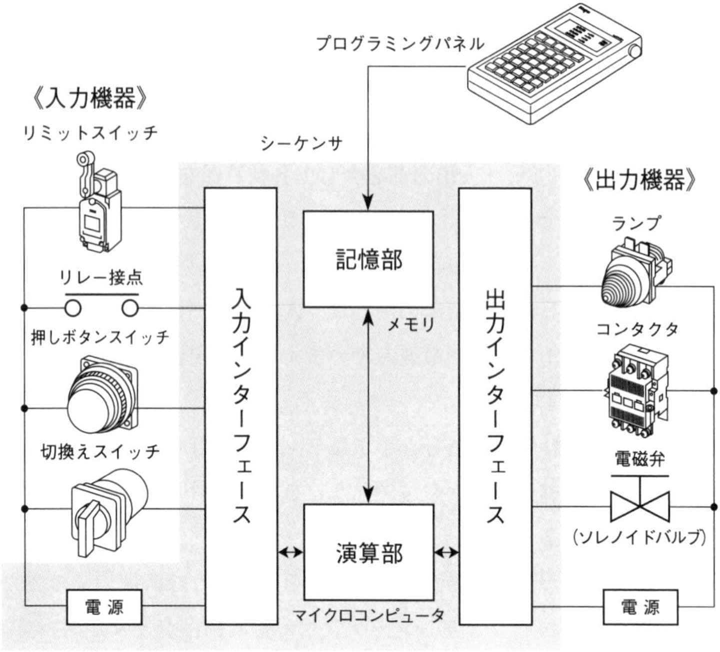

図4-93　プロクラマブルコントローラのしくみ

❺ シーケンサを利用した制御例　…五指ロボット

シーケンサを使用したモノづくりへの応用例として、五指ロボットを紹介します（1999年、東工大付「課題研究」より）。このロボットは人間の指の関節と同じ部分に小型のモータを合計14個入れて、人間の五指の動きを再現することを目的としてつくりました。それぞれのモータは5Ｖの電圧で動き、人間の指にふさわしい速度で動くように適当な歯車で減速されています。シーケンサはこれら14個のモータに、それぞれ順番に何秒動かせるという命令を送るために使用します。プログラムを工夫することにより、はじめに開いていた手の指を順番に閉じていくことや、グー・チョキ・パーなどの形をさせることができました。

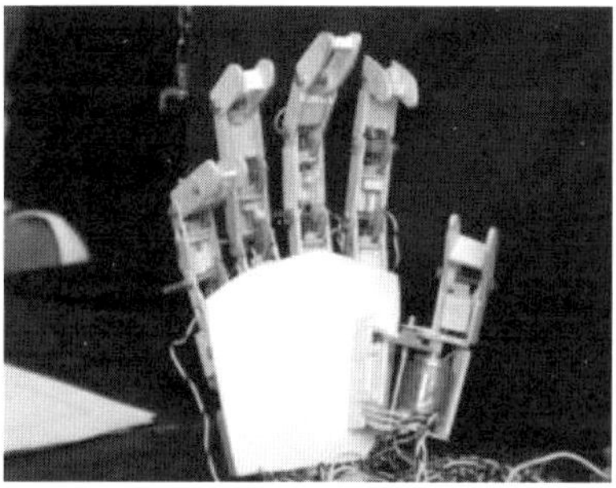

図4-94　五指ロボット

❻ シーケンサを利用した制御例　…筆ロボット

次は筆ロボットを紹介します（2000年、東工大付「課題研究」より）。このロボットはモータで直交した2つの軸のベルトを回転させ、またもう1つのモータで筆の上げ下げを行うことにより、自動的に文字を書かせることを目的としてつくりました。2軸のモータには角度で制御ができるステッピングモータを使用しています。これにより、基本信号であるパルス（1パルスのステップ角は0.72°）でモータを動かすことが可能となり、時間で命令を与えるよりも、より高精度の制御ができました。

図4-95　筆ロボット

Chapter

5

創造工作室

これまでの章では、機械を設計するための基礎的な事項について説明をしてきました。しかし、ここまでの説明では機械を設計することはできても、実際に創ることはまだできないかもしれません。本書の目的は、機械工学を初歩から学ぼうとする読者の皆さんが、実際に手を動かしてモノづくりに取り組んでもらうことにあります。

本章では、実際のモノづくりの基礎について、長さや質量、時間などの「計測編」、ドライバーやペンチ、スパナなどの「工具編」、切断ややすりがけなどの手仕上げ、旋盤や溶接、鋳造などの「工作編」について、理解を深めたいと思います。

5-1 計測編

1 計測とは

棒や板などの素形材から必要な寸法の部品を製作する作業は、まず長さを測定することからはじまります。ここで正しい寸法を出しておかないと、後々大きなずれとなり、部品同士を組み合わせることができなくなります。

計測において重要なことは、どのくらい精密にそれを行うのかということです。精密な計測を行おうとすればするほど、高価な計測器が必要となります。

また、そのモノの正しい値(これを真の値といいます)を測ろうとすると、そこには必ず**誤差**(**＝測定値－真の値**)を含むことになるため、実際には完全に正確な計測はできません。

誤差をどの程度に抑えるかを決定することも、モノづくりにおいて重要となります。

計測とは、「特定の目的を持って、事物を量的にとらえるための方法、手段を考究し、実施し、その結果を用いて所期の目的を達成させること」です。

工業の生産過程において、あるいは生産に関係して行う計測を**工業計測**といいます。**大量生産**を行うためには、すべての部品が一定の誤差範囲におさまるような**互換性**を持つ必要があります。そのために、精密加工を行う機械や精密な計測器が必要となるのです。

計測では、長さだけでなく、圧力、温度、時間、回転数、流量などさまざまな物理量を扱い、本書でもこれまでに登場してきました。圧力や温度などの各種の物理量を測定する場合でも、いろいろな変換器を通して、最終的には長さの変位として目盛りを読むことが多くあります。

ここでは特に機械工学で最も多く行われる、長さ、質量、力、時間などの計測について説明します。

2 長さの計測

長さの基本単位は**メートル**[m]です。メートルは度量衡単位統一のため1790年にフランスで提案され、「1mとは、北極と赤道との間にはさまれる子午線の弧の長さの1000万分の1に等しい長さ」と決められました。この測定値に基づき最初のメートル原器がつくられています。

1875年にはメートル条約が締結され、プラチナを主成分としたメートル原器がつくられ、加盟国に配られました。日本は1885（明治18）年に条約に加盟し、メートル原器のNo.22が輸入されています。この原器は第1回国際度量衡総会（1889年）において国際メートル原器として承認されました。

その後、1mの基準は何度か変わり、現在では1983年に国際度量衡総会で決められた「1mは、1秒の299792458分の1時間に、光が真空中に伝わる行程の長さ」という**光速基準**が採用されています。光の速さが299792458 m/sと規定されたことで、長さ＝速さ×時間より、時間を測定すれば長さを求められることになりました。

光速を基準とすることにより、いつでもどこでも設備さえあれば、長さの基準を得られるようになりましたが、実際に工場などでは光の波長で長さを測ることは困難です。そのため、長さの**2次基準**として、さまざまな計測器が使用されています。

❶ 直尺

直尺は一般に定規と呼ばれ、長さを測定したり、線を引いたりするために用いられるものです。材質はプラスチック製のものから金属製のものまで、さまざまなものがあり、鋼製のものを特に鋼尺といいます。

金属加工では、鋼でつくられたものを用いるとよいでしょう。また、実際の工作においては、30 cm程度の短めのものと、1 mの長めのものを、それぞれ準備しておくとよいでしょう。

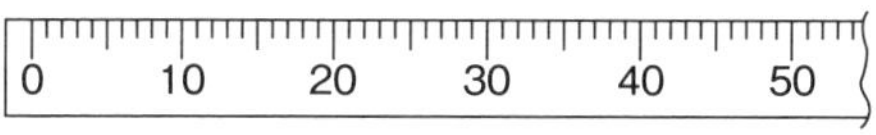

図5-1　直尺

❷ 巻尺（コンベックス）

巻尺は約2～3 mの測定ができ、コンパクトに収納できるため、持ち運びに便利です。

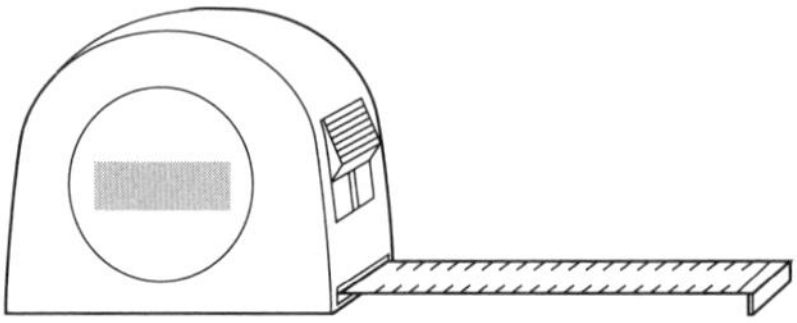

図5-2　巻尺

❸ ノギス

ノギスは工作物をはさんで長さを測定したり、穴の深さを測定したりする計測器です。ノギスは1/20（= 0.05）mmまでの寸法を読みとることができます。

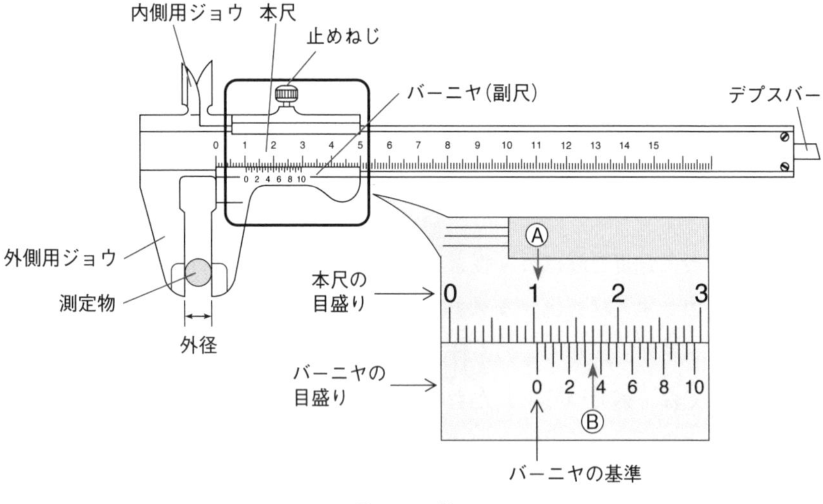

図5-3　ノギス

測定方法①

図5-3のような測定物の場合、

(1) バーニヤ（副尺）の目盛りの0のすぐ上にある本尺の目盛りを読む（Aの位置10 mm）

(2) 本尺の目盛りとバーニヤの目盛りの一致している位置のバーニヤの目盛りを読む（Bの位置0.35 mm）

(3) 上で読み取った2つの値を足すと測定寸法になる（10+0.35 = 10.35 mm）

測定方法②

内側用ジョウを利用すると、穴の内径などの狭い部分の長さの測定ができます。

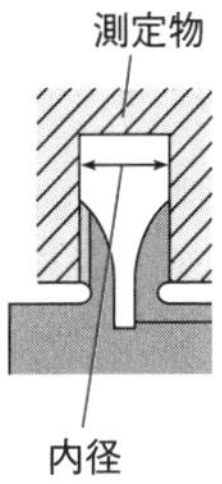

図5-4　内側用ジョウを利用

測定方法③

デプスバーを利用すると、穴の深さの測定ができます。

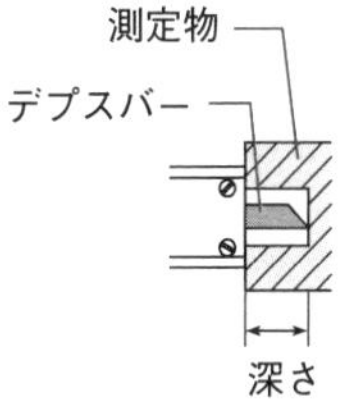

図5-5　デプスバーを利用

❹ マイクロメータ

マイクロメータは、ねじを利用して直線変位を回転角に変換し、拡大する測定器です。これはノギスよりも精密に長さを測定できる計測器であり、1/100（= 0.01）mm までの寸法を読みとることができます。歴史的に見ても、自動車や飛行機をつくるためにはマイクロメータの発明が不可欠でした。

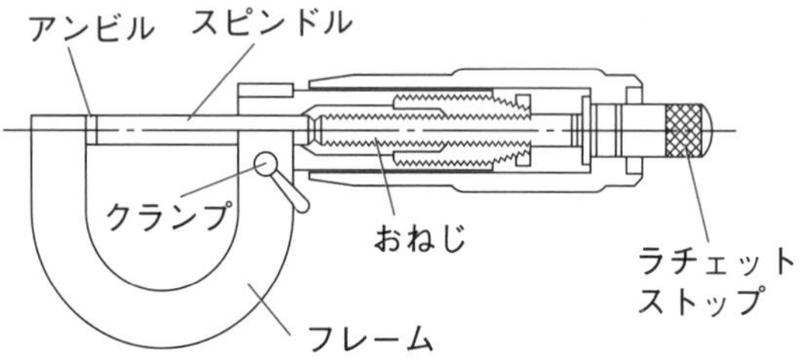

図5-6　マイクロメータ

◆使い方

(1) シンブルの先端が示すスリーブの目盛りを読む

(2) スリーブの基準線と一致しているシンブルの目盛りを読む

(3) (1) と (2) の値を合計する

◆測定例①

スリーブの上段で12を読む。一致しているシンブルの目盛り0.35を読む。12 + 0.35 より、12.35 mmになる。

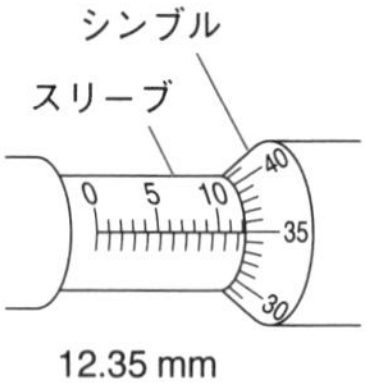

図5-7　測定例①

◆測定例②

スリーブの上段で8.5を読む。一致しているシンブルの目盛り0.23を読む。8.5 + 0.23 より、8.73 mmになる。

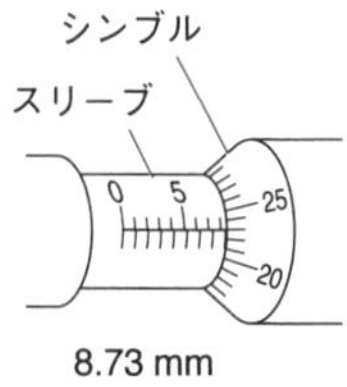

図5-8　測定例②

❺ ダイヤルゲージ

ダイヤルゲージは、歯車を利用して直線変位を回転角に変えて、拡大・指示する測定器です。これは、1/100（= 0.01）mm までの精度を出すことができ、基準点に対する加工品の寸法を測定したり、位置決めをしたりするときに用いられます。

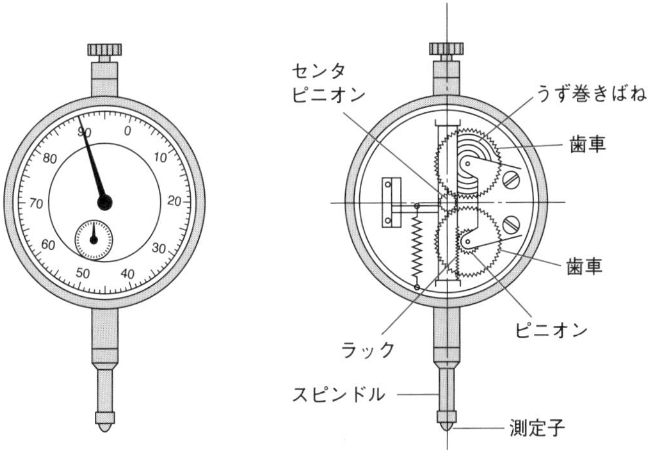

図5-9　ダイヤルゲージ

◆測定方法

(1) 基準面に測定子を押しあて、ここを0とする。

(2) 測定物に測定子を押しあて、その目盛りを読む。

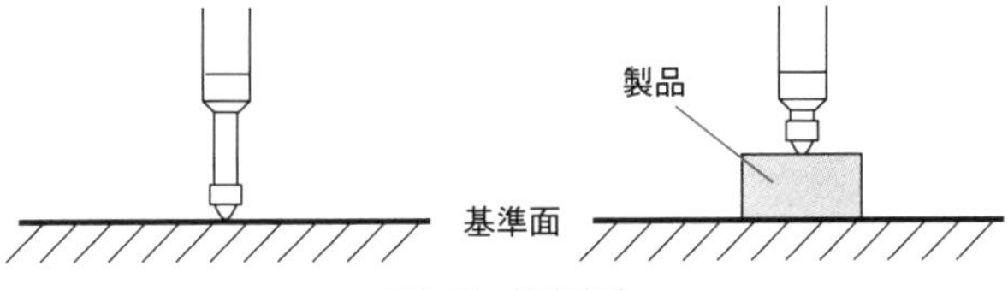

図5-10　測定方法

3 質量、力の計測

質量の基本単位はキログラム［kg］です。キログラムは白金90％、イリジウム10％の合金でつくられ、直径と長さがともに39 mmの円柱形をしている**国際キログラム原器**により定義されています。私たちが実際に質量の基準として使用しているのは、これを元にして作成された分銅です。

質量とは物体を構成している物質そのものが持つ量であり、どの場所においても変化しない量です。また、質量は同じ大きさの力を加えたときの動きやすさ、動きにくさで大小を表し、このことを**慣性**といいます。

これに対して**重量**とは、ある物体に対して鉛直方向に作用する重力の大きさを表したものです。つまり、重量＝質量×重力加速度です。重力加速度は場所によってその値が異なるため、同じ質量の物体でも、それを測定する場所によって、重量は異なることになります。重量の単位にはニュートンが使われています。また、国際協定標準値では、重力加速度は $g = 9.80665\ m/s^2$ とされています。重量キログラムはkgwまたはkgfと書き、質量の単位と区別しなければなりません。1 kgf = 9.80665 Nです。

力の単位の基準は**ニュートン**［N］であり、これは重量の単位と同じです。1 Nとは、1 kgの質量の物体に $1\ m/s^2$ の加速度を生じさせる力の大きさを表します。

❶ てんびん

てんびんはすでに質量がわかっている分銅と質量がわかっていないもの（被測定物）を長さの等しいてこでつり合わせ、分銅の質量を被測定物の質量とするものです。構造が簡単な割に精度が高い測定ができるため、広く使用されています。

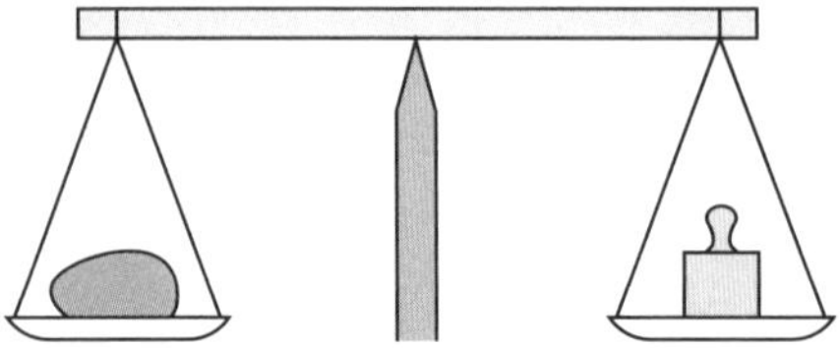

図5-11　てんびん

❷ ばねばかり

ばねばかりは材料に力を加えたときに生ずる弾性変形を利用したもので、ばねの伸びが力や重量を表します。これは、測定物を載せるだけで自動的に測定値が指示され、取り扱いも簡単であるため、幅広く用いられています。しかし、重力加速度の違う場所では異なる値を示すことや、温度による誤差を生じやすいため、てんびんに比べて精度は落ちます。

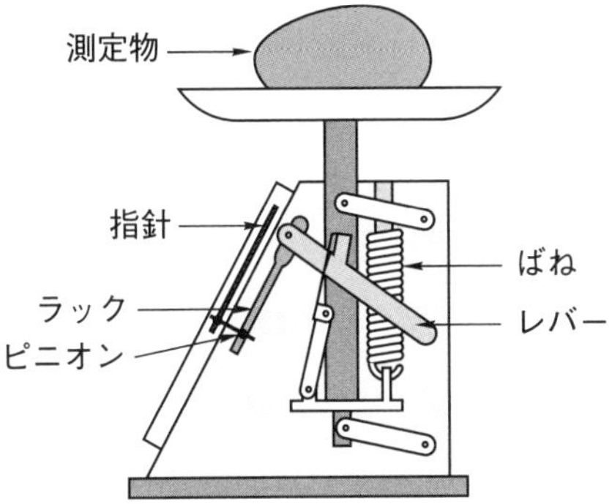

図5-12　ばねばかり

❸ ひずみゲージ

金属や半導体を線にして荷重を加えると、線は伸びると同時に電気抵抗が変化します。これを利用したものが**ひずみゲージ**であり、力の測定に幅広く利用されています。

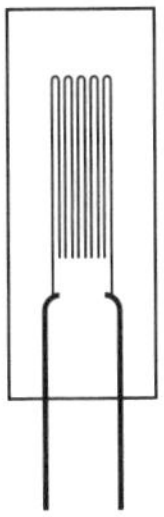

図5-13　ひずみゲージ

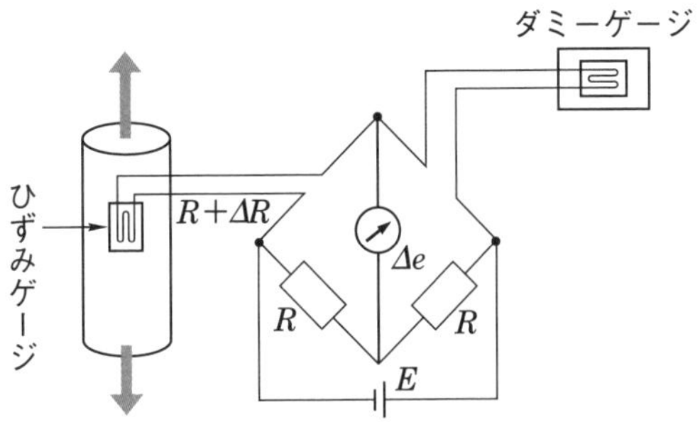

図5-14　ひずみゲージによる測定回路

4 時間、回転速度の計測

時間の基準単位は秒［s］です。長い間、それは太陽の周期を基準として決められてきましたが、現在ではより精度の高いものとして、原子の振動とする原子時計が用いられています。時刻と時間の違いは、時の流れのある瞬間が時刻であり、時刻と時刻の間が時間です。日本では、東京都小金井市にある電波研究所で決定された時報が発信されています。

時計には古くは日時計や砂時計が用いられていました。その後、振り子の周期を利用した振子時計、現在では水晶を発振器とした水晶時計が多く使われています。また通常、実験などではストップウォッチがよく用いられます。

機械の運動は回転運動で表すことが多いため、それを回転速度として示すことが多くあります。**回転速度**は通常１分間の回転数で表し、単位はmin^{-1}で表します。

❶ 遠心式回転計

糸におもりをつるして回転させると、おもりは遠心力で糸から遠ざかります。この遠心力をばねの反力でつりあわせ、ばねの変位を指針に伝えるのが、**遠心式回転計**の原理です。精度はそれほど高くありませんが、構造が簡単で丈夫であるため広く使用されています。

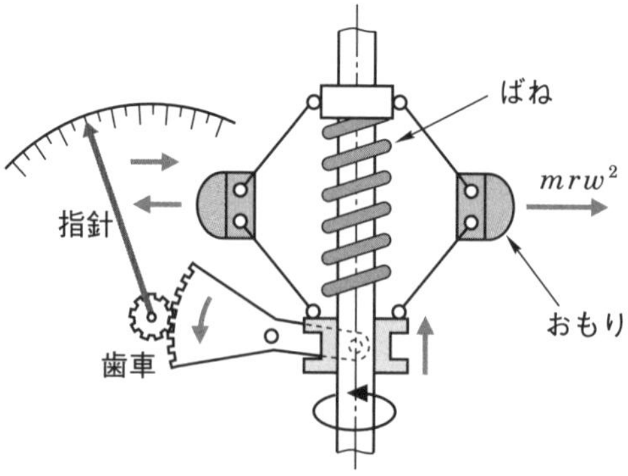

図5-15　遠心式回転計

❷ ストロボスコープ

一定の周期で回転している物体をある位置に来たときだけ目を開けてみることができれば、その物体は静止して見えるはずです。**ストロボスコープ**はこの原理を応用したものであり、照射光の点滅の周期をうまく調節することにより、回転体を静止して見えるようにし、そのときの回転速度を測定するものです。高速している物体が静止して見えるため、最初はとても不思議に思います。また、回転体に接触することなく回転数を測定できるため、精度は高くなります。

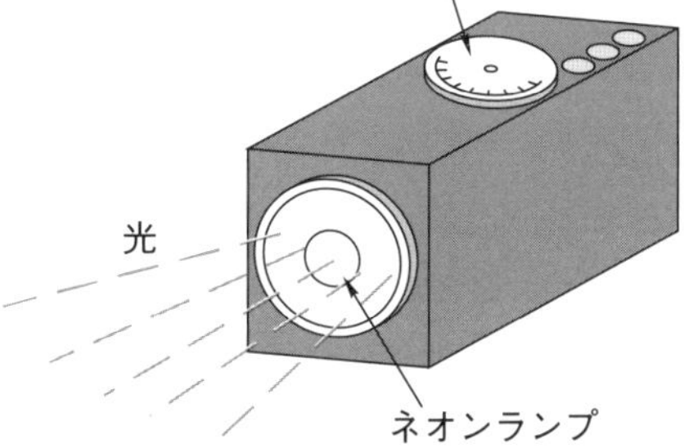

図5-16　ストロボスコープ

◆計測編のおわりに

ここでは、長さ、質量と力、時間と回転数について見てきました。これ以外にも、機械工学でよく用いられるものとして、圧力や流量、温度などがあります。これらは2章や3章でいくらか取り上げました。機械を形づくる上では、長さの計測が最も多く用いられますが、その形を決めるまでの場面ではさまざまな実験が行われており、その場合で各種の計測が行われます。

ものづくりには試行錯誤の場面がたくさんあります。しかし、それをただ「行き当たりばったり」で解決することはできません。一つ一つのつまずきは、科学的な裏づけによってはじめて乗り越えることが可能です。現象を計測を通して数値化し、それを解釈する姿勢で取り組んでください。

5-2 工具編

❶ ドライバー

ドライバーは比較的小径のねじを締めたり、取り外したりするときに使用する工具であり、プラスドライバーとマイナスドライバーとがあります。

ドライバーにはさまざまな大きさのものがありますから、ねじの溝に合ったものを使い、ねじの軸に対して垂直にして使用します。

精密ドライバーは、時計やめがねなどに使用されている小さい径のねじに用いるものです。複雑な箇所にも使えるように、軸は細く、指先で押しつけて使用します。

プラス、マイナスそれぞれ何本か大きさの異なるものと、精密ドライバーを1セット（5～6本組）用意しておくとよいでしょう。

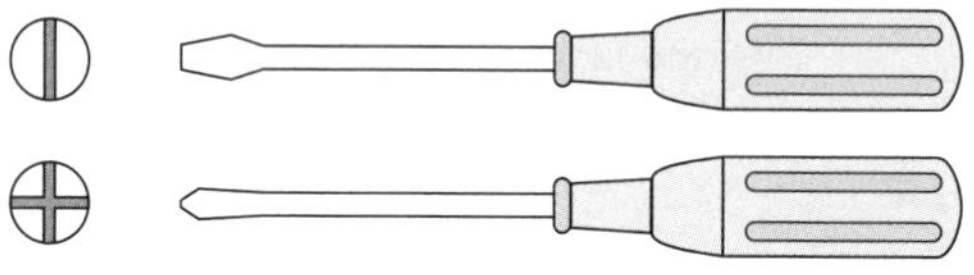

ドライバー

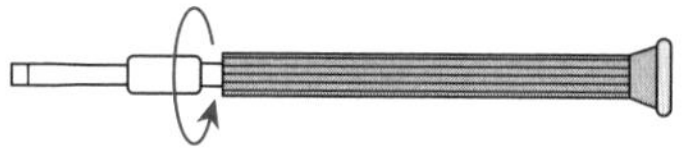

精密ドライバー

図5-17　ドライバー

❷ ペンチ

ペンチは、針金や導線などを曲げたり、切断するときに使用する工具であり、さまざまな大きさのものがあります。先端部が細い**ラジオペンチ**は、針金を切る作業や細かい作業に適しています。

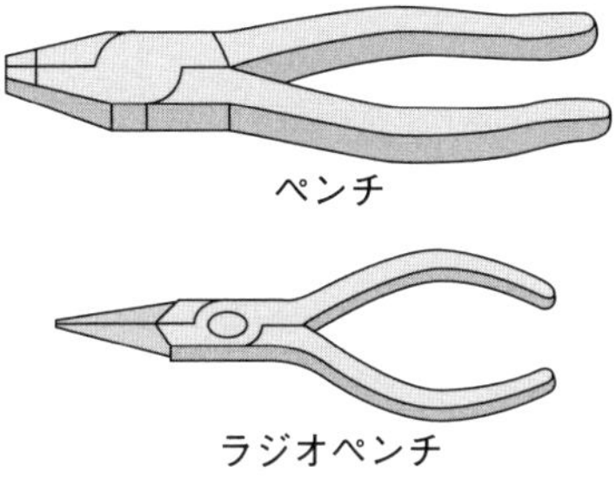

図5-18　ペンチ

❸ ニッパー

ニッパーは細い針金やコードなどを切る工具であり、電気機器の配線や細工・修理等で使用されます。太い線を切るときには、刃先を傷めることがあるため、ペンチを使用します。

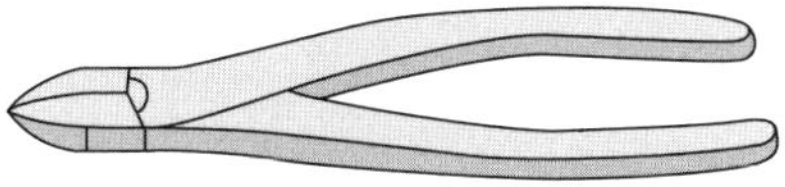

図5-19　ニッパー

❹ プライヤ

プライヤはものをつかんで曲げたり、太めの針金を切るときに使用する工具です。つかむものの大小によって口の開き方を変えることができ、通常のペンチよりも幅広い範囲で使用できます。

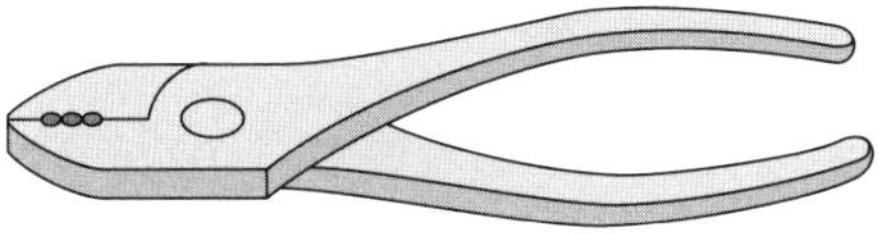

図5-20　プライヤ

❺ スパナ

スパナは、ボルトやナットの締め付けや取り外しなどに使用する工具です。口幅が一定のものと、モンキーレンチのように調整できるものがあります。いずれも、使用するときには、口幅の合ったものを選ぶ必要があります。

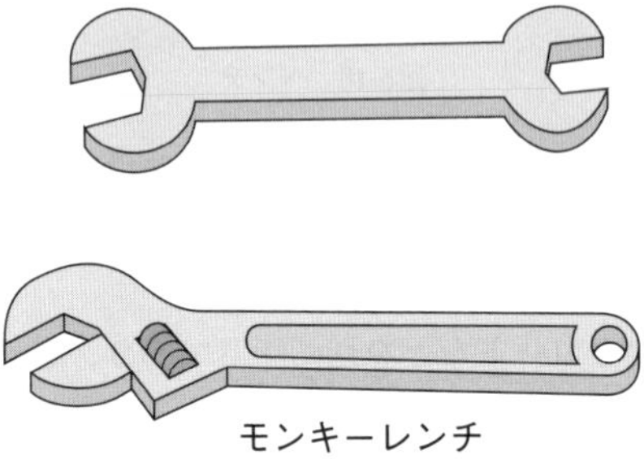

図5-21　スパナ

❻ ハンマ

ハンマは、衝撃力を与えてモノをたたくときに使用する工具です。頭部が金属やプラスチックでつくられています。木工用として釘を打つのに使用されるものは、げんのうといいます。

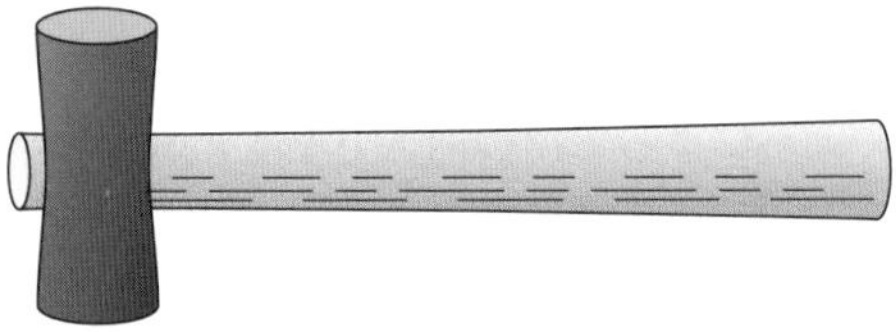

図5-22　ハンマ

ドライバやスパナは相手方となるねじやボルトのサイズに応じたものを使用する必要があります。工具箱や工具棚にはこれらの工具をきちんと整理しておき、必要なものをすぐに取り出せるようにしておくと作業がはかどります。

5-3 工作編

1 手仕上げ

手仕上げは工作機械を使わずに、主に手工具によって工作物を加工する作業です。いくら工作機械が導入されても、機械加工された各部品の手直しや組立のときの調整作業などにおいて、手仕上げの場面が完全になくなることはありません。

ここでは、金属加工に必要となる基本的な手仕上げ作業について説明します。

❶ けがき

けがきは、工作物を決められた寸法通りにつくりあげるために、素材自身に細い線や点をえがく作業です。ここで寸法がずれてしまうと、工作物の寸法は、最後までずれてしまうことになるので、けがき作業は正確に行う必要があります。

線を引く

金属に線を引く場合には、けがき針を使用します。

鋼尺に沿ってけがき針を用いることにより、直線を引いたり、寸法取りをすることができます。また、丸棒の寸法取りには、平行を出して固定するための**Vブロック**が用いられます。測定は、**定盤**の上で行います。

図5-23　けがき

またけがき針の線は細くて見にくいことがあるので、あらかじめ予想される位置にマジックで線を引き、その上にけがき線を引くと見やすくなります。

寸法を取る

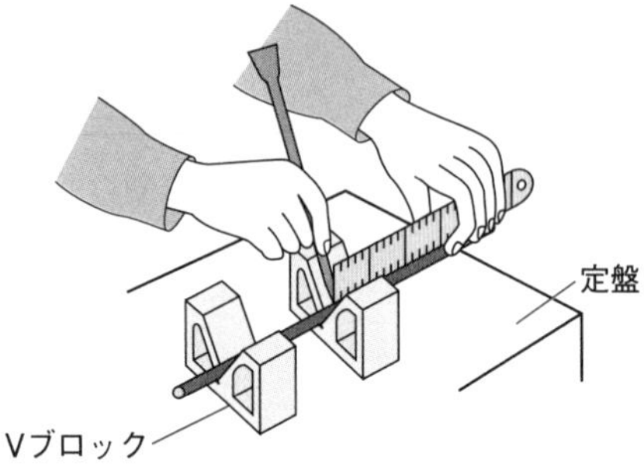

図5-24　けがき作業

円の中心を出す

丸棒の中心を決めるのは意外と悩むものです。角材のように断面に対角線を引いてその交点を求めるわけにはいけません。

このようなときには、Vブロックと**トースカン**を使用します。図のように、定盤の上にトースカンとVブロックを置きます。Vブロックに材料を置き、90°ずつ回転させながら水平線を引き、そこにできた正方形の中心にポンチを打ちます。ポンチは、ドリルで穴をあけたりするときに、ドリルの先をぶれないようにする働きもあります。

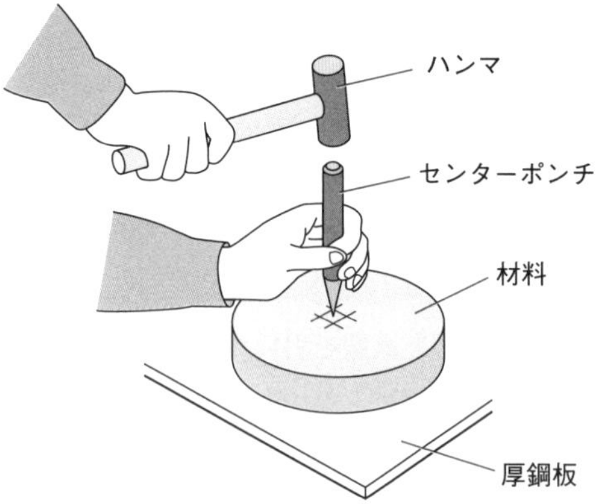

図5-25　円の中心出し

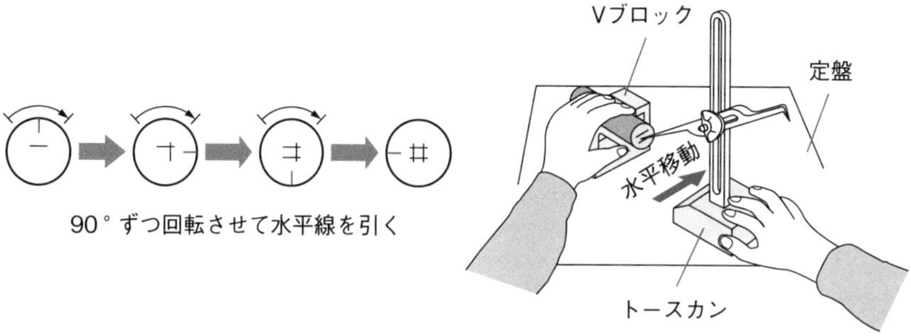

図5-26　トースカン

❷ 切断

細めの棒やパイプを切断するときには**弓のこ**が使用されます。また、薄目の鉄板を切断するときには**金切りばさみ**が使用されます。

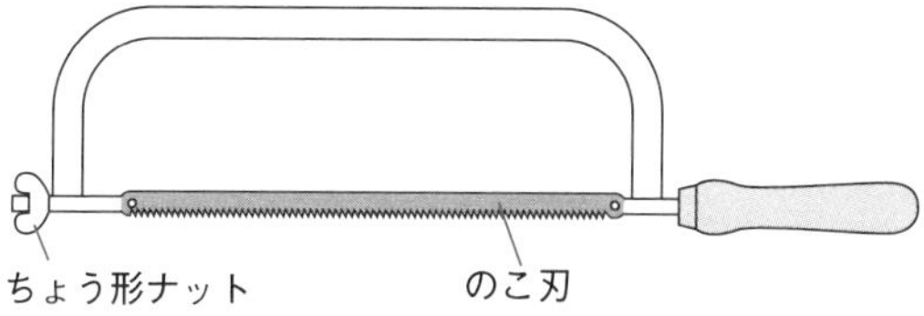

図5-27　弓のこ

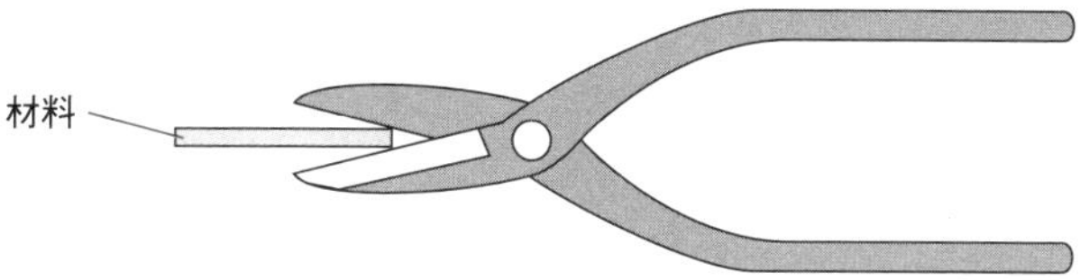

図5-28　金切りばさみ

❸ やすり仕上げ

やすり仕上げは金属表面の凹凸をなくしたり、ばりを取ったりして、目的とする平面や曲面に仕上げる作業です。

鉄工やすりの表面の粗さには、さまざまな種類のものがあるので、適切なモノを選ぶ必要があります。また、何本かの粗さのやすりをセットにして用いられる**組みやすり**もあります。

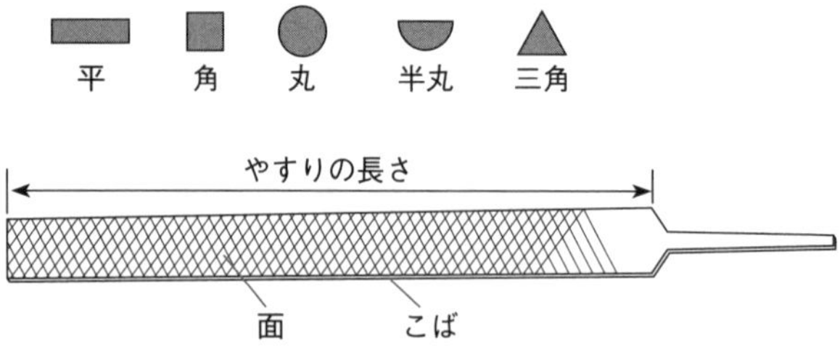

図5-29　やすりの形

やすりの目の粗さには、荒目、中目《ちゅうめ》、細目《さいめ》、油目《あぶらめ》などがあり、使用する材料や工程に応じて使い分けます。

一般にやすりの目は、2方向の歯が交差する複目が使用されています。やすりを使用していると、目の間に切り粉が詰まって来ます。そのようなときには、ワイヤブラシ（歯が金属製のブラシ）を用いて、切り粉をとります。特に黄銅などの軟らかい材料をやすりがけするときには注意しましょう。

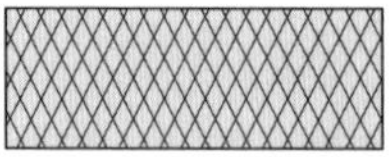

図5-30　やすりの目

やすりがけの姿勢で注意してほしいのは、腕だけではなく、体全体で作業を行うことです。まず、足を前後に少し開いて、しっかりと立ちます。次にやすりを材料に押しあて、わきをしめます。そして腕だけを動かすのではなく、しっかりと腰を入れて全身の力をかけながらまっすぐ押します。また、やすりは上から下まで長さいっぱいを使いましょう。

図5-31　やすりがけの方法

❹ ねじ立て

棒材などの材料にねじを切ることを**ねじ立て**といいます。ねじ立てを行う工具は、おねじを切るための**ダイス**と、めねじを切るための**タップ**です。

●ダイスによるおねじ切り

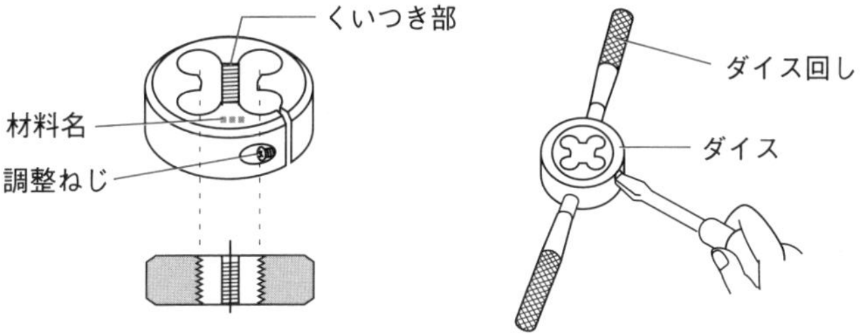

図5-32　ダイス

ダイスはつくりたいねじの直径に応じたものを使用します。そのためダイスには、直径6 mmならばM6という記号が書かれています。使用するダイスが決まったら、ダイス回しに固定します。ねじを切りたい丸棒には、ダイスが食い込みやすいように軽く**面取り**をしておきます。

ダイスは、M6という記号が書かれている面を下にして、ねじを切る丸棒に押しあてます。はじめはダイスと材料が引っかかるまでは、下向きに力を加えながらゆっくりと回転させます。ダイスが材料に引っかかったら、回転だけで加工を進めます。

ダイスは1～2回転させたら、半回転ほど戻して、切り粉を落とします。また、ときどき切削油を与えると、回転が滑らかになり、作業がスムーズに進みます。

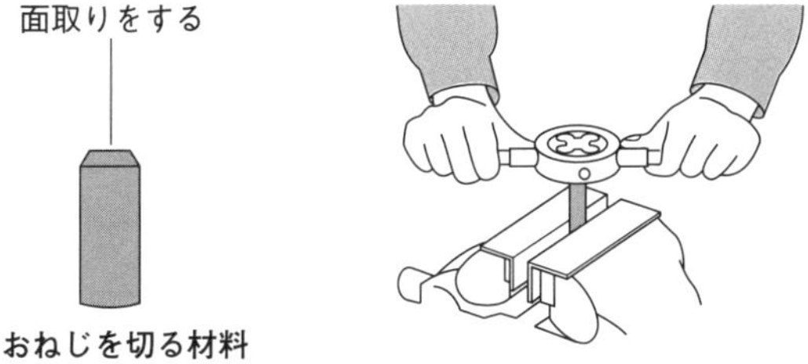

図5-33　ダイス作業

●タップによるめねじ切り

タップは、必要なタップをタップ回しに固定すれば、要領はダイスと同じです。異なるのは、タップには先タップ、中タップ、上げタップの種類があり、3本を使用して少しずつねじを切っていくことです。この作業を無理して行うと、タップが折れてしまうことがあるため、慎重に行いましょう。

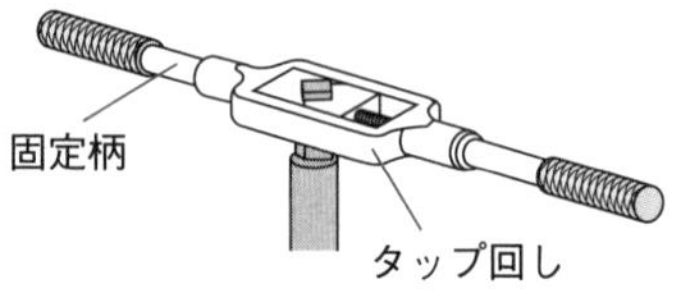

図5-34　タップ

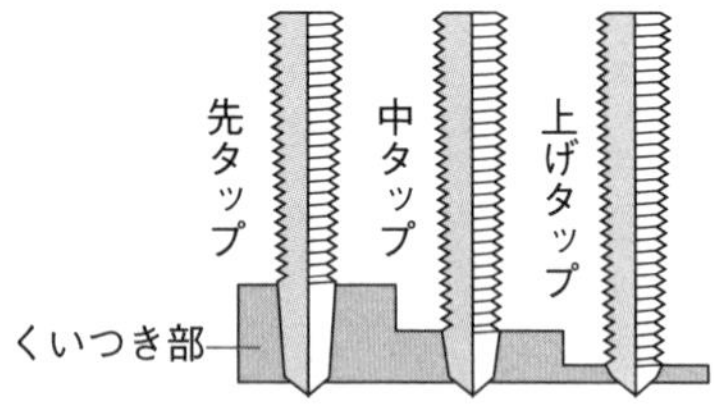

図5-35　タップの種類

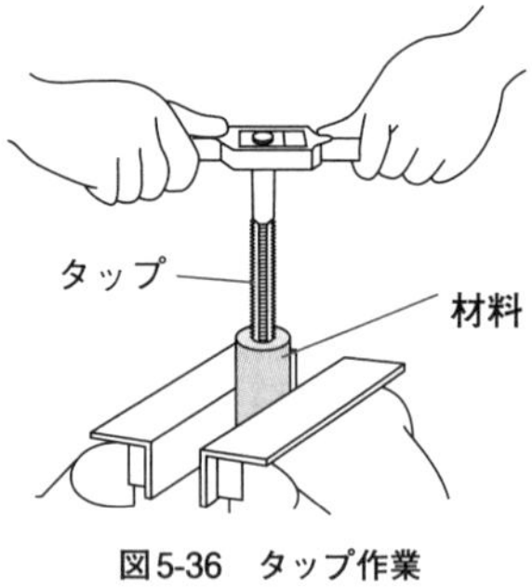

図5-36　タップ作業

ねじの呼びは、おねじの外径またはめねじの谷径のことです。M6のめねじをドリルとタップでつくろうとしたときに、ドリルで直径6 mmの穴をあけてしまうと、M6のタップはすっぽりとはまってしまい、ねじ切りができません。そのため、めねじの下穴をあけるときは、ねじの呼び径に0.80～0.85程度の値をかけたものを使用します。

❺ 穴あけ

穴あけはドリルを使って穴をあける作業であり、**卓上ボール盤**や電動ドリルが用いられます。

ボール盤はハンドルを回して、回転するドリルを上下させて穴をあける工作機械です。回転速度はベルト車によって変えることができます。

ドリルで穴をあけようとする際に、その先端がぶれないようにセンタポンチを使用してあらかじめくぼみをつけておきます。

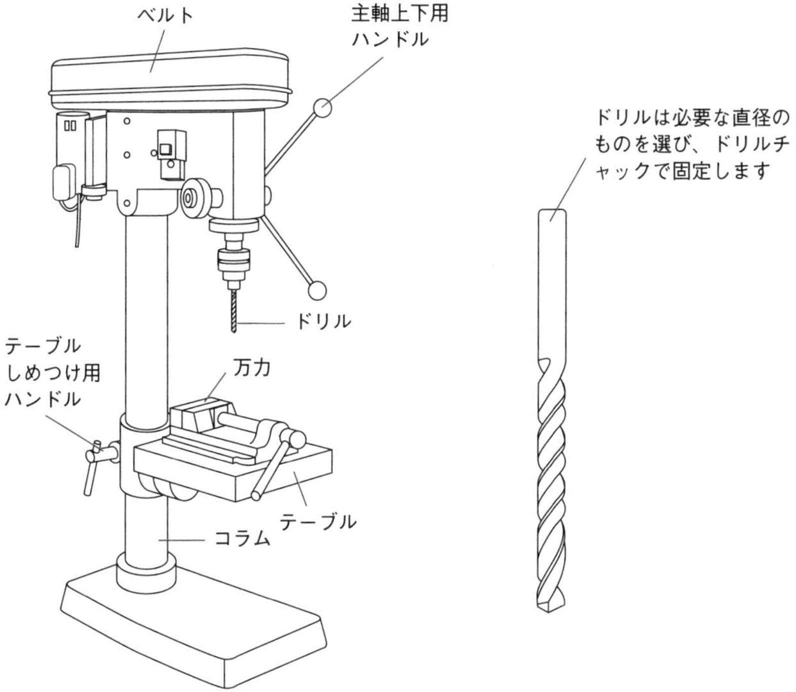

図5-37　卓上ボール盤

ねじの呼び	ドリルの直径［mm］
M3	2.6
M4	3.4
M5	4.3
M6	5.2
M8	6.9

表5-1　めねじの下穴をあけるドリルの直径

手仕上げの工作例

◆ドライバーをつくろう

●用意するもの

硬鋼（直径6 mm）、黄銅（対辺20 mmの六角形）

●つくり方

①弓のこを使用して、炭素鋼（ドライバ部）と黄銅（柄）を適切な長さに切断します。

②黄銅の端面が直角になるようにやすりがけをします。また、使いやすさを考えながら、自由に柄を加工します。

③トースカンやVブロックを使用して六角形の中心を出し、ここにポンチで印をつけます。

④ボール盤に直径5.0 mmのドリルを取りつけ、黄銅の柄に深さ25 mmのした穴をあけます。このとき、ドリルの先が柄に垂直に入るように注意しましょう。

⑤3種類のタップを順番に使用して、直径6 mmのめねじを切ります。

⑥直径6 mmの硬鋼棒を万力に固定して垂直に立てます。ダイスを使用して、おねじを切ります。

⑦それぞれの部品が完成したら、ねじ部分を合わせてみましょう。

⑧次に硬鋼棒の先をマイナスドライバーになるように加工するため、バーナーで加熱し、オレンジ色に輝いてきたところで、先をハンマーでたたきながら平らにします。この作業を鍛造といいます。

⑨先が8 mmまで薄くなったら加熱を止め、やすりでドライバの形に仕上げます。

⑩ドライバの形ができたら、もう一度加熱して、焼き入れ（オレンジ色になるまで加熱してから、水の中に入れて急冷する）、焼戻し（赤黒くなるまで加熱してから、空気中でゆっくりと冷ます）という作業を行います。これにより、鋼は硬く・粘り強くなるのです。

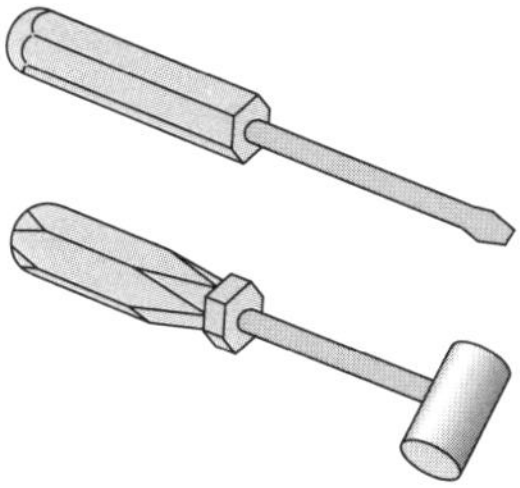

図5-38　工作例

2 旋盤

旋盤は工作物をチャックに固定して回転させ、刃物台に取り付けた**バイト**に切り込みと送りを与えて切削する工作機械です。旋盤による切削を旋削といい、主に円筒形の工作物の直径を小さくしたり、溝を切ったりするときに使用します。バイトは材質や作業内容にあわせて選び、主軸の回転数は材質や外径、仕上げ状態に応じて設定します。

旋盤は、全体を支える部分であるベッド、工作物をチャックなどに固定する主軸台、バイトなどの刃物を取り付ける刃物台、刃物台をベッド上で左右に移動させる往復台、主軸台と向かい合う位置にあり、長い工作物を支えたり、ドリルを取り付けたりする心押台などから構成されます。

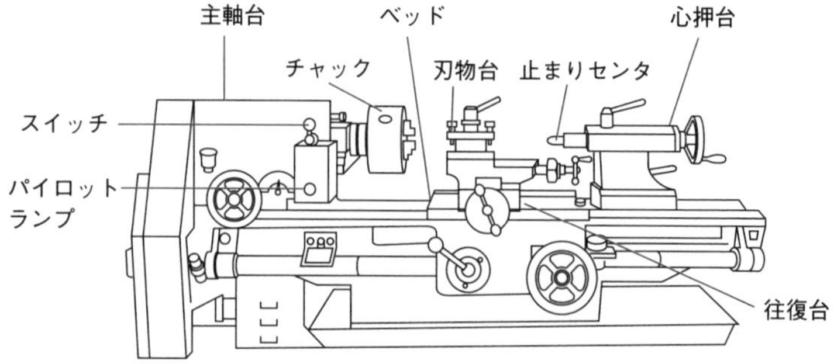

図5-39　旋盤

バイトは、すくい角が大きいほど切れ味がよく、きれいな面に仕上げることができます。逃げ角は、工作物とバイトの摩擦を少なくする働きがあります。

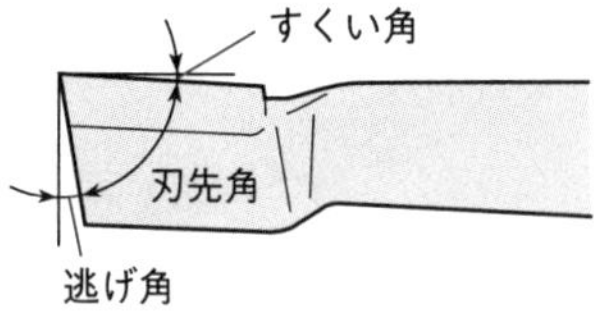

図5-40　バイト

旋削の手順

(1) 図5-41のように、チャックハンドルでつめを開き、材料をチャックに深く固定します。

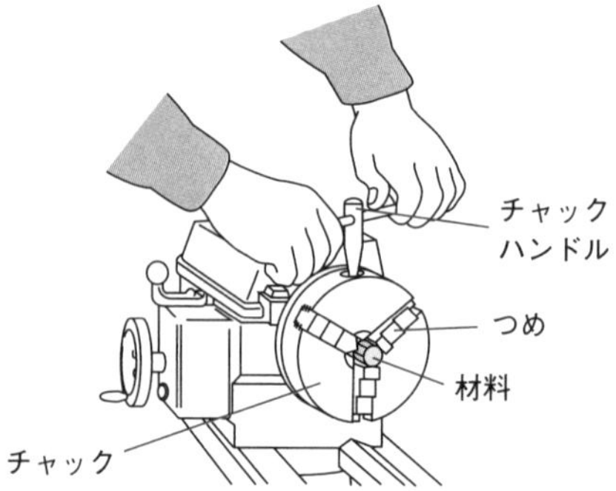

図5-41　材料の取り付け方

(2) 図5-42のように、止まりセンタとバイトの高さを合わせ、バイトが刃物台に固定されているかを確かめます。

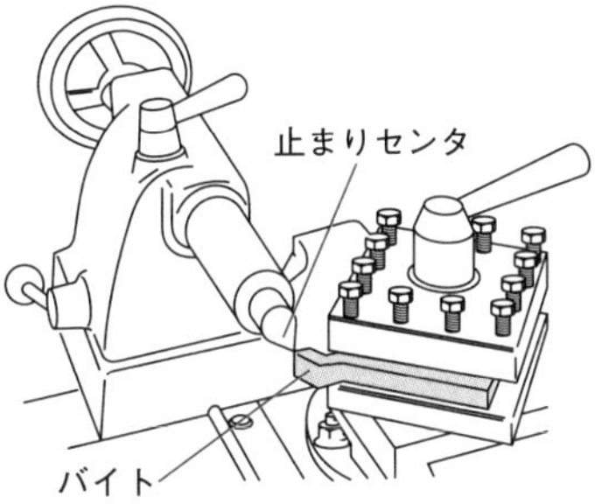

図5-42　バイトの取り付け方

(3) 図5-43のように、ハンドルを使ってバイトとドリルを動かします。どのハンドルも同じ速度でゆっくりと回します。

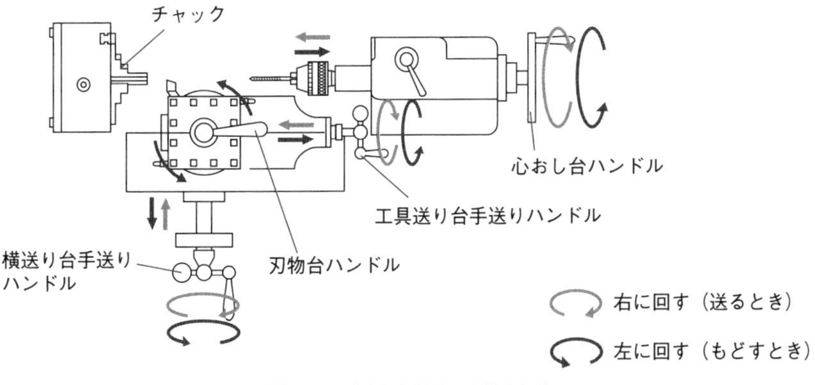

図5-43　バイトとドリルの動かし方

(4) 主軸を回転させ、振動や異常音がないかを確かめてから、作業をはじめます。

(5) 材料を固定した後は、図5-44のようにチャックハンドルをつけたままにしておかないように注意しましょう。

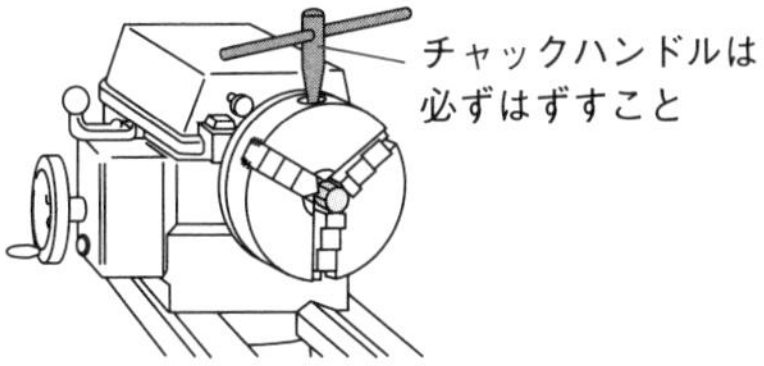

図5-44　チャックハンドル

旋盤の工作例

◆テープカッターをつくろう

●つくり方

①直径35 mmの丸棒を剣バイトで直径26 mmまで切削します。

②直径26 mm以下になるとテープの内径になるので、ここではめあいの確認をします。

③突切りバイトで両端に溝を切り、軸を直径10 mmまで切削します。

図5-45　外丸削りと溝削り

④両端の加工は自由に工作します（面取りや、角度や段差をつけたものなど）。

⑤3 mm × 9 mmの断面の角パイプを鉄のこで自由に加工して、テープの入れ物をつくります。

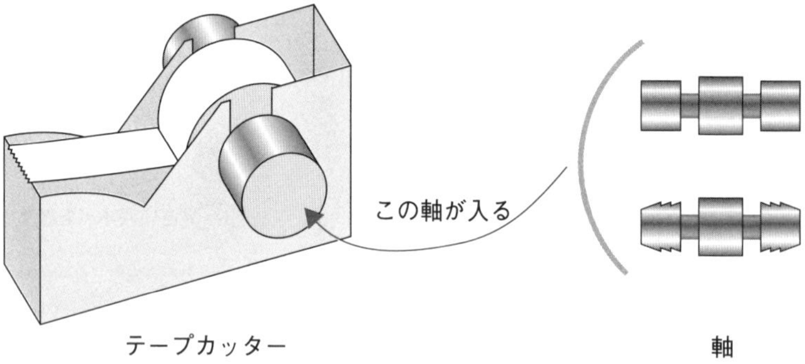

図5-46　工作例

テープの切り口は、テープに同封されていた金具を埋め込む形にしました。切った後、テープが金具に付いているようにすることや、指を入れてテープを取りやすい形にするなど、いろいろと工夫するとおもしろいでしょう。

3 溶接

溶接は金属同士を溶かして接合する工作法です。短時間で接合できることや、ねじ止めよりも気密性がよいという特徴があります。溶接を行うときには、保護手袋、エプロン、足カバー、そして遮光メガネを正しく着用して、やけどや眩しい光で目を痛めることのないように、くれぐれも安全面に注意しましょう。

❶ アーク溶接

アーク溶接は電気を通した金属間に発生するアークを利用した溶接法です。アークは適当な電源に接続された二つの電極を接触させてから、わずかに離し、ある間隔を保って連続的に火花を発生させ、このときの高温の熱を利用して母材を溶接します。

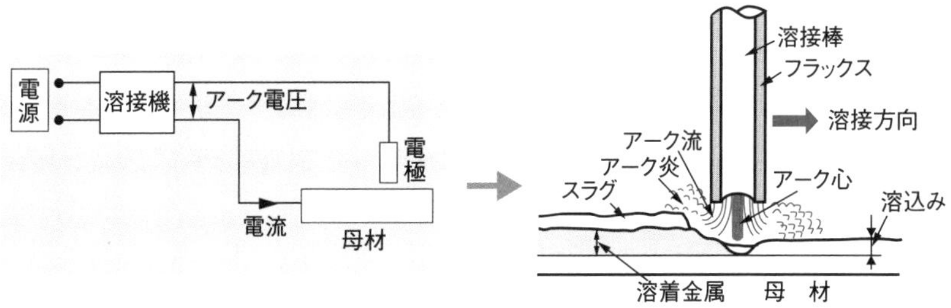

図5-47　アーク溶接の原理

◆アーク溶接機の操作

(1) 作業台の上に材料や工具を準備し、アースを作業台に接続します。
(2) 材料の厚さに適した電流値を選び、電流調整ハンドルにより目盛を合わせます。
(3) 適当な溶接棒をホルダにはさみ、溶接機のスイッチを入れます。
(4) ホルダの柄を持ち、溶接棒を材料に対してほぼ直角にします。
(5) 遮光マスクで顔を覆い、溶接棒の先端を材料に接触させて、アークを発生させます。

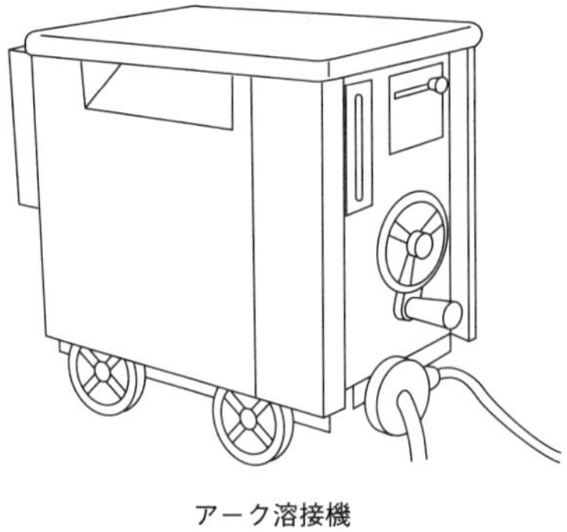

図5-48　アーク溶接機

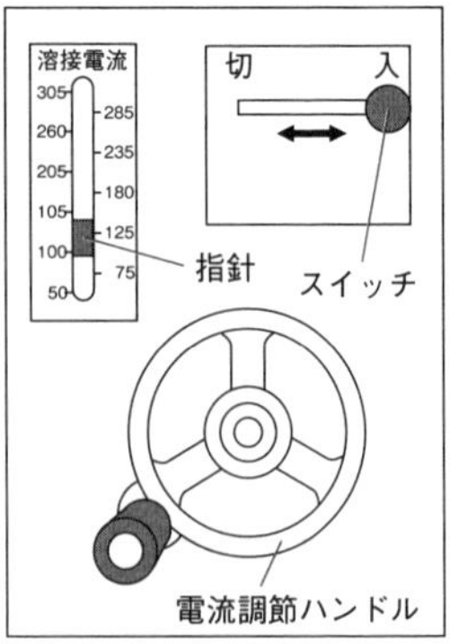

図5-49　アーク溶接機の操作盤

◆アークの発生法

慣れないうちは、なかなかアークが飛ばないこともありますが、焦らずにじっくりと取り組みます。アークの発生法には、大きく2通りの方法があります。

一つは材料に対して溶接棒を上下にたたくように動かす方法です。もう一つはマッチを擦るときのように溶接棒を横にすべらせる方法です。この二つの方法を試しながら、すぐにアークを発生できるようにしましょう。

また、アークを発生できるようになっても、アークがすぐに消えてしまうことがあります。そのようなときには、材料と溶接棒との間隔に気をつけましょう。

一般的には、材料と溶接棒とも間隔は溶接棒の直径と同じかそれより少し大きく取ります。アークが発生したときに驚いてこの間隔を広げてしまうと、アークが消えてしまいます。

図5-50において、dは溶接棒の直径、Lは材料と溶接棒の間隔であり、$L=d\sim 2d$が目安となります。

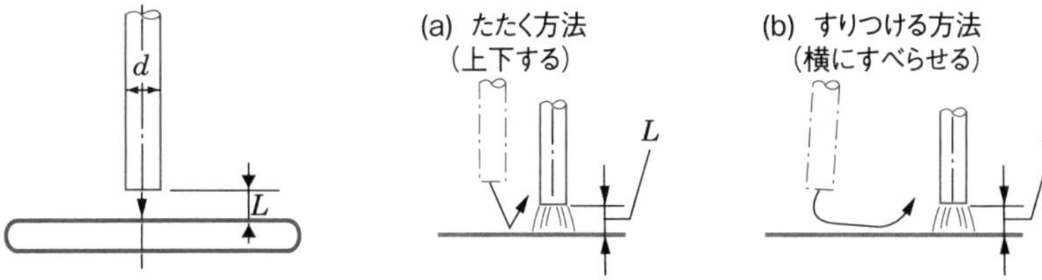

図5-50　アークの発生法

◆ビードの置き方

溶接棒を溶かしていく跡のことをビードといい、これがきれいにできると溶接もうまく行きます。溶接が成功するとは、材料と溶接棒があたかも最初から同じ金属であったかのように一体になることです。

ビードの置き方にはいろいろな方法がありますが、ここではその例をいくつかあげておきます。最初は真っ直ぐに同じ太さでビードを置く練習をすることからはじめましょう。

はじめのうちは、火花がなかなか飛ばずに苦労すると思います。しかし、一度きれいなビードが置けるようになると、溶接のおもしろさと奥の深さが実感できるはずです。

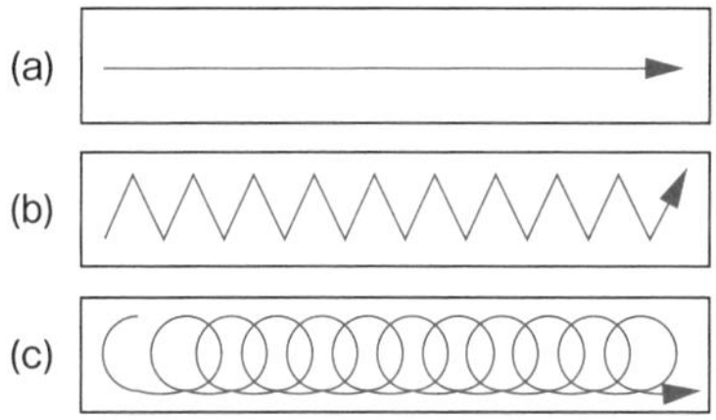

図5-51　ビードの置き方

溶接作業では、作業着や安全靴に加えて、溶接用手袋や前掛け、腕カバーなどを着用します。また、保護メガネや保護面、防じんマスクなども安全対策として必須です。

❷ ガス溶接

ガス溶接は可燃性のガスを燃やして発生する熱を利用して行う溶接法で、主として**酸素**と**アセチレン**の組み合わせが用いられます。

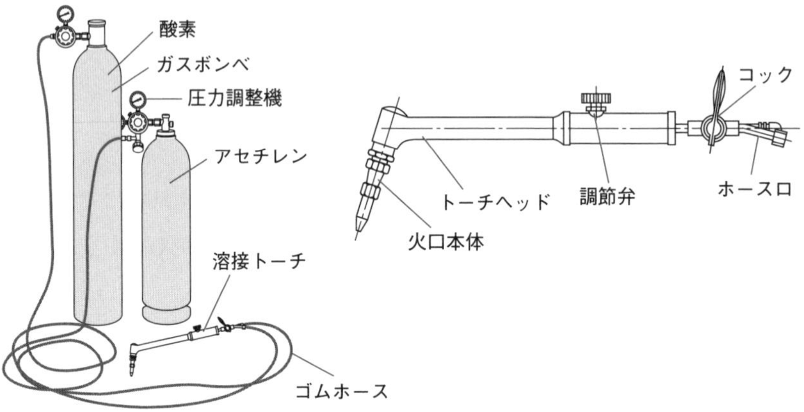

図5-52　ガス溶接

ガス / 性質	酸素（O_2）	アセチレン（C_2H_2）
比　重	1.1	0.9
臭　気	無味・無臭	有臭
燃焼性	自身ではない	あり（400℃で自然発火）
化学作用	酸化物をつくりやすい	酸素と混合すると，爆発燃焼
圧力変化	圧縮可能	2気圧以上で爆発

表5-2　酸素とアセチレンの性質

ガス溶接における酸素の圧力を高め、材料（主に鋼材）と酸素を激しく反応させると材料を溶断することができます。これを**ガス切断**といいます。手操作では材料を真っすぐ切断するのが難しいときには、ガス切断のトーチをガイドレールに沿って移動させて溶断します。

ガス溶接装置の操作

(1) 酸素とアセチレンの圧力を適当な値に調節します。

(2) アセチレンを少し出して点火し（これを炭化炎という）、酸素を加えながら適当な炎（これを標準炎という）にします。標準炎では、中心部に輝きが大きい白色の部分（これを中心炎という）ができます。

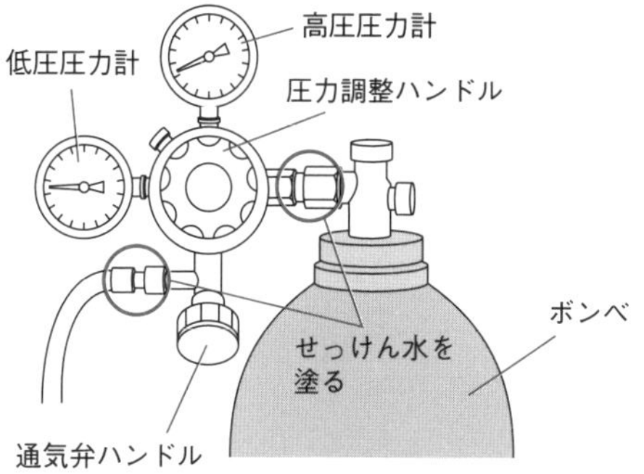

図5-53　圧力調整器

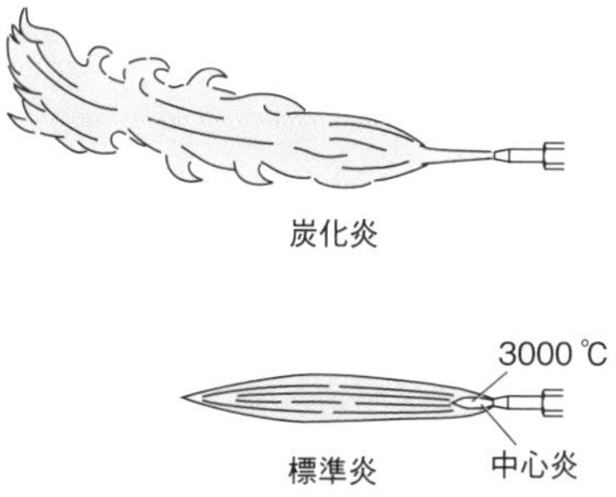

図5-54　溶接炎の状態

ビードの置き方

(1) 火口と溶接棒を進行方向に対して材料から45° に傾け、中心炎の先端が母材から2～3 mmになるまで近づけます。

(2) 溶接棒と母材が溶けはじめたら、溶接トーチを少しずつ進めて行きます（トーチを右手、溶接棒を左手に持っている場合には、右から左に進めます）。

(3) 中心炎をあてた部分には母材を溶かした池ができます。これを少しずつ進めながら、この池の中に溶接棒を入れていくのです。溶接棒は次第に短くなるため、少しずつ持ちなおさなければなりません。これがうまくできるようになり、等速度で進めることができれば、溶接も成功するはずです。

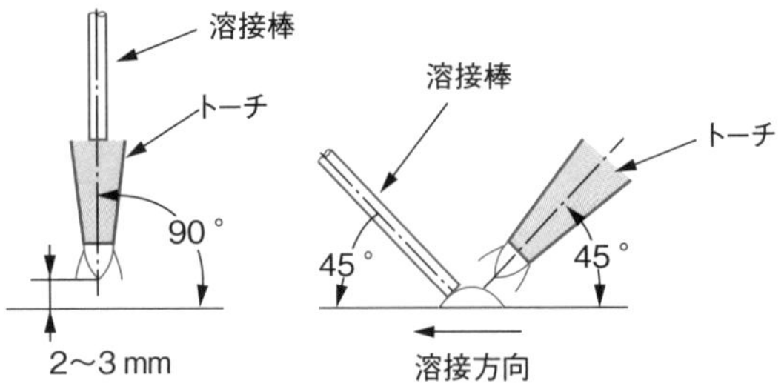

図5-55　トーチと溶接棒の角度

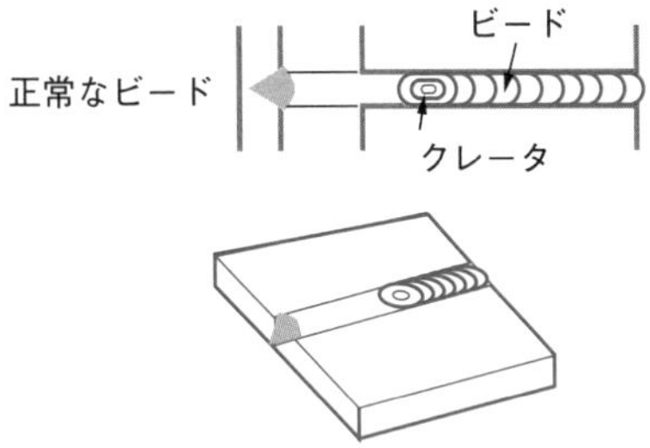

図5-56　ビードの置き方

❸ スポット溶接

スポット溶接は金属に電気を通すときに、電気抵抗によって生じるジュール熱を利用して、これに圧力を加えて接合する方法です。

この溶接はアーク溶接やガス溶接と異なり、接着が点で行われるため、薄板の重ね合わせ溶接に適しています。

スポット溶接機の操作

(1) 板厚に応じた溶接電流を選び、スイッチを入れます。

(2) ペダルを踏んで溶接を行います。

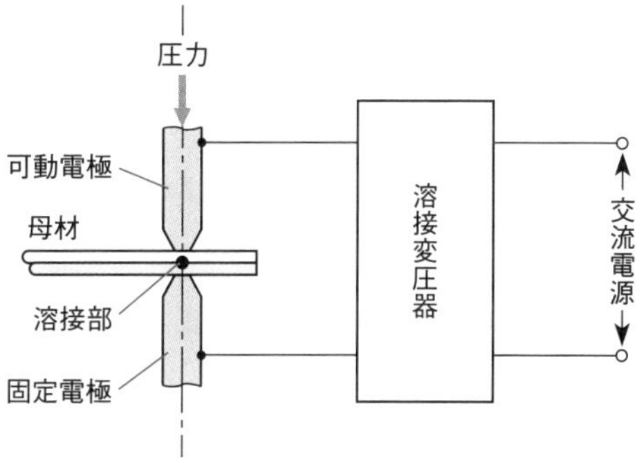

図5-57　スポット溶接の原理

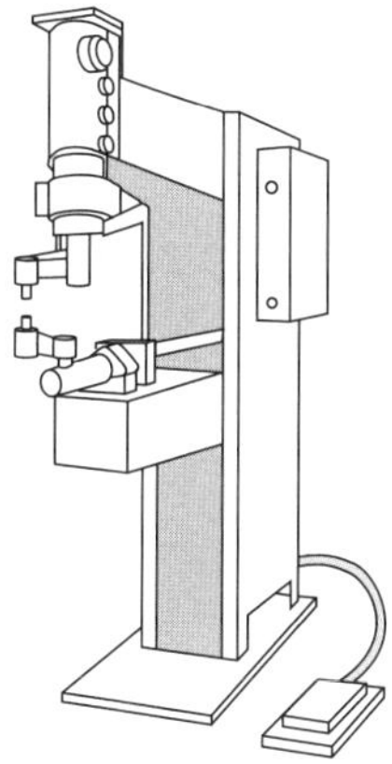

図5-58　スポット溶接機

❹ TIG溶接

TIG（ティグ）溶接は他のどのような物質とも反応しない**不活性ガス（アルゴン**など）の雰囲気中で、**タングステン電極**と母材の間にアークを発生させ、その熱で溶接を行うものです。TIGはTungsten Inert Gasの略です。

TIG溶接では電極が消耗しないため、アークは極めて安定しており、炭素鋼、アルミニウム、チタンなど各種の金属を比較的容易に溶接できます。

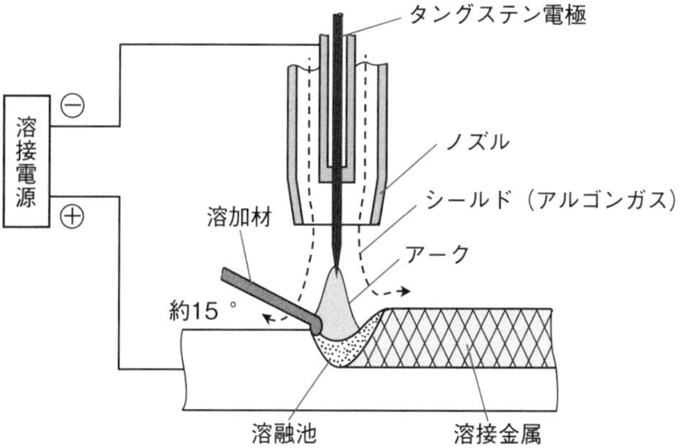

図5-59　TIG溶接の原理

TIG溶接の操作

(1) アルゴンガスの圧力を適切な値に調節します。

(2) 溶接機の電流を適切な値に調節します。

(3) 母材に対してノズルを垂直にあて、数mmの間隔を保ちながら炎を発生させます。

(4) 溶接棒を母材との角度を約15°にして、池に入れて溶かします。

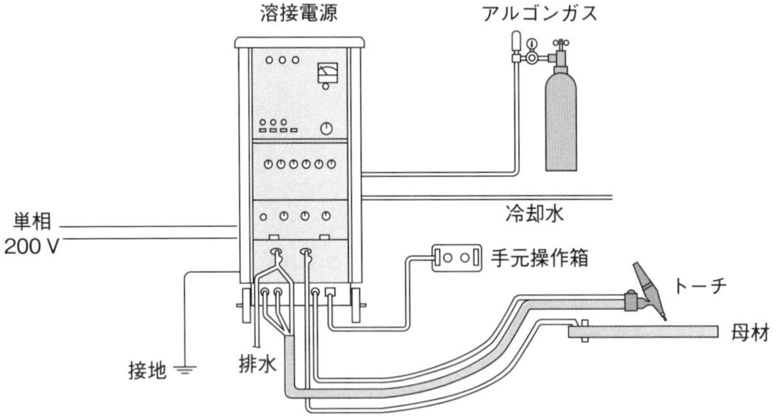

図5-60　TIG溶接装置

アルミニウムは鋼より融点が低いこともあり、鋼の溶接の感覚でアルミニウムのTIG溶接を行うと、すぐに板に穴が空いてしまいます。そのようなときには、溶接棒を差し込み続けずに、一定の間隔で出し入れします。溶接機には、この間隔を自動的に調節して、棒を差し込んだままで炎が強弱するような機能を持つものもあります。

TIG溶接のメリットとして、溶接部の強度を大きくでき、溶接部の見た目も美しくなります。溶接作業中の火花が出ず、音も静かであるため作業に集中できます。ただし、溶接時に強い光が発生するため保護メガネが必要になります。

❺ 溶接の製作例

以下に溶接で製作した作品例を示します。

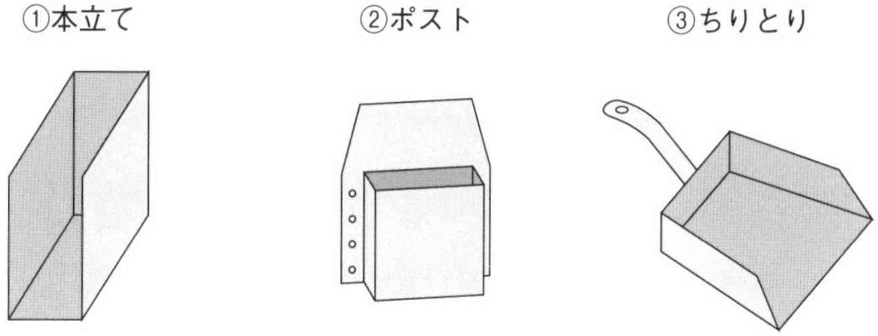

図5-61　製作例

4 鋳造

鋳造は溶かした金属を鋳型に流し込んだ後に冷やしてモノを成形する加工法です。鋳造の長所として、板や棒の組み合わせではできない複雑な形状の製品を成形できることがあげられます。

❶ 砂型鋳造法

砂型鋳造法は、耐火性に富んだ鋳物砂で鋳型をつくり、そこに溶かした金属を流し込んで、成形する工作法です。

図5-62　鋳造工場

砂型鋳造法の操作

(1) 鋳物砂や工具を準備します。

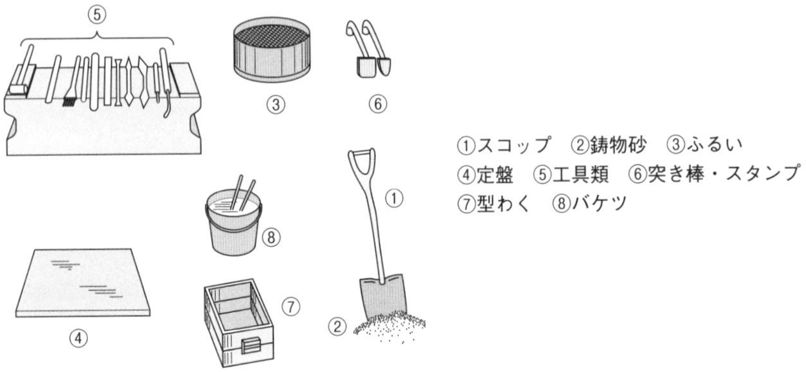

図5-63　造型用の工具類

(2) つくりたいものと同じものを木でつくります（これを木型という）。

木型にはだ砂をかけた後、型砂をかけて突き棒やスタンプで押し固めます。これを下型にします。

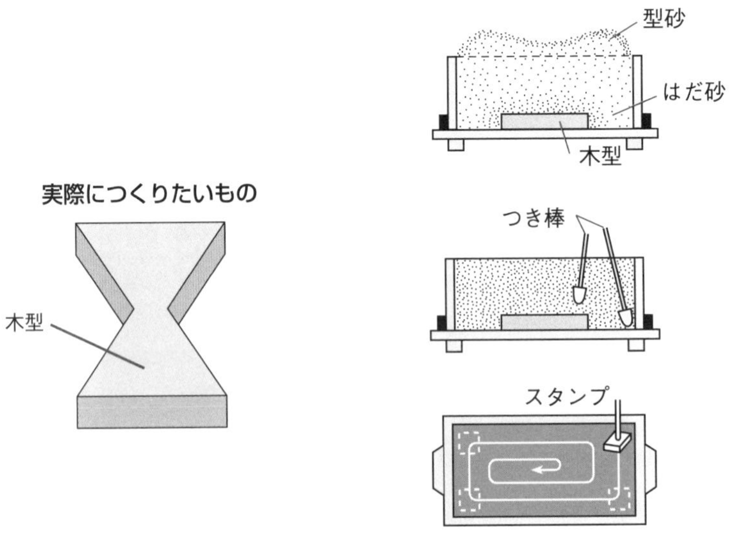

図5-64　木型と下型

(3) 下型を反転し、分れ砂を軽くまいた後、上型をきちんと重ねます。

このとき、湯を流しやすい場所に湯口を設けます。湯口の入り口を少し広げ、ガス抜き穴もあけておきます。

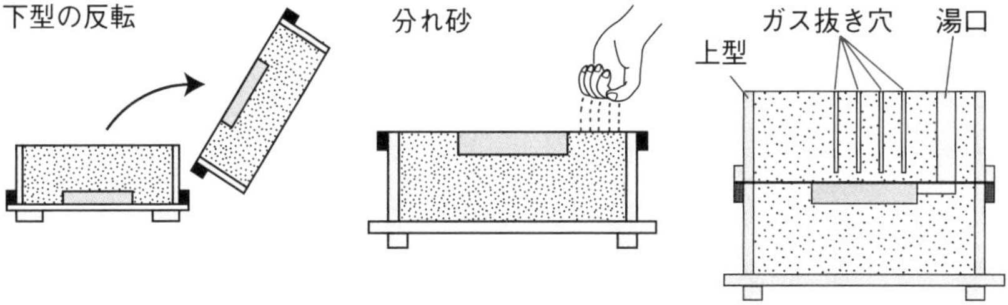

図5-65　下型と上型

(4) 湯口から溶けた金属を流し込んで、鋳込みます。

(5) 完成品を取り出します。

図5-66　流し込み

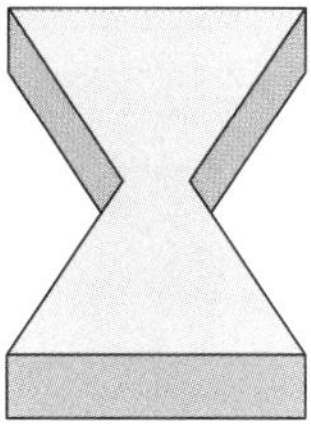

図5-67　完成

一般の人が鋳造を行うことができる環境はそれほど多くはありません。しかし、私たちの周りをすこし見渡せば、多くの製品が型取りによってつくられていることがわかります。

また、金属だけでなく、プラスチックやゴム製品の多くも、樹脂を型に流し込んでつくられています。

5 3Dプリンタ

3Dプリンタは液体や粉体の材料を積層しながら立体物を造形する工作機械のことです。その造形方式はいくつかの種類に分類されますが、いずれも3D CADや3D CGなどの3次元ソフトウェアで作成された3次元データを利用して成形できます。切削加工や金型を利用した射出成形など、これまでの製造技術では実現できなかった複雑な3次元形状の製品を一度に出力できるなどの特長があるため、新しい製造法として注目されています。

❶ 熱溶解積層方式

熱溶解積層方式はABSやPLAなどの熱可塑性樹脂プラスチック製のフィラメントを200 ℃程度まで加熱して溶かして、直径0.4 mm程度の細いノズルの先端から吐出させながら積層造形するものです。英語ではFDM (Fused Deposition Modeling) と呼ばれます。低価格化が進んでおり、5万円程度で購入できるため、個人のものづくりでの用途も広がっています。積層造形の様子を図5-68に示します。ノズルは3Dデータの形状に基づいて一筆書きをするわけですが、立体物内部における樹脂の充填率などはソフトウェアの方でセットします。後から外力がそれほど加わらないものの充填率は15 %程度であり、歯車のように外力が加わるものは100 %にするなどの設定をします。

図5-68　熱溶解積層方式の3Dプリンタ

なお、この方式は下部から上部に向かって積層するため、重力に逆らうことができません。そのため、空間の上にいきなり樹脂を吐出しても溶け落ちてしまいます。そのような場合にはサポートという機能を使って補助的な材料を積層して、後からサポート材を取り除きます。また、一層目をきちんと土台に接着させるため、ラフトという機能を使って土台に下敷きのように樹脂を敷くことも多くあります。図5-69に示すコロナウィルスの３Ｄモデルでは、左側がサポートとラフトを使用して出力したもの、右側がそれらを取り除いてできた完成品です。

図5-69　コロナウィルスの３Ｄモデル

ロボットの部品を複数個出力して、内部に電子回路を組み込むことで、歩行ロボットを製作することもできます。図5-70にその例を示します。

図5-70　３Ｄプリンタで製作したロボット

❷ 光造形方式

光造形方式は光硬化タイプの液体樹脂に紫外線を照射して、一層ごとに樹脂を硬化させながら立体物を積層造形する方式です。英語ではSLA（Stereo Lithography Apparatus）と呼ばれます。熱溶解積層方式とは積層造形の考え方が大きく異なり、一層分の光硬化が済むと造形物が設置されているテーブルが垂直方向に移動し、次の層を造形する動作を繰り返しながら積層を行います。すなわち、逆さ釣りのような状態で造形が進んでいくため、サポート材を多用することになります。また、一度に大きな面が上面に貼りつくと造形物の取り外しが困難になるため、３Ｄデータはわざと傾斜させて設置します。

図5-71に示す光造形方式の３Ｄプリンタでは、左側が造形中の様子、右側が完成した造形物です。このように上面に強く貼りついているため、これを剥がすとともに、イソプロピルアルコールに２段階で浸して洗浄する必要などもあります。図5-72に洗浄作業を終えた、ボルトとナットの完成品を示します。光硬化タイプの液体樹脂や洗浄剤などの薬品管理は慎重に行う必要があります。

熱溶解積層方式よりも造形時間がかかりますが、精度はよく失敗することも少ない方式です。価格は数十万円するものが主流ですが、小型のもので十万円以下の機種も登場しており、今後も増えてくる可能性があります。

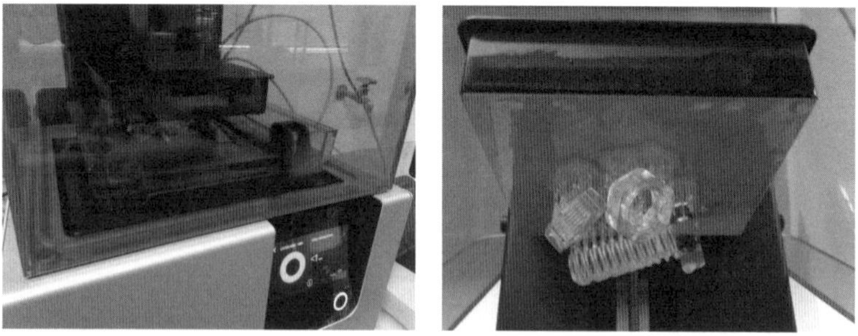

造形中の本体　　完成した造形物

図5-71　光造形方式の３Ｄプリンタ

図5-72　ボルトとナットの完成品

③ 粉末焼結方式

粉末焼結方式は粉末の材料をレーザーや放電で溶融、そして焼結させて少しずつ積層しながら立体物を積層造形する方式です。英語ではSLS（Selective Laser Sintering）と呼ばれます。図5-73にこの粉方式の原理を示します。この方式で使用できる材料はナイロンやセラミックス、そして各種金属です。サポート材が不要で従来の加工法では製造できなかった複雑な立体形状の造形が可能なことから、特に金属加工での用途が期待されています。将来、この方式での金属加工が容易になれば、ものづくりの世界は大きく変わることでしょう。

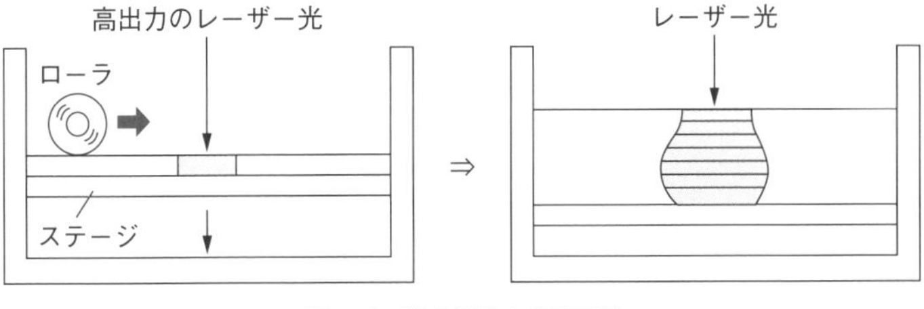

図5-73　粉末焼結方式の原理

Column 機械製図について

本書の5章では「創造工作室」として、実際に手を動かしてモノづくりに取り組むために必要な事項を紹介してきました。ここでもう一つ必要になるのは、必要なものを図面に表す機械製図です。現在、機械系のエンジニアが機械製図で活用しているのは、3D空間上に3Dモデルを作成するソフトウェアである3D CADです。3Dモデルが作成できれば、そのデータを3Dプリンタに転送することで容易に3Dモデルを出力できます。また、画面上で複数の部品を組み合わせることや、モデルに荷重が加わったときの応力やひずみを求めることができる強度解析、歯車やリンク機構などの動きを確認する機構解析などを行うこともできます。モノづくりに試行錯誤は不可欠なことですが、事前に強度解析や機構解析を行うことで試作品を作成しなくても、完成品についての情報を得ることができるようになります。

本書の初版が発行された2000年頃はまだ2次元の2D CADが主流で3D CADはとても高価なものでしたが、その後は安価なものや無料で使用できるものが登場してきました。機械工学初心者の学生でもパソコンさえ持っていれば、比較的容易に3D CADの開発環境を持つことができるようになっているので、ぜひ活用できるとモノづくりの幅が格段に広がると思います。

Autodesk社が提供している高機能3D CADソフトであるFusion 360は、従来は100万円以上したと思われるソフトウェアを年間6万円程度（2020年5月現在）で提供しています。さらに学生または教育機関、スタートアップまたは愛好家には無料ライセンスを提供しています。

▼Autodesk社　Fusion 360の紹介ページ
https://www.autodesk.co.jp/products/fusion-360/overview

付録

機械工学と機械学習

1 機械工学はものづくりの基盤となる学問である

機械工学には、材料力学、流体力学、熱力学、機械力学の４つの力学があり、従来から機械エンジニアになるための必修科目として大学の工学部などで扱われてきました。本書も１章から４章までにおいて、これら4つの力学の基礎的事項をまとめています。一方で、機械系エンジニアには実際のものづくりを行うための設計、製図、加工などの知識や技術も必要であり、本書の４章および５章において、それらの一部をまとめました。

また、ロボット工学の進展などもあり、機械系エンジニアにも電気回路や制御工学の知識などが求められるようになり、機械工学と電気・電子工学、情報工学の知識・技術を融合させたメカトロニクスという言葉も生まれました。

その後、2010年代になると、AI（人工知能）や機械学習、ディープラーニングなどの言葉が登場するようになり、既存のテクノロジーと結びついて、私たちの生活を快適なものにしたり、産業の場面で応用されたりしています。

本書の初版が出版された2001年から20年余りが経過するなかでも、新しいテクノロジーが登場して、古いテクノロジーが淘汰される場面が見られました。

そのような中で機械工学は、情報技術やAI（人工知能）と結びつきながら、ますます重要性を増しています。機械工学の基礎が長年それほど変化していない理由として、「何らかのエネルギーの供給を受けて形のある動くモノ」をつくるための基本はそれほど変化していないことがあげられます。そのため、他の学問からみると、昔から変わらない古い学問であると思われるかもしれませんが、実際には古いというよりも、長年それほど大きく変化しなくてもよいほど、学問の基盤が確立しているということができます。

機械工学はこれからも、形のある動くものをつくるための基盤となる重要な学問であり続けることでしょう。

そのため、はじめに機械工学の基礎を身に付けておき、そこから、情報技術やAI（人工知能）などの新しい技術を学んでいくことが、今後、機械系エンジニアとして活躍するために有利な方法だと思います。

2 機械学習の歴史

近年、AI（人工知能）と並んで、機械学習という言葉を見聞きすることが多くなり、関連書籍も多数出版されています。機械工学とはまったく関連のない内容ですが、書店で同じ棚に並んでいることもあります。

まず、AIとはArtificial Intelligenceの略であり、日本語では人工知能と表されます。究極の目的は人間の知能をつくることにあるとされますが、人間の知能が何かもわかっていないのに、つくることができるのかともいわれます。すなわち、現在でもAIという言葉に絶対的な定義は存在していないのです。

AIという言葉がはじめて登場したのは、1956年の夏、アメリカのダートマスで開催された会議のワークショップでした。ここで紹介された自動的に定理を証明するプログラムが世界初のAIプログラムといわれており、ここから1960年代までは第1次AIブームと呼ばれます。しかし、この時期のAIは迷路や定理の証明などを論理で解くことはできたものの、現実世界の複雑な問題を解くことはできませんでした。1980年代になると、コンピュータに専門家の知識を覚えさせるエキスパートシステムが開発されて、第2次AIブームがはじまります。これは「もし～ならば、…である」という部分にあらゆる知識を詰め込んで実用的なシステムをつくるものであり、いくらかの成果はあったものの、すべての問いに答えるためにはあらゆる知識を入力しなければならないことが明らかになり、2000年を前にして低迷することになります。

そして、2010年に入るとビッグデータと呼ばれる大量のデータを活用してAIが自ら知識を獲得する**機械学習**が実用化されることで、第3次AIブームがはじまります。ここで機械学習とは、機械に知識を覚えこませるのではなく、機械が大量のデータ（ビッグデータ）から自ら学ぶというものであり、背景にはコンピュータの性能が向上したこともあげられます。機械学習とは英語ではMachine Learningといい、これは機械が動くように決められた動作を行いながら学ぶということに由来しますが、学問的には機械工学とは関連性はありません。機械学習にはいくつかの種類があり、なかでも代表的なものがディープラーニング（深層学習）です。AIと機械学習、ディープラーニングの関係を図5-74に示します。

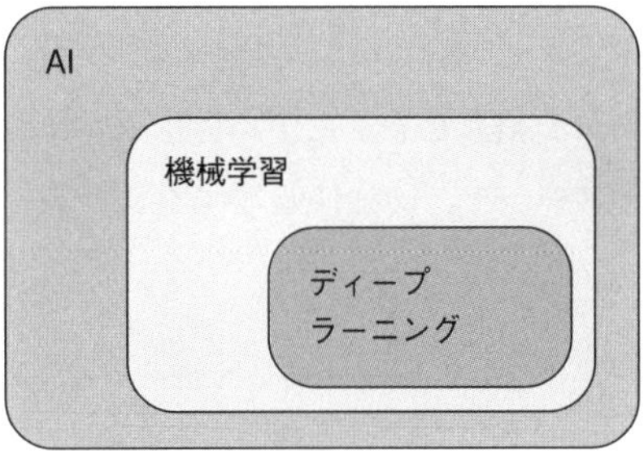

図5-74　機械学習の位置づけ

3　機械学習とディープラーニング

従来の機械学習は比較的単純な色と形を人間が教えることで、「赤いリンゴ」や「黄色いバナナ」などを画像データとして数値化しています。これに対して、ディープラーニングは与えられたデータを自らで覚えこみ、その特徴を抽出することで、いくらか色や形状が異なるものであっても、それと判断できるというものです。

2012年6月、グーグルが発表した「キャットペーパー」と呼ばれる論文において、コンピュータがディープラーニングによって「コンピュータが猫を認識できるようになった」というニュースが注目されました。ここで猫を認識するときに使用されたのは、脳の神経細胞であるニューロンをモデル化したニューラルネットワークモデルでした。すなわち、これが猫だということを人間がコンピュータに覚えさせるのではなく、コンピュータが猫の画像を見て、自らが学んだのです。

ディープラーニングでコンピュータが知能を持つしくみをもう少し説明しましょう。図5-75に猫の特徴を画像認識するイメージを示します。ここで、10

×10の枠内に猫の画像があるとして、猫に口とひげがあることを特徴として抽出して、その位置を覚えこませます。そして、別の猫の画像を読み込んだときにこの抽出したパターンに適合したものを猫と認識するのです。最初の特徴は人間が与えたものですが、後はニューラルネットワークのしくみを活用して自らが学習するということがディープラーニングの大きな特徴であるといえます。

ここでは画像認識の例を紹介しましたが、音声認識においても、音声の大小を画像化するようなイメージで、同様に処理することが可能です。

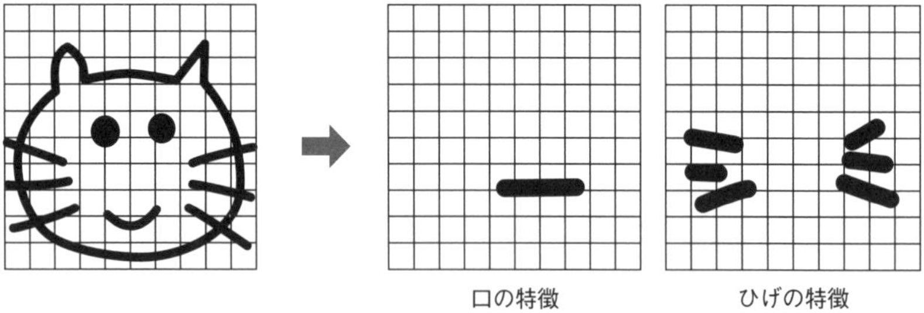

図5-75　猫の特徴を画像認識

4 機械学習によるねじの選別

著者がディープラーニングのソフトウェアを活用してねじの分類ができるプログラムを作例した事例を図5-76に示します。はじめに、3種類のねじ（六角ボルト、六角穴付きボルト、十字穴付きねじ）を用意して、ねじの頭部が見えるように角度を少しずつ変えながら、それぞれの写真を20枚ほど撮影します。ソフトウェアでは、これらの写真から、それぞれのねじの特徴を抽出します。写真を覚えこませたら、「ねじの種類を教えるよ！」など、コメントを作成して、カメラの前にあるねじを写すと、「六角ボルトです」というように答えます。

図5-76　機械学習によるねじの選定

5 機械工学と機械学習を学んでいこう

機械学習の一つの種類であるディープラーニングは、機械工学とはまったく別分野の学問ですが、機械工学とも関連しながら、ものづくりの場面における不良品検出や予防安全、自動運転などの場面で幅広く利用されています。

機械学習は今後、ますます発展することが予想されますが、それが機械工学の場面でどのように活用できるかを考えられるのは、機械学習の技術をいくらか理解している機械のエンジニアになるでしょう。

形のある動くものをつくるための基盤となる重要な学問である機械工学を学びながら、そこでの課題解決に役立つ機械学習があれば、積極的に活用してみたいものです。

索引

数字

2サイクル……211
2次基準……313
3D CAD……348, 352
3Dプリンタ……348, 350
4サイクル……202

英字

AI（人工知能）……353
AND回路……294, 299
a接点……300
b接点……300
C/Cコンポジット……91
FRP……88, 91
NAND回路……295
NOR回路……296
NOT回路……295
OR回路……295, 299
Pa……4
S-C材……77
SS材……76
TIG溶接……343
Vベルト……273
α固溶体……74
α鉄……73
γ固溶体……74
γ鉄……74
δ固溶体……74
δ鉄……74

あ

アーク溶接……337
アクチュエータ……163, 166
アセチレン……340
遊び車……268
圧縮……2
圧縮応力……3, 35
圧縮比……204
圧力……97
圧力の単位……98
穴あけ……331
アボガドロ数……174, 178
アルキメデスの原理……109
アルゴンガス……343
アルミニウム……79
安全率……61
鋳型……345
異方性……91

インターロック回路……306
運動の法則……105
運動量保存の法則……121
液相線……68
遠心式回転計……320
遠心ポンプ……157
延性……60
延性破壊……60
エンタルピー……188
エントロピー……197
円の断面積……7
円の中心を出す……326
円ピッチ……263, 271
オイラーの式……53
黄銅……82
往復スライダクランク機構……248, 254
応力……2
応力集中……62
応力集中係数……62
応力の単位……4
応力－ひずみ線図……13
オーステナイト……74
オートクレーブ……90
オープンベルト……274
オームの法則……283
押しボタンスイッチ……300
オットーサイクル……205
おねじ……277, 329
温度……172

か

回転速度……320
回転端……52
荷重……3, 22
ガスタービン……229
ガス溶接……340
片持ちはり……23
滑節……39
金切りばさみ……327
カプラン水車……153
カム……255
カム変位線図……257
カルノーサイクル……199
乾き度……216
乾き飽和蒸気……216
慣性……105, 318
キー……278
機械学習……353
危険断面……32
基礎円……258
気体がする仕事……179
気体定数……176
気体の状態方程式……175
凝固……67
凝固点……67
共晶点……69

強靭鋼……77
共析……74
極断面係数……50
許容応力……61
許容曲げ応力……35
キルヒホッフの法則……288
空気圧縮機……163
空気圧力調整ユニット……164
偶力……48
グラスホフの定理……245
クランク……244
繰返し荷重……20
クロスベルト……274
計測……312
ゲージ圧……99
けがき……325
欠陥……60
結晶格子……64
ケルビン……173
剣バイト……336
硬貨の材質……83
工業計測……312
工業量……17
工具鋼……73, 78
硬鋼……73, 77
剛節……40
光速基準……313
高張力鋼……77
行程容積……203
光電スイッチ……300
降伏強さ……14, 16
降伏点……14
高炉……71
コークス……70
コージェネレーション……239
誤差……312
固相線……68
固定端……23, 52
固溶体……69
転がり軸受……280

さ

差圧流量計……134
サイクル……199, 281
最小断面二次半径……54
最大値の求め方……28
細長比……54
座屈……52
座屈荷重……52
座屈強さ……53
三角法……42
シーケンサ……307
シーケンス図……299
シーケンス制御……294, 299
シーケンス制御回路……307
軸受……279

軸流ポンプ……159
自己保持回路……304
支持はり……25
実揚程……160
質量……105, 318
絞り……15
締切比……210
湿り度……216
湿り飽和蒸気……216
射出成形法……85
斜流ポンプ……159
シャルピー衝撃試験……20
自由端……23, 52
集中荷重……23
自由電子……282
充填率……66
周波数……281
重量……318
ジュール……183
手動操作自動復帰接点……300
ショア硬さ試験……17
蒸気タービン……224
蒸気表……215
衝撃荷重……20
状態図……67
衝動段……226
蒸発……215
新幹線……140
靭性……20
真理値表……294
水管ボイラー……221
水車入力……155
水車の効率……155
水車の発生動力……154
垂直応力……3
スイッチ……300
水動力……161
ステンレス鋼……77
ストロボスコープ……321
スプライン……279
スプロケット……276
すべり……57
スポット溶接……342
スラグ……70
静圧……131
静圧管……131
静荷重……20
制御……297
正弦波……281
脆性……60
脆性破壊……60
製鉄……70
青銅……82
精密ドライバー……322
静翼……225
石灰石……70

絶対圧……99
絶対温度……173
絶対零度……173
セメンタイト……74
セラミックス……85
全圧……132
全圧管……131
せん断……2
せん断応力……3, 57
せん断ひずみ……8
せん断力……22
せん断力図……23
旋盤……333
全揚程……160
掃気……211
総排気量……203
ソーラーカー……213
速度係数……132
速度伝達比……266
塑性……12, 14
ソレノイド……165

た

ターボジェットエンジン……233
ターボシャフトエンジン……235
ターボファンエンジン……234
ターボプロップエンジン……234
大気圧……102
体心立方格子……64
ダイス……329
耐熱鋼……78
タイマ……307
タイムチャート……302
ダイヤフラム圧力計……130
ダウンフォース……144
タップ……330
縦弾性係数……8
タングステン電極……343
弾性……12, 14
弾性係数……7
炭素鋼……73
断熱圧縮……192
断熱変化……192
断熱膨張……192
端末係数……52
断面係数……28
断面二次モーメント……53
チェーン伝動……276
力の多角形……40
チタン……84
中心距離……264
鋳造……345
鋳鉄……73, 79
ちゅう密六方格子……65
中立面……35
長方形の断面係数……30

突切りバイト……336
定圧サイクル……209
定圧変化……190
定圧モル比熱……174, 186
ディーゼル・エンジン……208
ディープラーニング……353
抵抗の直列接続……283
抵抗の並列接続……284
泥しょう鋳込み法……85
定常流……113
定積モル比熱……174, 185
定容サイクル……205
定容変化……189
てこクランク……244
テスター……291
鉄鉱石……70
電圧……282
転位……60
電磁弁……165
電流……282
電力……283
動圧……132
等温変化……191
動荷重……20
等分布荷重……24
動翼……225
トグルスイッチ……300
止めねじ……279
トラス……39
トリチェリの定理……118
トルク……51

な

内燃機関……202
内部エネルギー……178
長さ……313
軟鋼……73, 76
ニッケル……84
ニューコメン機関……222
ニュートン……318
ねじ立て……329
ねじの呼び……330
ねじり……2, 47
ねじり応力……49
ねじりモーメント……51
ねじれ角……48
熱……172
熱効率……197
熱処理……75
熱電併給……240
熱の仕事当量……184
熱平衡……173
熱溶解積層方式……348
熱力学の第0法則……173
熱力学の第1法則……184
熱力学の第2法則……196

熱量保存の法則 174
粘弾性 63
燃料電池自動車 214
ノギス 314
ノズル 225
伸び 16

は

パーライト 75
排気量 203
バイト 334
破壊力学 61
白銅 82
歯車 261
歯車列 267
刃状転位 60
パスカル 4
パスカルの原理 106
羽根 146, 225
はり 22
バルブ 256
反動段 226
ハンドレイアップ法 88
反力 22
ビード 339
比エンタルピー 188
光造形方式 350
比重 96
ピストンの移動距離 251
ピストンの加速度 253
ピストンの速度 253
ひずみ 5
ひずみゲージ 319
ビッカース硬さ試験 19
ピッチ円 263
ピッチ点 263
引張 2
引張応力 35
引張強さ 14, 16
非定常流 113
ピトー管 131
ピトー管係数 132
比熱 174
比熱比 187
微分 260
標準平歯車 271
平等強さのはり 32
平歯車 261
ファインセラミックス 85
フィードバック制御 297
フィラメントワインディング法 89
風車 146
プーリ 273
フェライト 74
深絞り 80
復元力 111

フックの法則……7
沸騰……215
物理量……17
フランシス水車……153
ブリネル硬さ試験……19
浮力……110
ブルドン管圧力計……129
ブレイトンサイクル……230
プログラマブルコントローラ……307
プロペラ水車……153
粉末焼結方式……351
ベルト……273
ベルトのかけ方……274
ベルトの速度……275
ペルトン水車……152
ベルヌーイの定理……115
ベローズ圧力計……130
ヘロン……224
変態点……73
ベンチュリ計……134
ポアソン比……10
ボイル・シャルルの法則……175
飽和圧力……215
飽和温度……215
保持形接点……300
骨組構造物……39
ボルツマン定数……178
ポンプの効率……161

ま

マイクロメータ……316
マグネシウム……83
曲げ……2
曲げ応力……34
曲げモーメント……23
曲げモーメント図……23
マノメータ……127
マルテンサイト……75
丸ボイラー……220
密度……94
メートル……313
メタセンタ……111
めねじ……277, 329
面心立方格子……65
面取り……329
モーメント……22
モジュール……264
モル比熱……174, 185
モンキーレンチ……324

や

焼入れ……75
焼きなまし……76
焼きならし……76
焼き戻し……76
やすり……327
ヤング率……8

湯……347
融解……67
融点……67
弓のこ……327
揺動運動……244
洋白……82
揚力……138
余弦定理……245
横弾性係数……8
よどみ点……131

ら

ラーメン……40
ラジオペンチ……322
らせん転位……60
ラムジェットエンジン……235
リード……277
リミットスイッチ……300
流速……131
流量係数……136
リレー……302
臨界レイノルズ数……126
リンク……244
ルブリケータ……164
レイノルズ数……126
連続の法則……113
ローラチェーン……276
ロケットエンジン……236
ロックウェル硬さ試験……19
論理回路……294

わ

ワットの蒸気機関……223

著者略歴

門田和雄（かどた かずお）

学歴
東京学芸大学教育学部技術科及び大学院教育学研究科技術教育専攻（修士課程）修了。
東京工業大学大学院総合理工学研究科メカノマイクロ工学専攻（博士課程）修了。
博士（工学）

職歴
東京工業大学附属科学技術高等学校機械システム分野教諭、
宮城教育大学教育学部技術教育講座教授を経て、
神奈川工科大学教職教育センター／大学院工学研究科機械システム工学専攻教授

主な著書
『門田先生の３Ｄプリンタ入門』（講談社ブルーバックス）
『トコトンやさしいねじの本』（日刊工業新聞社）
『トコトンやさしい歯車の本』（日刊工業新聞社）
『トコトンやさしい制御の本』（日刊工業新聞社）
『基礎から学ぶ機械工学～キカイを学んでものづくり力を鍛える』（SBクリエイティブ サイエンス・アイ新書）
『メイカーのためのねじのキホン』（技術評論社）

本書へのご意見、ご感想は、技術評論社ホームページ（https://gihyo.jp/）または以下の宛先へ、書面にてお受けしております。電話でのお問い合わせにはお答えいたしかねますので、あらかじめご了承ください。

〒162-0846　東京都新宿区市谷左内町21-13
株式会社技術評論社　書籍編集部
『改訂第3版 図解 もの創りのための やさしい機械工学』係
FAX：03-3267-2271

改《かい》訂《てい》第《だい》3《さん》版《ぱん》
図《ず》解《かい》　もの創《づく》りのための
やさしい機《き》械《かい》工《こう》学《がく》

2001年　4月　5日 初　版　第1刷発行
2010年　3月25日 第2版　第1刷発行
2021年　4月27日 第3版　第1刷発行
2022年　11月12日 第3版　第2刷発行

著　者　門田《かどた》　和雄《かずお》
発行者　片岡　巌
発行所　株式会社技術評論社
東京都新宿区市谷左内町21-13
電話　03-3513-6150　販売促進部
03-3267-2270　書籍編集部

印刷／製本　日経印刷株式会社

ISBN978-4-297-11962-1 C3053
Printed in Japan